U0350352

高等职业教育机械类专业规划教材

MasterCAM X7 数控编程教程

詹友刚　主编

机 械 工 业 出 版 社

本书是以我国高等学校（包括高职高专）机械类专业学生为对象而编写的“十二五”规划精品教材，以最新推出的 MasterCAM X7 为蓝本，全面、系统地介绍了 MasterCAM X7 数控加工技术和技巧。

本书在内容安排上，为了使学生能更快地掌握 MasterCAM 数控编程技术，书中结合大量的范例对软件中的概念、命令和功能进行讲解，以范例的形式讲述了一些零件的数控编程过程。这些范例都是实际的生产一线当中具有代表性的例子，具有很强的实用性和广泛的适用性，能使学生较快地进入数控加工编程实战状态。在每一章中还安排了大量的填空题、选择题、实操题和思考题等习题，便于教师布置课后作业和学生进一步巩固所学的知识。在写作方式上，本书紧贴软件的实际操作界面，使初学者能够直观、准确地操作软件进行学习，从而尽快地上手，提高学习效率。在学习完本书后，学生能够迅速地运用 MasterCAM 软件来完成一般零件的编程工作。为方便广大教师和学生的教学和学习，本书附带 1 张多媒体 DVD 学习光盘，制作了大量 MasterCAM 数控编程技巧和具有针对性编程实例的教学视频并进行了详细的语音讲解，时间近 7 个小时，光盘还包含本书所有的素材文件、练习文件和范例文件。另外，为方便 MasterCAM 低版本学校学生的学习，光盘中还提供了 MasterCAM X2 和 MasterCAM X4 版本相应的素材源文件。

本书内容全面，条理清晰，实例丰富，讲解详细，可作为高等学校机械类专业 CAM 课程教材，也可作为广大工程技术人员的 MasterCAM 自学教程和参考书籍。

图书在版编目（CIP）数据

MasterCAM X7 数控编程教程 / 詹友刚主编. —2 版.
—北京：机械工业出版社，2015.10
高等职业教育机械类专业规划教材
ISBN 978-7-111-51444-2

Ⅰ.①M⋯ Ⅱ.①詹⋯ Ⅲ.①计算机辅助制造—应用
软件—高等职业教育—教材 Ⅳ.①TP391.73

中国版本图书馆 CIP 数据核字（2015）第 203735 号

机械工业出版社（北京市百万庄大街 22 号 邮政编码：100037）
策划编辑：杨民强　丁　锋　责任编辑：丁　锋　封面设计：张　静
责任校对：刘秀芝　　　　　　责任印制：乔　宇
北京铭成印刷有限公司印刷
2016 年 1 月第 2 版第 1 次印刷
184mm×260 mm ·20.5 印张 ·505 千字
0001—3000 册
标准书号：ISBN 978-7-111-51444-2
　　　　　ISBN 978-7-89405-908-6（光盘）
定价：49.80 元（含 1 DVD）

凡购本书，如有缺页、倒页、脱页，由本社发行部调换
电话服务　　　　　　　　　　网络服务
服务咨询热线：010-88379833　机工官网：www.cmpbook.com
读者购书热线：010-88379649　机工官博：weibo.com/cmp1952
　　　　　　　　　　　　　　教育服务网：www.cmpedu.com
封面无防伪标均为盗版　　　　金　书　网：www.golden-book.com

前　言

本书是以我国高等学校（包括高职高专）机械类各专业学生为主要读者对象而编写的，其内容安排是根据我国高等教育学生就业岗位群职业能力的要求，并参照 MasterCAM 原厂商认证大纲而确定的。本书特色如下：

- 内容全面、范例丰富，对软件中的主要命令和功能，先结合简单的范例进行讲解，然后安排一些较复杂的综合数控编程范例帮助读者深入理解，灵活运用。
- 讲解详细，条理清晰，保证自学的读者能独立学习。
- 写法独特，采用 MasterCAM X7 软件中真实的对话框、菜单和按钮等进行讲解，使初学者能够直观、准确地操作软件，从而大大提高学习效率。
- 附加值高，本书附带 1 张多媒体 DVD 学习光盘，制作了大量 MasterCAM 数控编程技巧和具有针对性的实例教学视频并进行了详细的语音讲解，时间近 7 个小时，可以帮助读者轻松、高效地学习。

建议本书的教学采用 48 学时（包括学生上机练习），教师也可以根据实际情况，对书中内容进行适当的取舍，将课程调整到 32 学时。

本书由詹友刚主编，参加编写的人员还有王焕田、刘静、雷保珍、刘海起、魏俊岭、任慧华、詹路、冯元超、刘江波、周涛、段进敏、赵枫、邵为龙、侯俊飞、龙宇、施志杰、詹棋、高政、孙润、李倩倩、黄红霞、尹泉、李行、詹超、尹佩文、赵磊、王晓萍、陈淑童、周攀、吴伟、王海波、高策、冯华超、周思思、黄光辉、党辉、冯峰、詹聪、平迪、管璇、王平、李友荣。本书已经多次校对，如有疏漏之处，恳请广大读者予以指正。

电子邮箱：zhanygjames@163.com　咨询电话：010-82176248，010-82176249。

编　者

注意： 本书是为我国高职高专学校机械类各专业而编写的教材，为了方便教师教学，特制作了本书的教学 PPT 课件和习题答案，同时备有一定数量的、与本教材教学相关的高级教学参考书籍供任课教师选用，有需要该 PPT 课件和教学参考书的任课教师，请写邮件或打电话索取（电子邮箱：zhanygjames@163.com，电话：010-82176248，010-82176249），索取时务必说明贵校本课程的教学目的和教学要求、学校名称、教师姓名、联系电话、电子邮箱以及邮寄地址。

读者购书回馈活动：

活动一：本书"随书光盘"中含有该"读者意见反馈卡"的电子文档，请认真填写本反馈卡，并 E-mail 给我们。E-mail: 兆迪科技 zhanygjames@163.com，丁锋 fengfener@qq.com。

活动二：扫一扫右侧二维码，关注兆迪科技官方公众微信（或搜索公众号 zhaodikeji），参与互动，也可进行答疑。

凡参加以上活动，即可获得兆迪科技免费奉送的价值 48 元的在线课程一门，同时有机会获得价值 780 元的精品在线课程。

本 书 导 读

为了能更好地学习本书的知识，请您仔细阅读下面的内容：

写作环境

本书采用的写作蓝本是 MasterCAM X7 中文版。

光盘使用

为方便读者练习，特将本书所用到的素材文件、练习文件、实例文件和视频文件等放入随书附赠的光盘中，读者在学习过程中可以打开这些实例文件进行操作和练习。在光盘的 mcdz7 目录下共有 3 个子目录。

（1）work 子目录：包含本书讲解中所用到的文件。

（2）video 子目录：包含本书讲解中所有的视频文件（含语音讲解），学习时，直接双击某个视频文件即可播放。

（3）before 子目录：包含了 MasterCAM X2 和 MasterCAM X4 版本模型文件、范例文件以及练习素材文件，以方便 MasterCAM 低版本用户和读者的学习。

光盘中带有"ok"扩展名的文件或文件夹表示已完成的实例。

建议读者在学习本书前，先将随书光盘中的所有文件复制到计算机硬盘的 D 盘中。

本书约定

● 本书中有关鼠标操作的简略表述说明如下：

  ☑ 单击：将鼠标指针移至某位置处，然后按一下鼠标的左键。

  ☑ 双击：将鼠标指针移至某位置处，然后连续快速地按两次鼠标的左键。

  ☑ 右击：将鼠标指针移至某位置处，然后按一下鼠标的右键。

  ☑ 单击中键：将鼠标指针移至某位置处，然后按一下鼠标的中键。

  ☑ 滚动中键：只是滚动鼠标的中键，而不能按中键。

  ☑ 选择（选取）某对象：将鼠标指针移至某对象上，单击以选取该对象。

  ☑ 拖移某对象：将鼠标指针移至某对象上，然后按下鼠标的左键不放，同时移动鼠标，将该对象移动到指定的位置后再松开鼠标的左键。

● 本书中的操作步骤分为 Task、Stage 和 Step 三个级别，说明如下：

  ☑ 对于一般的软件操作，每个操作步骤以 Step 字符开始。

  ☑ 每个 Step 操作视其复杂程度，其下面可含有多级子操作。例如 Step1 下可能包含（1）、（2）、（3）等子操作，（1）子操作下可能包含①、②、③等子操作，①子操作下可能包含 a）、b）、c）等子操作。

  ☑ 如果操作较复杂，需要几个大的操作步骤才能完成，则每个大的操作冠以

Stage1、Stage2、Stage3 等，Stage 级别的操作下再分 Step1、Step2、Step3 等操作。

☑ 对于多个任务的操作，则每个任务冠以 Task1、Task2、Task3 等，每个 Task 操作下则可包含 Stage 和 Step 级别的操作。

● 由于已建议读者将随书光盘中的所有文件复制到计算机硬盘的 D 盘中，所以书中在要求设置工作目录或打开光盘文件时，所述的路径均以"D:"开始。

技术支持

本书是根据北京兆迪科技有限公司给国内外一些著名公司（含国外独资和合资公司）的培训案例整理而成的，具有很强的实用性，其主编和参编人员均来自北京兆迪科技有限公司。该公司专门从事 CAD/CAM/CAE 技术的研究、开发、咨询及产品设计与制造服务，并提供 MasterCAM、UG、CATIA 等软件的专业培训及技术咨询，读者在学习本书的过程中如果遇到问题，可通过访问该公司的网站 http://www.zalldy.com 来获得技术支持。

咨询电话：010-82176248，010-82176249。

目 录

第 1 章　MasterCAM X7 数控加工入门

本章提要　MasterCAM X7 的加工模块为我们提供了非常方便、实用的数控加工功能，本章将通过一个简单零件的加工来说明 MasterCAM X7 数控加工操作的一般过程。通过本章的学习，希望读者能够清楚地了解数控加工的一般流程及操作方法，并了解其基本原理。

1.1　MasterCAM X7 数控加工流程

随着科学技术的不断进步与深化，数控技术已成为制造业逐步实现自动化、柔性化和集成化的基础技术。在学习数控加工之前，先介绍一下数控加工的特点和加工流程，以便进一步了解数控加工的应用。

数控加工具有两个最大的特点：一是可以极大地提高加工精度；二是可以稳定加工质量，保持加工零件的一致性，即加工零件的质量和时间由数控程序决定而不是由人为因素决定。概括起来数控加工具有以下优点：

（1）提高生产率。

（2）提高加工精度且保证加工质量。

（3）不需要熟练的机床操作人员。

（4）便于设计加工的变更，同时加工设定柔性强。

（5）操作过程自动化，一人可以同时操作多台机床。

（6）操作容易方便，降低了劳动强度。

（7）可以减少工装夹具。

（8）降低检查工作量。

在国内 MasterCAM 加工软件因其操作便捷且比较容易掌握，所以应用非常广泛。MasterCAM X7 能够模拟数控加工的全过程，其一般流程如图 1.1.1 所示。

（1）创建制造模型，包括创建或获取设计模型以及工艺规划。

（2）进入加工环境。

（3）设置工件。

（4）对加工区域进行设置。

（5）选择刀具，并对刀具的参数进行设置。

（6）设置加工参数，包括共同参数及不同的加工方式的特性参数。

（7）进行加工仿真。

（8）利用后处理器生成 NC 程序。

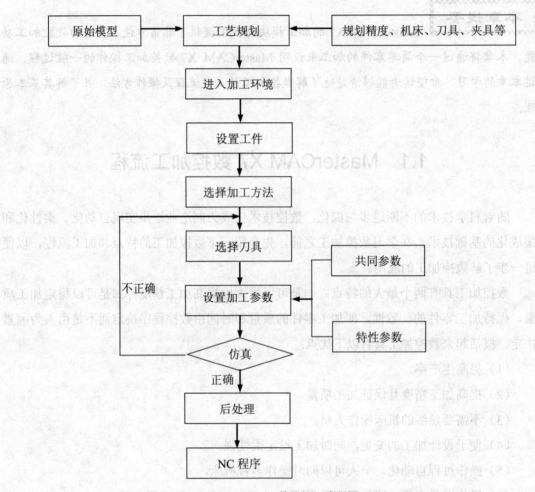

图 1.1.1　MasterCAM X7 数控加工流程图

1.2　MasterCAM X7 加工模块的进入

在进行数控加工操作之前首先需要进入 MasterCAM X7 数控加工环境，其操作如下：

Step1. 打开原始模型。选择下拉菜单 文件(F) ➡ 打开文件(O)... 命令，系统弹出图 1.2.1 所示的"打开"对话框。选择文件目录 D:\mcdz7\work\ch01，然后在列表框中选择文件 VOLUME_MILLING.MCX-7，单击 打开(O) 按钮，系统打开模型并进入 MasterCAM X7

的建模环境。

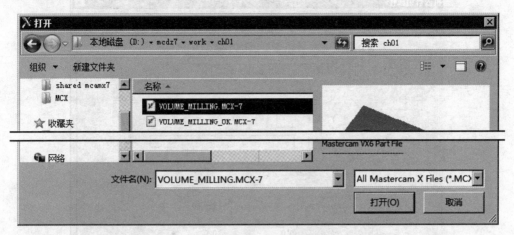

图 1.2.1　"打开"对话框

Step2. 进入加工环境。选择下拉菜单 机床类型(M) ➡ 铣床(M) ➡ 默认(D) 命令，系统进入加工环境，此时零件模型如图 1.2.2 所示。

图 1.2.2　零件模型

关于 MasterCAM X7 中原始模型的说明: 由于 MasterCAM X7 在 CAD 方面的功能较为薄弱，所以在使用 MasterCAM X7 进行数控加工前，经常使用其他 CAD 软件完成原始模型的创建，然后另存为 MasterCAM 可以读取的文件格式。本书将采用它作为工件模型，对数控加工流程进行讲解。

1.3 设置工件

工件也称毛坯，它是加工零件的坯料。为了在模拟加工时的仿真效果更加真实，需要在模型中设置工件；另外，如果需要系统自动运算进给速度等参数时，设置工件也是非常重要的。下面还是以前面打开的模型 VOLUME_MILLING.MCX-7 为例，紧接着上节的操作来继续说明设置工件的一般步骤:

Step1. 在"操作管理器"中单击 ⛰ 属性 - Mill Default 节点前的"+"号，将该节点展开，然后单击 ◆ 素材设置 节点，系统弹出图 1.3.1 所示的"机器群组属性"对话框（一）。

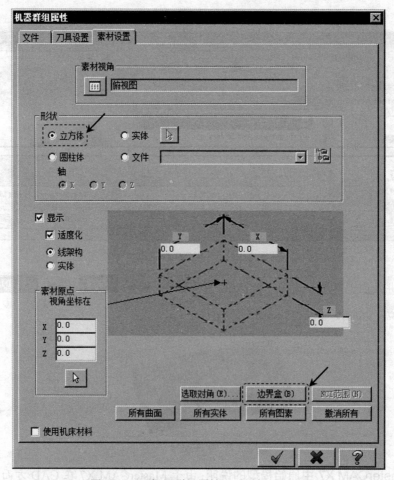

图 1.3.1　"机器群组属性"对话框（一）

图 1.3.1 所示的"机器群组属性"对话框中素材设置选项卡的各选项说明如下：

● ▦ 按钮：用于设置素材视角。单击该按钮可以选择被排列的素材样式的视角。例

如：如果加工一个系统坐标（WCS）不同于 Top 视角的机件，则可以通过该按钮

来选择一个适当的视角。MasterCAM 可以根据存储的基于 WCS 或者刀具平面的

个别视角创建操作，甚至可以改变组间刀路的 WCS 或者刀具平面。

● ◉ 立方体 单选项：用于创建一个立方体的工件。

● ◉ 实体 单选项：用于选取一个实体工件。当选中此单选项时，其后的 ▯ 按钮被激

活，单击该按钮可以在绘图区域选取一个实体为工件。

● ◉ 圆柱体 单选项：用于创建一个圆柱体工件。当选中此单选项时，其下的 ◉ X 单选

项、◉ Y 单选项和 ◉ Z 单选项被激活，选中这三个单选项可以分别定义圆柱体的

轴线在相对应的坐标轴上。

● ◉ 文件 单选项：用于设置选取一个来自文件的实体模型（文件类型为 STL）为工件。

当选中此单选项时，其后的 [📁] 按钮被激活，单击该按钮可以在任意的目录下选取工件。

- [☑ 显示] 复选框：用于设置工件在绘图区域显示。当选中该复选框时，其下的 [☑ 适度化] 复选框、[◉ 线架构] 单选项和 [◉ 实体] 单选项被激活。

- [☑ 适度化] 复选框：用于创建一个恰好包含模型的工件。

- [◉ 线架构] 单选项：用于设置以线框的形式显示工件。

- [◉ 实体] 单选项：用于设置以实体的形式显示工件。

- [↖] 按钮：用于选取模型原点，同时也可以在 [素材原点] 区域的 [X] 文本框、[Y] 文本框和 [Z] 文本框中输入值来定义工件的原点。

- [X] 文本框：用于设置在 X 轴方向的工件长度。此文本框将根据定义的工件类型进行相应的调整。

- [Y] 文本框：用于设置在 Y 轴方向的工件长度。此文本框将根据定义的工件类型进行相应的调整。

- [Z] 文本框：用于设置在 Z 轴方向的工件长度。此文本框将根据定义的工件类型进行相应的调整。

- [选取对角 (E)...] 按钮：用于以选取模型对角点的方式定义工件的尺寸。当通过此种方式定义工件的尺寸后，模型的原点也会根据选取的对角点进行相应的调整。

- [边界盒 (B)] 按钮：用于根据用户所选取的几何体来创建一个最小的工件。

- [NCI 范围 (N)] 按钮：用于对限定刀路的模型边界进行计算创建工件尺寸，此功能仅基于进给速率进行计算，不根据快速移动进行计算。

- [所有曲面] 按钮：用于以所有可见的曲面来创建工件尺寸。

- [所有实体] 按钮：用于以所有可见的实体来创建工件尺寸。

- [所有图素] 按钮：用于以所有可见的图素来创建工件尺寸。

- [撤消所有] 按钮：用于移除创建的工件尺寸。

Step2. 设置工件的形状。在"机器群组属性"对话框（一）的 [形状] 区域中选中 [◉ 立方体] 单选项。

Step3. 设置工件的尺寸。在"机器群组属性"对话框（一）中单击 [边界盒 (B)] 按钮，系统弹出图 1.3.2 所示的"边界盒选项"对话框；采用系统默认的选项，单击 [✓] 按钮，返回到"机器群组属性"对话框（二），此时该对话框如图 1.3.3 所示。

图 1.3.2 所示的"边界盒选项"对话框中各选项说明如下：

- [↖] 按钮：用于选取创建工件尺寸所需的图素。

- [☑ 所有图素] 复选框：用于选取创建工件尺寸所需的所有图素。

- [绘图] 区域：该区域包括 [☑ 素材] 复选框、[☑ 线或弧] 复选框、[☑ 点] 复选框、[☑ 中心点] 复选框和☑ 实体管 复选框。

☑   ☑素材 复选框：用于创建一个与模型相近的工件坯。

☑   ☑线或弧 复选框：用于创建线或者圆弧。当定义的图形为矩形时，则会创建接
近边界的直线；当定义的图形为圆柱形时，则会创建圆弧和线。

☑   ☑点 复选框：用于在边界盒的角或者长宽处创建点。

☑   ☑中心点 复选框：用于创建一个中心点。

☑   ☑实体管 复选框：用于创建一个与模型相近的实体。

图 1.3.2   "边界盒选项"
              对话框

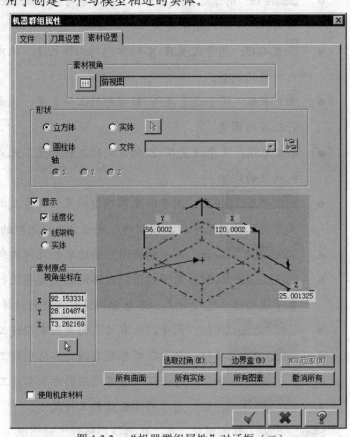

图 1.3.3   "机器群组属性"对话框（二）

● 展开 区域：该区域包括 X 文本框、 Y 文本框和 Z 文本框。此区域根据 形状 区域的不
同而有所差异。

☑   X 文本框：用于设置 X 方向的工件延伸量。

☑   Y 文本框：用于设置 Y 方向的工件延伸量。

☑   Z 文本框：用于设置 Z 方向的工件延伸量。

● 形状 区域：该区域包括○立方体 单选项、○圆柱体 单选项、○Z 单选项、○Y 单选
项、○X 单选项和 ☑中心轴 复选框。

☑ ⊙立方体 单选项：用于设置工件形状为立方体。

☑ ⊙圆柱体 单选项：用于设置工件形状为圆柱体。

☑ ⊙Z 单选项：用于设置圆柱体的轴线在 Z 轴上。此单选项只有在工件形状为圆柱体时方可使用。

☑ ⊙Y 单选项：用于设置圆柱体的轴线在 Y 轴上。此单选项只有在工件形状为圆柱体时方可使用。

☑ ⊙X 单选项：用于设置圆柱体的轴线在 X 轴上。此单选项只有在工件形状为圆柱体时方可使用。

☑ ☑中心轴 复选框：用于设置圆柱体工件的轴心。当选中此复选框时，圆柱体工件的轴心在构图原点上；反之，圆柱体工件的轴心在模型的中心点上。

Step4. 单击"机器群组属性"对话框（二）中的 ✔ 按钮，完成工件的设置，此时工件显示如图 1.3.4 所示。

图 1.3.4　显示工件

说明：从图 1.3.4 中可以观察零件的边缘多了红色的双点画线，双点画线围成的图形即为工件。

1.4　选择加工方法

MasterCAM X7 为用户提供了很多种加工方法，对不同的加工零件，选择合适的加工方式，才能提高加工效率和加工质量，并通过 CNC 加工刀具路径获取控制机床自动加工的 NC 程序。在编制零件数控加工程序时，还要仔细考虑成形零件公差、形状特点、材料性质以及技术要求等因素，进行合理的加工参数设置，才能保证编制的数控程序高效、准确地加工出质量合格的零件。因此，加工方法的选择非常重要。

下面还是以前面的模型 VOLUME_MILLING.MCX-7 为例，紧接着上节的操作来说明选择加工方法的一般步骤：

Step1. 选择下拉菜单 刀具路径(T) ➡ 曲面粗加工(R) ➡ 粗加工挖槽加工(K)... 命令，系统弹出图 1.4.1 所示的"输入新的 NC 名称"对话框，采用系统默认的 NC 名称，单击 ✔ 按钮。

Step2. 设置加工面。在图形区中选取图 1.4.2 所示的曲面（共 7 个小曲面），然后按 Enter 键，系统弹出图 1.4.3 所示的"刀具路径的曲面选取"对话框。

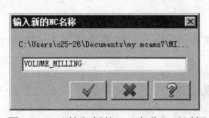

图 1.4.1　"输入新的 NC 名称"对话框

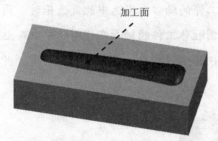

图 1.4.2　选取加工面

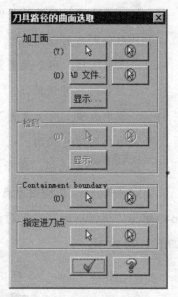

图 1.4.3　"刀具路径的曲面选取"对话框

图 1.4.3 所示的"刀具路径的曲面选取"对话框中各按钮说明如下：

- **加工面**区域：用于设置各种加工方法的加工曲面。
  - ☑ 按钮：单击该按钮后，系统返回视图区，用于选取加工曲面。
  - ☑ 按钮：用于取消所有已选取的加工曲面。
  - ☑ AD 文件 按钮：单击该按钮后，选取一个 STL 文件，从而指定加工曲面。
  - ☑ 按钮：用于取消所有通过 STL 文件指定的加工曲面。
  - ☑ 显示... 按钮：单击该按钮后，系统将在视图区中单独显示已选取的加工曲面。
- **检测**区域：用于干涉面的设置。
  - ☑ 按钮：单击该按钮后，系统返回视图区，用于选取干涉面。
  - ☑ 按钮：用于取消所有已选取的干涉面。
  - ☑ 显示... 按钮：单击该按钮后，系统将在视图区中单独显示已选取的干涉面。
- **Containment boundary**区域：可以对切削范围进行设置。
  - ☑ 按钮：单击该按钮后，可以通过"串连选项"对话框选取切削范围。
  - ☑ 按钮：用于取消所有已选取的切削范围。
- **指定进刀点**区域：该区域可以对进刀点进行设置。
  - ☑ 按钮：单击该按钮后，系统返回视图区，用于选取进刀点。
  - ☑ 按钮：用于取消已选取的进刀点。

1.5　选　择　刀　具

在 MasterCAM X7 生成刀具路径之前，需选择在加工过程中所使用的刀具。一个零件从粗加工到精加工可能要分成若干步骤，需要使用若干把刀具，而刀具的选择直接影响加工的成败和效率。所以，在选择刀具之前，要先了解待加工零件的特征、机床的加工能力、工件材料的性能、加工工序、切削量以及其他相关的因素，然后再选用合适的刀具。

下面还是以前面的模型 VOLUME_MILLING.MCX-7 为例，紧接着上节的操作来继续说明选择刀具的一般步骤：

Step1. 在"刀具路径的曲面选取"对话框中单击 ✔ 按钮，系统弹出图 1.5.1 所示的"曲面粗加工挖槽"对话框。

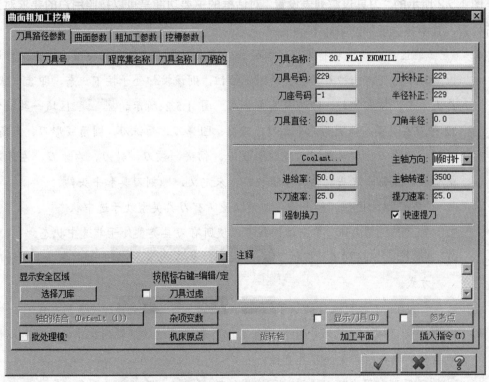

图 1.5.1　"曲面粗加工挖槽"对话框

Step2. 确定刀具类型。在"曲面粗加工挖槽"对话框中单击 刀具过虑 按钮（作者注：此处原软件翻译有误，"过虑"应翻译为"过滤"，以下不再赘述），系统弹出图 1.5.2 所示的"刀具过滤列表设置"对话框。单击该对话框 刀具类型 中的 无 (N) 按钮后，在刀具类型按钮中单击 ▮（圆鼻刀）按钮，单击 ✔ 按钮，关闭"刀具过滤列表设置"对话框，系统返回到"曲面粗加工挖槽"对话框。

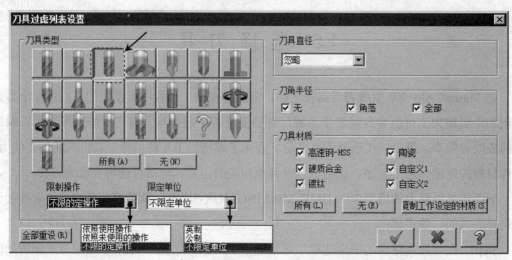

图 1.5.2　"刀具过滤列表设置"对话框

图 1.5.2 所示的"刀具过滤列表设置"对话框的主要功能是可以按照用户的要求对刀具进行检索，其中各选项的说明如下：

- 刀具类型 区域：该区域将根据不同的加工方法列出不同的刀具类型，便于用户进行检索。单击任何一种刀具类型的图标按钮，则该按钮处于按下状态，即选中状态；再次单击，按钮弹起，即为非选中状态。图 1.5.2 所示的 刀具类型 区域一共提供了 22 种刀具类型，依次为：平底刀、球刀、圆鼻刀、面铣刀、圆角成形刀、倒角刀、槽刀、锥度刀、鸠尾铣刀、糖球形铣刀、钻头、铰刀、镗刀、右牙刀、左牙刀、中心钻、点钻、沉头孔钻、鱼眼孔钻、未定义、雕刻刀具和平头钻。

  - ☑ 所有(A) 按钮：单击该按钮可以使所有刀具类型处于选中状态。
  - ☑ 无(N) 按钮：单击该按钮可以使所有刀具类型处于非选中状态。
  - ☑ 限制操作 下拉列表：提供了 依照使用操作 、 依照未使用的操作 和 不限的定操作 三种限定方式。
  - ☑ 限制单位 下拉列表：提供了 英制 、 公制 和 不限定单位 三种限制方式。

- 刀具直径 区域：该区域中包含一个下拉列表，通过该下拉列表中的选项可以快速地检索到用户所需要的刀具直径。

- 刀角半径 区域：用户可以通过该区域提供的 ☑ 无 、 ☑ 角落 （圆角）和 ☑ 全部 （全圆角）三个复选框，进行刀具圆角类型的检索。

- 刀具材质 区域：用户可通过该区域所提供的六种刀具材料对刀具进行索引。

Step3. 选择刀具。在"曲面粗加工挖槽"对话框中单击 选择刀库 按钮，系统弹出图 1.5.3 所示的"选择刀具"对话框。在该对话框的列表区域中选择图 1.5.3 所示的刀具；单击 ✓ 按钮，关闭"选择刀具"对话框，系统返回"曲面粗加工挖槽"对话框。

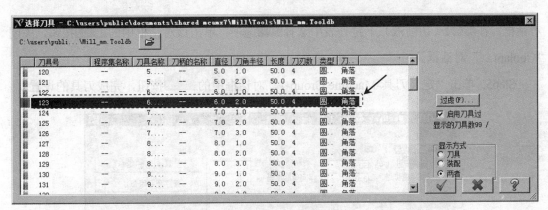

图 1.5.3　"选择刀具"对话框

Step4. 设置刀具参数。

（1）在"曲面粗加工挖槽"对话框 刀具路径参数 选项卡的列表框中显示出上一步选取的
刀具。双击该刀具，系统弹出图 1.5.4 所示的"定义刀具-Machine Group-1"对话框。

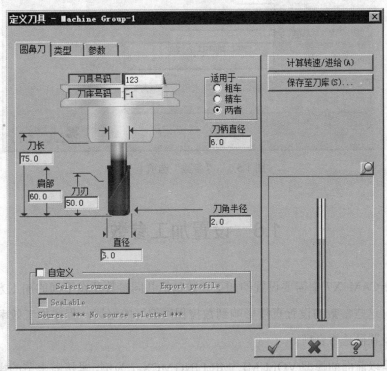

图 1.5.4　"定义刀具- Machine Group -1"对话框

（2）设置刀具号。在"定义刀具-Machine Group-1"对话框的 刀具号码 文本框中将原有的
数值改为 1。

（3）设置刀具的加工参数。单击"定义刀具-Machine Group-1"对话框的 参数 选项卡，
设置图 1.5.5 所示的参数。

（4）设置冷却方式。在 参数 选项卡中单击 Coolant... 按钮，系统弹出"Coolant…"

对话框；在 Flood（切削液）下拉列表中选择 On 选项；单击该对话框中的 ✓ 按钮，关闭 "Coolant…" 对话框。

Step5. 单击"定义刀具-Machine Group-1"对话框中的 ✓ 按钮，完成刀具的设置。

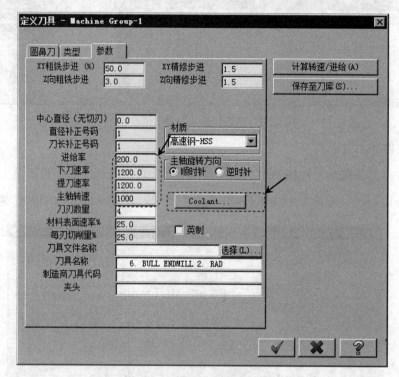

图 1.5.5　　"参数"选项卡

1.6　设置加工参数

在 MasterCAM X7 中需要设置的加工参数包括共同参数及在不同的加工方式中所采用的特性参数。这些参数的设置直接影响到数控程序编写的好坏，程序加工效率的高低取决于加工参数设置得是否合理。

下面还是以前面的模型 VOLUME_MILLING.MCX-7 为例，紧接着上节的操作来继续说明设置加工参数的一般步骤：

Stage1. 设置共同参数

Step1. 设置曲面加工参数。在"曲面粗加工挖槽"对话框中单击 曲面参数 选项卡，设置图 1.6.1 所示的参数。

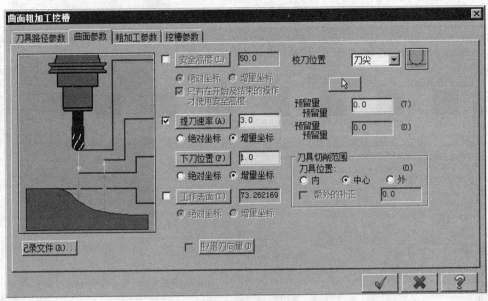

图 1.6.1　"曲面参数"选项卡

Step2. 设置粗加工参数。

（1）在"曲面粗加工挖槽"对话框中单击 粗加工参数 选项卡。

（2）设置参数。在 Z 轴最大进给量: 文本框中输入值 0.3，其他参数采用系统默认的设置值，如图 1.6.2 所示。

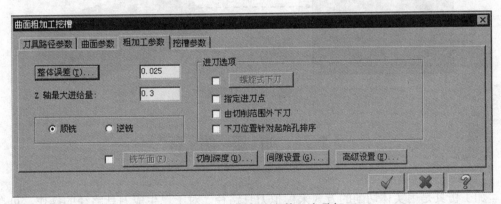

图 1.6.2　"粗加工参数"选项卡

Stage2. 设置挖槽加工特性参数

Step1. 在"曲面粗加工挖槽"对话框中单击 挖槽参数 选项卡，设置图 1.6.3 所示的参数。

Step2. 选中 ☑粗车 复选框，并在 切削方式 列表框中选择 高速切削 方式。

Step3. 在"曲面粗加工挖槽"对话框中单击 ✓ 按钮，完成加工参数的设置，此时系统将自动生成图 1.6.4 所示的刀具路径。

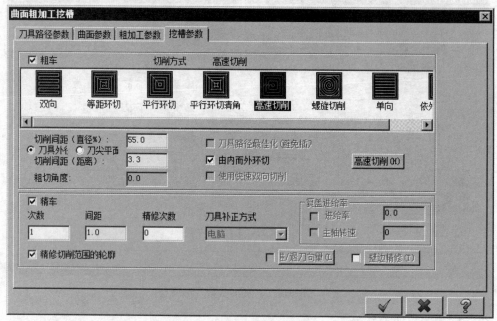

图 1.6.3 "挖槽参数"选项卡

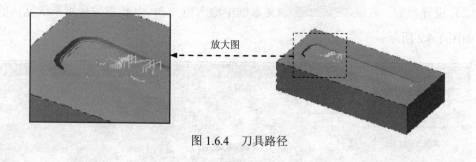

图 1.6.4 刀具路径

1.7 加 工 仿 真

加工仿真是用实体切削的方式来模拟刀具路径。对于已生成刀具路径的操作，可在图形窗口中以线框形式或实体形式模拟刀具路径，让用户在图形方式下很直接地观察到刀具切削工件的实际过程，以验证各操作定义的合理性。下面还是以前面的模型 VOLUME_MILLING.MCX-7 为例，紧接着上节的操作来继续说明进行加工仿真的一般步骤：

Step1. 路径模拟。

（1）在"操作管理器"中单击 **刀具路径 - 899.0K - VOLUME_MILLING.NC - 程序号码 0** 节点，系统弹出图 1.7.1 所示的"路径模拟"对话框及图 1.7.2 所示"路径模拟控制"操控板。

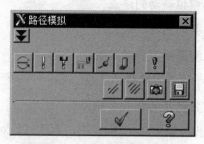

图 1.7.1　"路径模拟"对话框

图 1.7.2　"路径模拟控制"操控板

图 1.7.1 所示的"路径模拟"对话框中部分按钮说明如下：

- ⬇按钮：用于显示"路径模拟"对话框的其他信息。

说明："路径模拟"对话框的其他信息包括刀具路径群组、刀具的详细资料以及刀具路径的具体信息。

- 按钮：用于以不同的颜色来显示各种刀具路径。
- 按钮：用于显示刀具。
- 按钮：用于显示刀具和刀具夹头。
- 按钮：用于显示刀路的快速移动。如果取消选中此按钮，将不显示刀路的快速移动和刀具运动。
- 按钮：用于显示刀路中的实体端点。
- 按钮：用于显示刀具的阴影。
- 按钮：用于设置刀具路径模拟选项的参数。
- 按钮：用于移除屏幕上的所有刀路。
- 按钮：用于显示刀路。当按钮处于选中状态时，单击此按钮才有效。
- 按钮：用于将当前状态的刀具和刀具夹头拍摄成静态图像。
- 按钮：用于将可见的刀路存入指定的层。

图 1.7.2 所示的"路径模拟控制"操控板中各选项的说明如下：

- ▶按钮：用于播放刀具路径。
- ■按钮：用于暂停播放的刀具路径。
- ⏮按钮：用于将刀路模拟返回起始点。
- ⏪按钮：用于将刀路模拟返回一段。
- ⏩按钮：用于将刀路模拟前进一段。

- ▶▶▌按钮: 用于将刀路模拟移动到终点。
- ✐按钮: 用于显示刀具的所有轨迹。
- ╱按钮: 用于设置逐渐显示刀具的轨迹。
- ▭▭▭╵▭▭▭滑块: 用于设置刀路模拟速度。
- ◑按钮: 用于设置暂停设定的相关参数。

（2）在"路径模拟控制"操控板中单击▶按钮，系统开始对刀具路径进行模拟，结果与上节的刀具路径相同。在"路径模拟"对话框中单击✓按钮，关闭对话框。

Step2. 实体切削验证。

（1）在"操作管理器"中确认 **1 - 曲面粗加工挖槽 - [WCS: 俯视图] - [刀具平面: 俯视图]** 节点被选中，然后单击"验证已选择的操作"按钮 ✐，系统弹出图 1.7.3 所示的"Mastercam Simulator"对话框。

（2）在"Mastercam Simulator"对话框中单击▶按钮，系统开始进行实体切削仿真，仿真结果如图 1.7.4 所示；单击 **X** 按钮，关闭对话框。

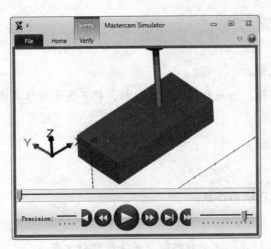
图 1.7.3　"Mastercam Simulator"对话框

图 1.7.4　仿真结果

1.8　利用后处理生成 NC 程序

刀具路径生成并确定其检验无误后，就可以进行后处理操作了。后处理是由 NCI 刀具路径文件转换成 NC 文件，而 NC 文件是可以在机床上实现自动加工的一种途径。

下面还是以前面的模型 VOLUME_MILLING.MCX-7 为例，紧接着上节的操作来继续说明利用后处理器生成 NC 程序的一般步骤：

Step1. 在"操作管理器"中单击 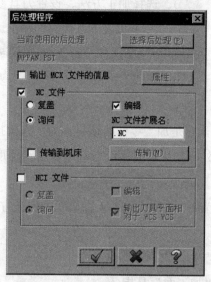 G1 按钮，系统弹出图 1.8.1 所示的"后处理程序"对话框。

Step2. 设置图 1.8.1 所示的参数，在"后处理程序"对话框中单击 按钮，系统弹出"另存为"对话框，选择合适的存放位置，单击 按钮。

图 1.8.1 "后处理程序"对话框

Step3. 完成上步操作后，系统弹出图 1.8.2 所示的"MasterCAM Code Expert"窗口，从中可以观察到，系统已经生成了 NC 程序。

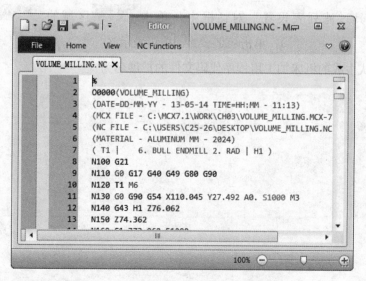

图 1.8.2 "MasterCAM Code Expert"窗口

1.9 习 题

1. 使用 MasterCAM 系统进行数控编程的基本步骤为创建制造模型并进行工艺规划、
（　　　　　）、（　　　　　　　　）、选择加工方法、设置刀具参数、（　　　　　　　）、刀
轨验证及刀具轨迹的编辑、（　　　　　　）以及 NC 代码的输出。

2. 进入 MasterCAM 加工模块的方法是选择下拉菜单 机床类型(M) 命令，其下提供了 4 种
常用的加工环境，包括（　　　　）、（　　　　　）、（　　　　　）和雕刻，选择其中的一种即
可进入相应的加工环境。

3. 工件也称（　　　　　），它是加工零件的坯料。为了在模拟加工时的仿真效果更加真
实，我们需要设置工件；另外，如果需要系统自动运算进给速度等参数时，设置工件也是
非常重要的。

4. 在进行工件的材料设置时，系统提供了 4 种形状的定义方式，包括（　　　）、（　　　）、
（　　　）和文件。

5. 在进行工件的材料设置时，☑ 适度化 选项用于创建（　　　　　　　　　　）的工件。

6. 在选择加工曲面时，"加工面"是指（　　　　　　　　　　　　），"干
涉面"是指（　　　　　　　　　　），"边界范围"是指（　　　　　　　　　）。

7. 在选择刀具之前，要先了解加工零件的特征、（　　　　　）、（　　　　　）、加工
工序、切削量以及其他相关的因素，然后再选用合适的刀具。

8. 在"刀具过滤列表设置"对话框中，单击 刀具类型 区域的 所有(A) 按钮表示
（　　　　　　　），单击 无(N) 按钮表示（　　　　　　　　　　）。

9. 系统默认生成的机床加工用程序代码文件的扩展名为（　　　）。

第 2 章　MasterCAM X7 铣削 2D 加工

本章提要　　　MasterCAM X7 中的 2D 加工功能为用户提供了非常方便、实用的数控加工功能，它可以由简单的 2D 图形直接加工成为三维的立体模型。由于 2D 加工刀具路径的建立简单快捷、不易出错，且程序生成快并容易控制，因此在数控加工中的运用比较广泛。本章将通过几个简单零件的加工来说明 MasterCAM 的 2D 加工模块。通过本章的学习，希望读者能够掌握外形铣削、挖槽加工、面铣削、雕刻加工和钻孔加工等刀具路径的建立方法及参数设置。

2.1　概　　述

在 MasterCAM 中，只需零件二维图就可以完成的加工，称为二维铣削加工。二维刀路是利用二维平面轮廓，通过二维刀路模组功能产生零件加工路径程序。二维刀具的加工路径包括外形铣削、挖槽加工、面铣削、雕刻加工和钻孔。

2.2　外形铣加工

外形铣加工是沿选择的边界轮廓进行铣削，常用于外形粗加工或者外形精加工。下面以图 2.2.1 所示的模型为例来说明外形铣加工的加工过程，其操作如下：

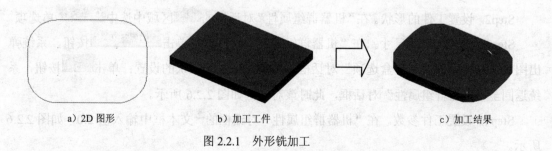

a) 2D 图形　　　　　　　b) 加工工件　　　　　　　c) 加工结果

图 2.2.1　外形铣加工

Stage1. 进入加工环境

Step1. 打开原始模型。选择下拉菜单 **文件(F)** ➡ **打开文件(O)...** 命令，系统弹出图

2.2.2 所示的"打开"对话框。选择文件目录 D:\mcdz7\work\ch02.02，选择文件 CONTOUR.MCX-7；单击 打开(O) 按钮，系统打开模型并进入 MasterCAM X7 的建模环境。

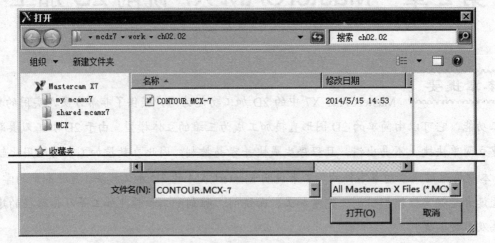

图 2.2.2　"打开"对话框

Step2. 进入加工环境。选择下拉菜单 机床类型(M) ➡ 铣床(M) ➡ 默认(D) 命令，系统进入加工环境，此时零件模型图如图 2.2.3 所示。

图 2.2.3　零件模型图

Stage2. 设置工件

Step1. 在"操作管理器"中单击山 属性 - Mill Default 节点前的"+"号，将该节点展开，然后单击◆ 素材设置 节点，系统弹出图 2.2.4 所示的"机器群组属性"对话框。

Step2. 设置工件的形状。在"机器群组属性"对话框的 形状 区域中选中 ⊙ 立方体 单选项。

Step3. 设置工件的尺寸。在"机器群组属性"对话框中单击 边界盒(B) 按钮，系统弹出图 2.2.5 所示的"边界盒选项"对话框，选项采用系统默认的设置；单击 ✓ 按钮，系统返回至"机器群组属性"对话框，此时该对话框如图 2.2.6 所示。

Step4. 设置工件参数。在"机器群组属性"对话框的 Z 文本框中输入值 2.0，如图 2.2.6 所示。

Step5. 单击"机器群组属性"对话框中的 ✓ 按钮，完成工件的设置，显示结果如图 2.2.7 所示。从图中可以观察到零件的边缘多了红色的双点画线，双点画线围成的图形即为工件。

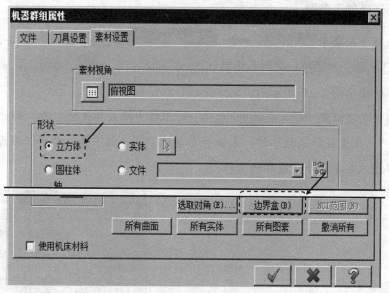

图 2.2.4　"机器群组属性"对话框（一）

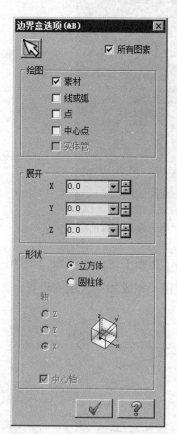

图 2.2.5　"边界盒选项"对话框

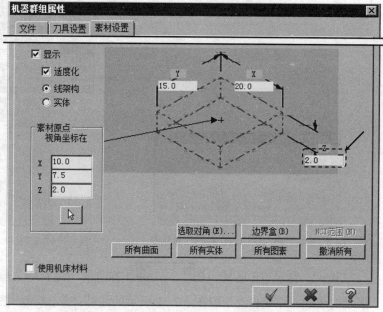

图 2.2.6　"机器群组属性"对话框（二）

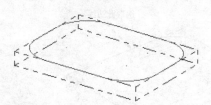

图 2.2.7　显示结果

Stage3. 选择加工类型

Step1. 选择下拉菜单 刀具路径(T) ➡ 外形铣削... (C)... 命令，系统弹出图 2.2.8 所示的"输入新的 NC 名称"对话框；采用系统默认的 NC 名称，单击 ✓ 按钮，完成 NC 名称的设置，同时系统弹出图 2.2.9 所示的"串连选项"对话框。

说明：用户也可以在"输入新的 NC 名称"对话框中输入具体的名称，如"减速器下箱体的加工程序"。在生成加工程序时，系统会自动以"减速器下箱体的加工程序.NC"命名程序名，这样就不需要再修改程序的名称。

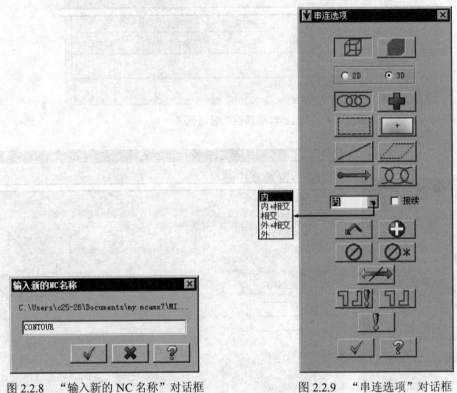

图 2.2.8 "输入新的 NC 名称"对话框　　图 2.2.9 "串连选项"对话框

Step2. 设置加工区域。在 内 ▼ 下拉列表中选择 内 选项，在图形区中选取图 2.2.10 所示的边线，系统自动选取图 2.2.11 所示的边链；单击 ✓ 按钮，完成加工区域的设置，同时系统弹出图 2.2.12 所示的"2D 刀具路径－外形"对话框。

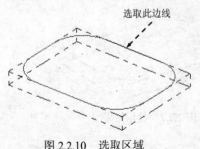

图 2.2.10 选取区域

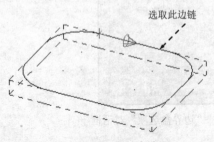

图 2.2.11 选取边链

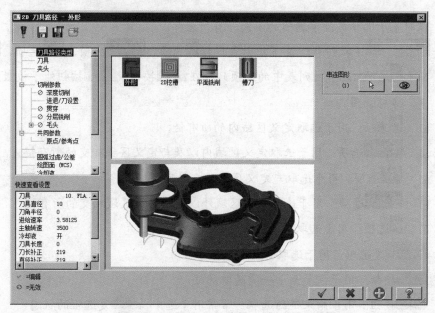

图 2.2.12   "2D 刀具路径 —外形"对话框

图 2.2.9 所示的"串连选项"对话框中各按钮的说明如下：

- ⊞ 按钮：用于选择线架中的链。当模型中出现线架时，此按钮会自动处于激活状态；当模型中没有出现线架时，此按钮会自动处于不可用状态。

- ⊡ 按钮：用于选取实体的边链。当模型中既出现了线架又出现了实体时，此按钮处于可用状态。当该按钮处于按下状态时，与其相关的功能才处于可用状态。当模型中没有出现实体时，此按钮会自动处于不可用状态。

- ⊙ **2D** 单选项：用于选取平行于当前平面中的链。

- ⊙ **3D** 单选项：用于同时选取 X、Y 和 Z 方向的链。

- ◯◯◯ 按钮：用于直接选取与定义链相连的链，但遇到分支点时选择结束。在选取时基于选择类型单选项的不同而有所差异。

- ✚ 按钮：该按钮既可以用于设置从起始点到终点的快速移动，又可以设置链的起始点的自动化，也可以控制刀具从一个特殊的点进入。

- ▢ 按钮：用于选取定义矩形框内的图素。

- ⊞ 按钮：用于通过单击一点的方式选取封闭区域中的所有图素。

- ◢ 按钮：用于选取单独的链。

- ▱ 按钮：用于选取多边形区域内的所有链。

- ⟷ 按钮：用于选取与定义的折线相交叉的所有链。

- ◯◯◯ 按钮：用于选取第一条链与第二条链之间的所有链。当定义的第一条链与第二条链之间存在分支点时，停止自动选取，用户可选择分支继续选取链。在选取时基于选择类型单选项的不同而有所差异。

- **内** 下拉列表：该下拉列表包括**内**选项、**内+相交**选项、**相交**选项、**外+相交**选项和**外**选项。此下拉列表中的选项只有在 按钮或 按钮处于被激活的状态下，方可使用。

  - ☑ **内**选项：用于选取定义区域内的所有链。
  - ☑ **内+相交**选项：用于选取定义区域内以及与定义区域相交的所有链。
  - ☑ **相交**选项：用于选取与定义区域相交的所有链。
  - ☑ **外+相交**选项：用于选取定义区域外以及与定义区域相交的所有链。
  - ☑ **外**选项：用于选取定义区域外的所有链。

- **☑接续**复选框：用于选取有折回的链。
- **⌃**按钮：用于恢复至上一次选取的链。
- **⊕**按钮：用于结束链的选取。常常用于选中**☑等待**复选框的状态。
- **⊘**按钮：用于撤销上一次选取的链。
- **⊘***按钮：用于撤销所有已经选取的链。
- **↔**按钮：用于改变链的方向。
- 按钮：用于设置串连特征方式的相关选项。
- 按钮：用于设置串连特征方式选取图形。
- **!**按钮：用于设置选取链时的相关选项。
- **✓**按钮：用于确定链的选取。

Stage4. 选择刀具

Step1. 确定刀具类型。在"2D 刀具路径－外形"对话框的左侧节点列表中单击**刀具**节点，切换到刀具参数界面；单击**过滤(F)...**按钮，系统弹出图 2.2.13 所示的"刀具过滤列表设置"对话框；单击**刀具类型**区域中的**无(N)**按钮后，在刀具类型按钮群中单击 (平底刀)按钮；单击**✓**按钮，关闭"刀具过滤列表设置"对话框，系统返回至"2D 刀具路径－外形"对话框。

Step2. 选择刀具。在"2D 刀具路径－外形"对话框中单击**选择刀库**按钮，系统弹出图 2.2.14 所示的"选择刀具"对话框；在该对话框的列表框中选择图 2.2.14 所示的刀具，单击**✓**按钮，关闭"选择刀具"对话框，系统返回至"2D 刀具路径－外形"对话框。

Step3. 设置刀具参数。

（1）完成上步操作后，在"2D 刀具路径－外形"对话框的刀具列表中双击该刀具，系统弹出图 2.2.15 所示的"定义刀具-Machine Group-1"对话框。

（2）设置刀具号。在"定义刀具-Machine Group-1"对话框的 刀具号码 文本框中将原有的数值改为 1。

（3）设置刀具的加工参数。单击"定义刀具-Machine Group-1"对话框的 参数 选项卡，设置图 2.2.16 所示的参数。

（4）设置冷却方式。在 参数 选项卡中单击 Coolant... 按钮，系统弹出"Coolant…"对话框；在 Flood （切削液）下拉列表中选择 On 选项，单击该对话框的 ✓ 按钮，系统返回至"定义刀具-Machine Group-1"对话框。

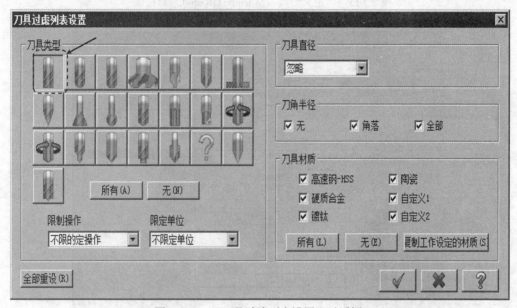

图 2.2.13　"刀具过滤列表设置"对话框

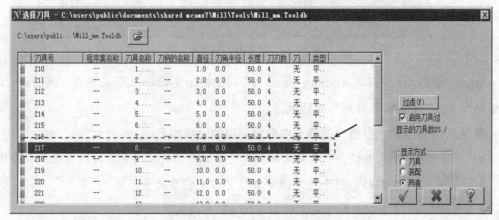

图 2.2.14　"选择刀具"对话框

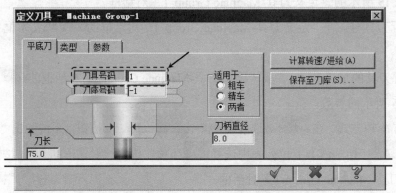

图 2.2.15 "定义刀具 - Machine Group-1" 对话框

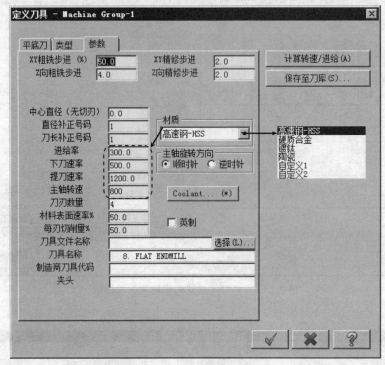

图 2.2.16 "参数" 选项卡

Step4. 单击 "定义刀具-Machine Group-1" 对话框中的 按钮，完成刀具的设置，系统返回至 "2D 刀具路径-外形" 对话框。

图 2.2.16 所示的 "参数" 选项卡中部分选项的说明如下：

- XY粗铣步进[%]文本框：用于定义粗加工时 XY 方向的步进量为刀具直径的百分比。
- Z向粗铣步进文本框：用于定义粗加工时 Z 方向的步进量。
- XY精修步进文本框：用于定义精加工时 XY 方向的步进量。
- Z向精修步进文本框：用于定义精加工时 Z 方向的步进量。

- 中心直径（无切刃）文本框：用于设置镗孔、攻螺纹的底孔直径。

- 直径补正号码文本框：用于设置刀具直径补偿号码。

- 刀长补正号码文本框：用于设置刀具长度补偿号码。

- 进给率文本框：用于定义进给速度。

- 下刀速率文本框：用于定义下刀速度。

- 提刀速率文本框：用于定义提刀速度。

- 主轴转速文本框：用于定义主轴旋转速度。

- 刀刃数量文本框：用于定义刀具切削刃的数量。

- 材料表面速率%文本框：用于定义刀具切削线速度的百分比。

- 每刃切削量%文本框：用于定义进给量（每刃）的百分比。

- 刀具文件名称文本框：用于设置刀具文件的名称。

- 刀具名称文本框：用于添加刀具名称和注释。

- 制造商刀具代码文本框：用于显示刀具制造商的信息。

- 夹头文本框：用于显示夹头的信息。

- 材质下拉列表：用于设置刀具的材料，它包括高速钢-HSS选项、硬质合金选项、镀钛选项、陶瓷选项、自定义1选项和自定义2选项。

- 主轴旋转方向区域：用于定义主轴的旋转方向，其包括 ⊙ 顺时针单选项和 ⊙ 逆时针单选项。

- Coolant... 按钮：用于定义加工时的冷却方式。单击此按钮，系统会自动弹出"Coolant..."对话框，用户可以在该对话框中设置冷却方式。

- ☑ 英制复选框：用于定义刀具的规格。当选中此复选框时，为英制；反之则为公制。

- 选择(L)...按钮：用于选择刀具文档的名称。单击此按钮，系统弹出"打开"对话框，用户可以在该对话框中选择刀具名称。如果没有选择刀具名称，则系统会自动根据定义的刀具信息创建其结构。

- 计算转速/进给(A)按钮：用于计算进给率、下刀速率、提刀速率和主轴转速。单击此按钮，系统将根据工件的材料自动计算进给率、下刀速率、提刀速率以及主轴转速，并自动更新进给率、下刀速率、提刀速率和主轴转速的值。

- 保存至刀库(S)...按钮：保存刀具设置的相关参数到刀具资料库。

Stage5. 设置加工参数

Step1. 设置切削参数。在"2D 刀具路径-外形"对话框的左侧节点列表中单击切削参数节点，设置图 2.2.17 所示的参数。

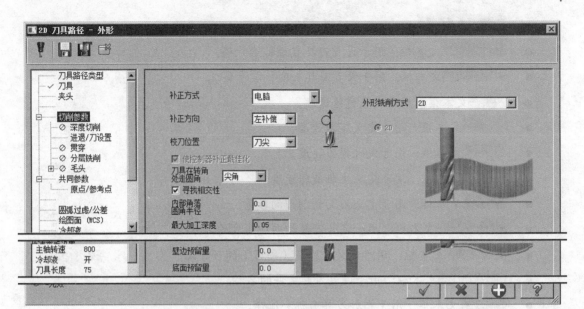

图 2.2.17　"切削参数"界面

图 2.2.17 所示的"切削参数"选项卡中部分选项的说明如下：

- **补正方式** 下拉列表：由于刀具都存在各自的直径，如果刀具的中心点与加工的轮廓外形线重合，则加工后的结果将会比正确的结果小，此时就需要对刀具进行补正。刀具的补正是将刀具中心从轮廓外形线上按指定的方向偏移一定的距离。MasterCAM X7 为用户提供了如下五种刀具补正的形式。

  - ☑ **电脑** 选项：该选项表示系统将自动进行刀具补偿，但不进行输出控制的代码补偿。

  - ☑ **控制器** 选项：该选项表示系统将自动进行输出控制的代码补偿，但不进行刀具补偿。

  - ☑ **磨损** 选项：该选项表示系统将自动对刀具和输出控制代码进行相同的补偿。

  - ☑ **反向磨损** 选项：该选项表示系统将自动对刀具和输出控制代码进行相对应的补偿。

  - ☑ **关** 选项：该选项表示系统将不对刀具和输出控制代码进行补偿。

- **补正方向** 下拉列表：该下拉列表用于设置刀具补正的方向，当选择 **左补偿** 选项时，刀具将沿着加工方向向左偏移一个刀具半径的距离；当选择 **右补偿** 选项时，刀具将沿着加工方向向右偏移一个刀具半径的距离。

- **校刀位置** 下拉列表：该下拉列表用于设置刀具在 Z 轴方向的补偿方式。

  - ☑ **中心** 选项：当选择此选项时，系统将自动从刀具球心位置开始计算刀长。

  - ☑ **刀尖** 选项：当选择此选项时，系统将自动从刀尖位置开始计算刀长。

- **刀具在转角处走圆角:** 下拉列表: 该下拉列表用于设置刀具在转角处铣削时是否有圆角过渡。
  - ☑ **无** 选项: 该选项表示刀具在转角处铣削时不采用圆角过渡。
  - ☑ **尖角** 选项: 该选项表示刀具在小于或等于 135°的转角处铣削时采用圆角过渡。
  - ☑ **所有** 选项: 该选项表示刀具在任何转角处铣削时均采用圆角过渡。
- ☑ **寻找相交性** 复选框: 用于防止刀具路径相交而产生过切。
- **最大加工深度** 文本框: 在 3D 铣削时该选项有效。
- **壁边预留量** 文本框: 用于设置沿 XY 轴方向的侧壁加工预留量。
- **底面预留量** 文本框: 用于设置沿 Z 轴方向的底面加工预留量。
- **外形铣削方式** 下拉列表: 该下拉列表用于设置外形铣削的类型,MasterCAM X7 为用户提供了如下五种类型:
  - ☑ **2D** 选项: 当选择此选项时,则表示整个刀具路径的切削深度相同,都为之前设置的切削深度值。
  - ☑ **2D 倒角** 选项: 当选择此选项时,则表示需要使用倒角铣刀对工件的外形进行铣削,其倒角角度需要在刀具中进行设置。用户选择"2D 倒角"选项后,其下会出现图 2.2.18 所示的参数设置区域,可对相应的参数进行设置。
  - ☑ **斜插** 选项: 该选项一般用于铣削深度较大的外形,它表示在给定的角度或高度后,以斜向进刀的方式对外形进行加工。用户选择该选项后,其下会出现图 2.2.19 所示的"斜插"参数设置区域,可对其相应的参数进行设置。

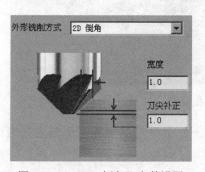

图 2.2.18　"2D 倒角"参数设置　　　　　　图 2.2.19　"斜插"参数设置

  - ☑ **残料加工** 选项: 该选项一般用于铣削上一次外形加工后留下的残料。用户选择该选项后，其下会出现图 2.2.20 所示的"残料加工"参数设置区域，可对相应的参数进行设置。

☑　**摆线式**选项：该选项一般用于沿轨迹轮廓线进行铣削。用户选择该选项后，其下会出现图 2.2.21 所示的"摆线式"参数设置区域，可对相应的参数进行设置。

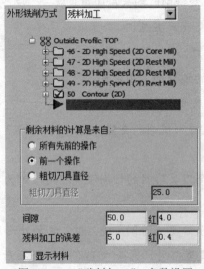

图 2.2.20 　"残料加工" 参数设置

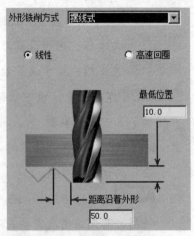

图 2.2.21 　"摆线式" 参数设置

Step2. 设置深度参数。在"2D 刀具路径-外形"对话框的左侧节点列表中单击 **深度切削** 节点，设置图 2.2.22 所示的参数。

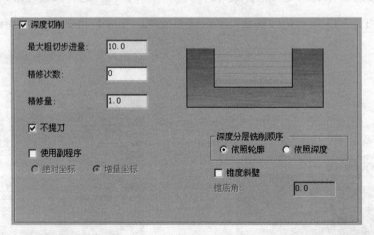

图 2.2.22 　"深度切削" 参数设置

Step3. 设置进退/刀参数。在"2D 刀具路径－外形"对话框的左侧节点列表中单击 **进退/刀设置** 节点，设置图 2.2.23 所示的参数。

图 2.2.23 所示的"进退/刀设置"参数设置的各选项说明如下：

● 　☑ **在封闭轮廓的中点位置执行进/退刀** 复选框：当选中该复选框时，将自动从第一个串联的实体的中点处执行进/退刀。

- ☑ 过切检查 复选框：当选中该复选框时，将进行过切的检查。如果在进/退刀过程中产生了过切，系统将自动移除刀具路径。

- 重叠量 文本框：用于设置进刀点和退刀点的重叠距离，用以消除接刀痕。

- ☑ 启用 复选框：用于设置进刀的相关参数，其包括 线 区域、圆弧 区域、☑ 指定进刀点 复选框、☑ 使用指定点的深度 复选框、☑ 只在第一层深度加上进刀向量 复选框、☑ 第一个位移后才下刀 复选框和 ☑ 复盖进给率 复选框。当勾选 ☑ 启用 该复选框时，此区域的相关设置方可使用。

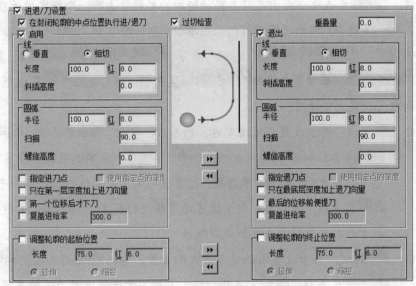

图 2.2.23　"进退/刀设置"参数设置

- ☑ 线 区域：用于设置直线进刀方式的参数，其包括 ⊙垂直 单选项、⊙相切 单选项、长度 文本框和斜插高度 文本框。⊙垂直 单选项：该单选项用于设置进刀路径垂直于切削方向；⊙相切 单选项：该单选项用于设置进刀路径相切于切削方向；长度 文本框：用于设置进刀路径的长度；斜插高度 文本框：该文本框用于添加一个斜向高度到进刀路径。

- ☑ 圆弧 区域：用于设置圆弧进刀方式的参数，其中包括 半径 文本框、扫描 文本框和 螺旋高度 文本框。半径 文本框：该文本框用于设置进刀圆弧的半径，进刀圆弧总是正切于刀具路径；扫描 文本框：该文本框用于设置进刀圆弧的扫描角度；螺旋高度 文本框：该文本框用于添加一个螺旋进刀的高度。

- ☑ 指定进刀点 复选框：用于设置最后链的点为进刀点。

- ☑ 使用指定点的深度 复选框：用于设置在指定点的深度处开始进刀。

- ☑ **只在第一层深度加上进刀向量** 复选框: 用于设置仅第一次切削深度添加进刀移动。
- ☑ **第一个位移后才下刀** 复选框: 用于设置在第一个位移后开启刀具补偿。
- ☑ **复盖进给率** 复选框: 用于定义一个指定的进刀进给率。

● ☐ **调整轮廓的起始位置** 复选框: 用于调整轮廓线的起始位置, 其中包括 **长度** 文本框、◉ **延伸** 单选项和 ◉ **缩短** 单选项。当勾选 ☐ **调整轮廓的起始位置** 复选框时, 此区域的相关设置方可使用。

- ☑ **长度** 文本框: 用于设置调整轮廓起始位置的刀具路径长度。
- ☑ ◉ **延伸** 单选项: 用于在刀具路径轮廓的起始处添加一个指定的长度。
- ☑ ◉ **缩短** 单选项: 用于在刀具路径轮廓的起始处去除一个指定的长度。

● ☑ **退出** 复选框: 用于设置退刀的相关参数, 包括 **线** 区域、**圆弧** 区域、☑ **指定退刀点** 复选框、☑ **使用指定点的深度** 复选框、☑ **只在最底层深度加上退刀向量** 复选框、☑ **最后的位移前便提刀** 复选框和 ☑ **复盖进给率** 复选框。当勾选 ☑ **退出** 复选框时, 此区域的相关设置方可使用。

- ☑ **线** 区域: 用于设置直线退刀方式的参数, 包括 ◉ **垂直** 单选项、◉ **相切** 单选项、**长度** 文本框和 **斜插高度** 文本框。◉ **垂直** 单选项: 该单选项用于设置退刀路径垂直于切削方向; ◉ **相切** 单选项: 该单选项用于设置退刀路径相切于切削方向; **长度** 文本框: 该文本框用于设置退刀路径的长度; **斜插高度** 文本框: 该文本框用于添加一个斜向高度到退刀路径。
- ☑ **圆弧** 区域: 用于设置圆弧退刀方式的参数, 包括 **半径** 文本框、**扫描** 文本框和 **螺旋高度** 文本框。**半径** 文本框: 该文本框用于设置退刀圆弧的半径, 退刀圆弧总是正切于刀具路径; **扫描** 文本框: 该文本框用于设置退刀圆弧的扫描角度; **螺旋高度** 文本框: 该文本框用于添加一个螺旋退刀的高度。
- ☑ **指定退刀点** 复选框: 用于设置最后链的点为退刀点。
- ☑ **使用指定点的深度** 复选框: 用于设置在指定点的深度处开始退刀。
- ☑ **只在最底层深度加上退刀向量** 复选框: 用于设置仅最后一次切削深度添加退刀移动。
- ☑ **最后的位移前便提刀** 复选框: 用于设置在最后的位移处后关闭刀具补偿。
- ☑ **复盖进给率** 复选框: 用于定义一个指定的退刀进给率。

● ☐ **调整轮廓的终止位置** 区域: 用于调整轮廓线的终止位置, 包括 **长度** 文本框、◉ **延伸** 单选项和 ◉ **缩短** 单选项。当勾选 ☐ **调整轮廓的终止位置** 复选框时, 此区域的相关设置方可使用。

- ☑ **长度** 文本框: 用于设置调整轮廓终止位置的刀具路径长度。

☑ ◉ **延伸** 单选项：用于在刀具路径轮廓的终止处添加一个指定的长度。

☑ ◉ **缩短** 单选项：用于在刀具路径轮廓的终止处去除一个指定的长度。

Step4. 设置贯穿参数。在"2D 刀具路径—外形"对话框的左侧节点列表中单击 ◎ **贯穿** 节点，设置图 2.2.24 所示的"贯穿"参数。

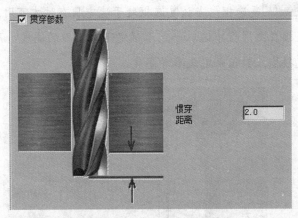

图 2.2.24　"贯穿"参数设置

说明： 设置贯穿距离需要在 ☑ **贯穿参数** 复选框被选中时方可使用。

Step5. 设置分层切削参数。在"2D 刀具路径-外形"对话框的左侧节点列表中单击 ◎ **分层铣削** 节点，设置图 2.2.25 所示的"分层铣削"参数。

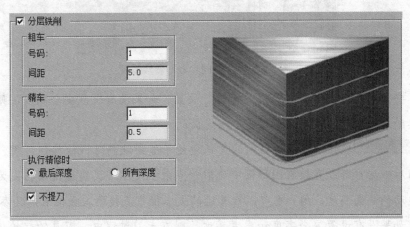

图 2.2.25　"分层铣削"参数设置

Step6. 设置共同参数。在"2D 刀具路径-外形"对话框的左侧节点列表中单击 **共同参数** 节点，设置图 2.2.26 所示的参数。

图 2.2.26 所示的"共同参数"参数设置中部分选项的说明如下：

● ☑ **安全高度** 复选框：当该复选框处于选中状态时，才可用。单击该复选框后，用户可以直接在图形区中选取一点来确定加工体的最高面与刀尖之间的距离，也可以在其后的文本框中直接输入数值来定义安全高度。

- **⊙ 绝对坐标** 单选项：当选中该单选项时，将自动从原点开始计算。
- **⊙ 增量坐标** 单选项：当选中该单选项时，将根据关联的几何体或者其他的参数开始计算。
- **☑ 提刀速率(A)** 复选框：当该复选框处于选中状态时才可用。单击该复选框后，用户可以直接在图形区中选取一点来确定下次走刀的高度，用户也可以在其后的文本框中直接输入数值来定义参考高度。

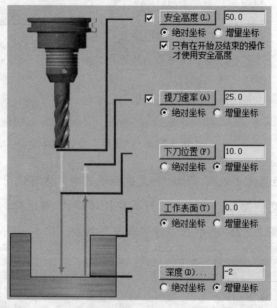

图 2.2.26　"共同参数"参数设置

说明：安全高度应在进给下刀位置前进行设置。如果没有设置安全高度，则在走刀过程中，刀具的起始和返回值将为参考高度所定义的距离。

- **下刀位置(F)** 按钮：当该按钮前的复选框处于选中状态时，该按钮可用。单击该按钮后，用户可以直接在图形区中选取一点来确定从刀具快速运动转变为刀具切削运动的平面高度，用户也可以在其后的文本框中直接输入数值来定义参考高度。

说明：如果没有设置安全高度和参考高度，则在走刀过程中，刀具的起始值和返回值将为进给下刀位置所定义的距离。

- **工作表面(T)** 按钮：当该按钮前的复选框处于选中状态时，该按钮可用。单击该按钮后，用户可以直接在图形区中选取一点来确定工件在 Z 轴方向上的高度，刀具在此平面将根据定义的刀具加工参数生成相应的加工增量。用户也可以在其后的文本框中直接输入数值来定义参考高度。
- **深度(D)...** 按钮：单击该按钮后，可以直接在图形区中选取一点来确定最后的加

工深度，也可以在其后的文本框中直接输入数值来定义加工深度，但在 2D 加工中
此处的数值一般为负数。

Step7. 单击 "2D 刀具路径-外形" 对话框中的 按钮，完成参数设置，此时系统将
自动生成图 2.2.27 所示的刀具路径。

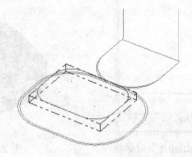

图 2.2.27 刀具路径

Stage6. 加工仿真

Step1. 路径模拟。

（1）在 "操作管理器" 中单击 刀具路径 - 5.6K - CONTOUR.NC - 程序号码 0 节点，系统弹
出图 2.2.28 所示的 "路径模拟" 对话框及图 2.2.29 所示 "路径模拟控制" 操控板。

图 2.2.28 "路径模拟" 对话框

图 2.2.29 "路径模拟控制" 操控板

（2）在 "路径模拟控制" 操控板中单击 按钮，系统将开始对刀具路径进行模拟，结
果与图 2.2.27 所示的刀具路径相同，单击 "路径模拟" 对话框中的 按钮。

Step2. 实体切削验证。

（1）在 "操作管理器" 中确认 1 - 外形参数 (2D) - [WCS: 俯视图] - [刀具平面: 俯视图] 节
点被选中，然后单击 "验证已选择的操作" 按钮 ，系统弹出图 2.2.30 所示的 "Mastercam
Simulator" 对话框。

（2）在 "Mastercam Simulator" 对话框中单击 按钮，系统将开始进行实体切削仿真，

仿真结果如图 2.2.31 所示，单击  按钮。

图 2.2.30　"Mastercam Simulator" 对话框　　　图 2.2.31　仿真结果

Step3. 保存模型。选择下拉菜单 文件(F) ➡ 📄 保存(S) 命令，保存模型。

2.3　挖槽加工

挖槽加工是在定义的加工边界范围内进行铣削加工。下面通过两个实例来说明挖槽加工在 MasterCAM X7 的 2D 铣削模块中的一般操作过程。

2.3.1　实例1

挖槽加工中的标准挖槽主要是用来切削沟槽形状或切除封闭外形所包围的材料，常常用于对凹槽特征的精加工以及对平面的精加工。下面的一个实例（图 2.3.1）主要说明了标准挖槽加工的一般操作过程：

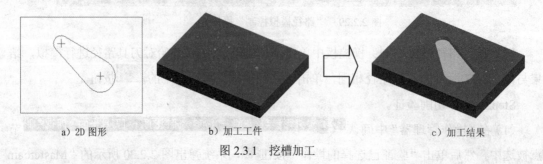

a) 2D 图形　　　　b) 加工工件　　　　c) 加工结果

图 2.3.1　挖槽加工

Stage1. 进入加工环境

Step1. 打开文件 D:\mcdz7\work\ch02.03\POCKET.MCX-7。

Step2. 进入加工环境。选择下拉菜单 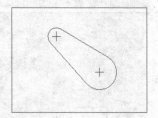 命令，系统进入加工环境，此时零件模型二维图如图 2.3.2 所示。

图 2.3.2　零件模型二维图

Stage2. 设置工件

Step1. 在"操作管理器"中单击山 属性 - Mill Default 节点前的"+"号，将该节点展开，然后单击◆ 素材设置 节点，系统弹出图 2.3.3 所示的"机器群组属性"对话框。

Step2. 设置工件的形状。在"机器群组属性"对话框的 形状 区域中选中 ⊙ 立方体 单选项。

Step3. 设置工件的尺寸。在"机器群组属性"对话框中单击 边界盒(B) 按钮，系统弹出图 2.3.4 所示的"边界盒选项"对话框；其选项采用系统默认的设置值，单击 ✓ 按钮，系统返回至"机器群组属性"对话框，此时该对话框如图 2.3.5 所示。

Step4. 设置工件参数。在"机器群组属性"对话框的 Z 文本框中输入值 10.0，如图 2.3.5 所示。

Step5. 单击"机器群组属性"对话框中的 ✓ 按钮，完成工件的设置。此时，显示工件如图 2.3.6 所示，从图中可以观察到工件的边缘多了红色的双点画线，双点画线围成的图形即为工件。

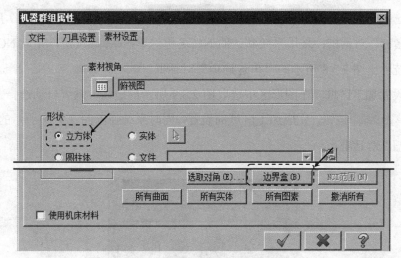

图 2.3.3　"机器群组属性"对话框（一）

图 2.3.4　"边界盒选项"对话框

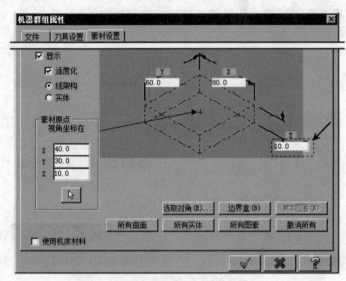

图 2.3.5　"机器群组属性"对话框（二）

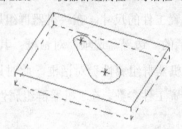

图 2.3.6　工件显示

Stage3. 选择加工类型

Step1. 选择下拉菜单 刀具路径(T) ➡ 2D挖槽(2)... 命令，系统弹出图 2.3.7 所示的"输入新的 NC 名称"对话框；采用系统默认的 NC 名称，单击 ✓ 按钮，完成 NC 名称的设置，同时系统弹出图 2.3.8 所示的"串连选项"对话框。

Step2. 设置加工区域。在图形区中选取图 2.3.9 所示的边线，系统自动选择图 2.3.10 所示的边链；单击 ✓ 按钮，完成加工区域的设置，同时系统弹出图 2.3.11 所示的"2D 刀具路径-2D 挖槽"对话框。

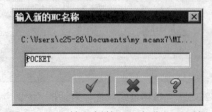

图 2.3.7　"输入新的 NC 名称"对话框

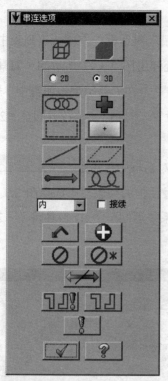

图 2.3.8 "串连选项"对话框

图 2.3.9 选取区域

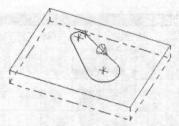

图 2.3.10 选取边链

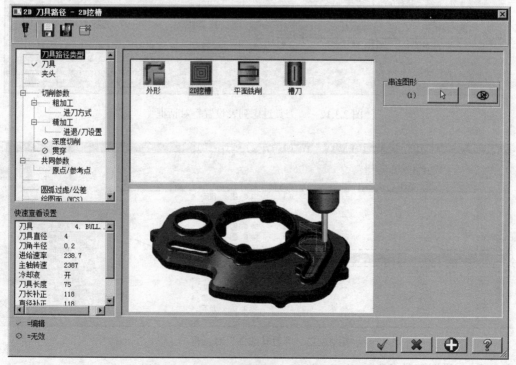

图 2.3.11 "2D 刀具路径 – 2D 挖槽"对话框

Stage4. 选择刀具

Step1. 确定刀具类型。在"2D 刀具路径-2D 挖槽"对话框的左侧节点列表中单击 刀具 节点，切换到刀具参数界面；单击 过滤(F)... 按钮，系统弹出图 2.3.12 所示的"刀具过滤列表设置"对话框，单击 刀具类型 区域中的 无(N) 按钮后，在刀具类型按钮群中单击 （圆鼻刀）按钮；单击 ✓ 按钮，关闭"刀具过滤列表设置"对话框，系统返回至"2D 刀具路径 -2D 挖槽"对话框。

Step2. 选择刀具。在"2D 刀具路径 - 2D 挖槽"对话框中单击 选择刀库 按钮，系统弹出图 2.3.13 所示的"选择刀具"对话框；在该对话框的列表框中选择图 2.3.13 所示的刀具；单击 ✓ 按钮，关闭"选择刀具"对话框，系统返回至"2D 刀具路径 - 2D 挖槽"对话框。

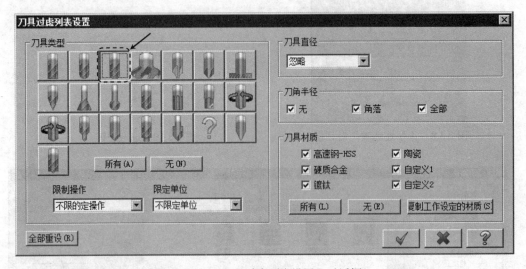

图 2.3.12 "刀具过虑列表设置"对话框

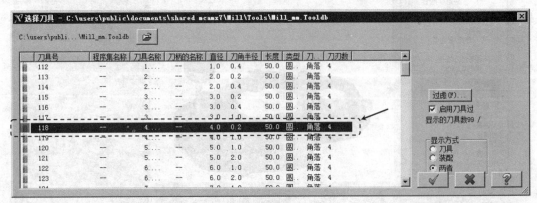

图 2.3.13 "刀具选择"对话框

Step3. 设置刀具参数。

（1）完成上步操作后，在"2D 刀具路径－2D 挖槽"对话框刀具列表中双击该刀具，系统弹出图 2.3.14 所示的"定义刀具-Machine Group-2"对话框。

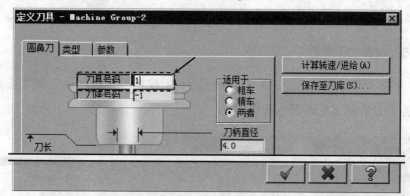

图 2.3.14　"定义刀具 - Machine Group -2"对话框

（2）设置刀具号。在"定义刀具-Machine Group-2"对话框的 刀具号码 文本框中将原有的数值改为 1。

（3）设置刀具的加工参数。单击"定义刀具-Machine Group-2"对话框的 参数 选项卡，设置图 2.3.15 所示的参数。

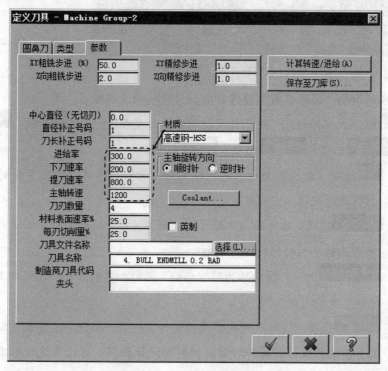

图 2.3.15　"参数"选项卡

（4）设置冷却方式。在 参数 选项卡中单击 Coolant... 按钮，系统弹出"Coolant…"对话框；在 Flood （切削液）下拉列表中选择 On 选项，单击该对话框的 ✓ 按钮，关闭

"Coolant…"对话框。

Step4. 单击"定义刀具-Machine Group-2"对话框中的 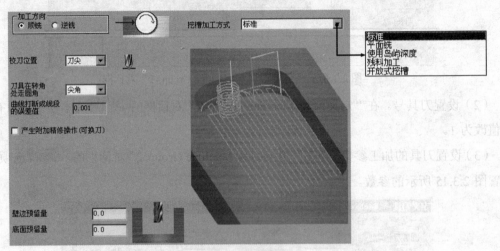 按钮，完成刀具的设置，系统返回至"2D 刀具路径-2D 挖槽"对话框。

Stage5．设置加工参数

Step1. 设置切削参数。在"2D 刀具路径－2D 挖槽"对话框的左侧节点列表中单击 切削参数 节点，设置图 2.3.16 所示的参数。

图 2.3.16　"切削参数"参数设置

图 2.3.16 所示的"切削参数"设置界面部分选项的说明如下：

- 挖槽加工方式 下拉列表：用于设置挖槽加工的类型，包括 标准 选项、 平面铣 选项、 使用岛屿深度 选项、 残料加工 选项和 开放式挖槽 选项。

  - ☑ 标准 选项：该选项为标准的挖槽方式，此种挖槽方式仅对定义的边界内部的材料进行铣削。

  - ☑ 平面铣 选项：该选项为平面挖槽的加工方式，此种挖槽方式是对定义的边界所围成的平面的材料进行铣削。

  - ☑ 使用岛屿深度 选项：该选项为对"岛屿"进行加工的方式，此种加工方式能自动地调整铣削深度。

  - ☑ 残料加工 选项：该选项为残料挖槽的加工方式，此种加工方式可以对先前的加工自动进行残料计算并对剩余的材料进行切削。当使用这种加工方式时会激活相关选项，可以对残料加工的参数进行设置。

  - ☑ 开放式挖槽 选项：该选项为对未封闭串连进行铣削的加工方式。当使用这种加工方式时会激活相关选项，可以对开放式挖槽的参数进行设置。

Step2. 设置粗加工参数。在"2D 刀具路径‑2D 挖槽"对话框的左侧节点列表中单击
粗加工 节点，设置图 2.3.17 所示的参数。

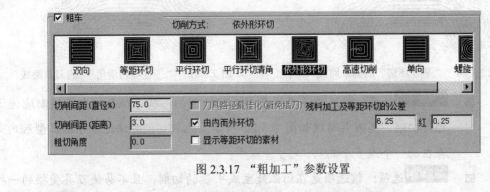

图 2.3.17 "粗加工"参数设置

图 2.3.17 所示的"粗加工"参数设置界面中部分选项的说明如下：

- 粗车 复选框：用于创建粗加工。
- 切削方式 列表框：该列表框包括 双向、等距环切、平行环切、平行环切清角、依外形环切、高速切削、单向 和 螺旋切削 八种切削方式。

  - ☑ 双向 选项：该选项表示根据粗加工的角采用 Z 形走刀，其加工速度快，但刀具容易磨损，采用此种切削方式的刀具路线如图 2.3.18 所示。
  - ☑ 等距环切 选项：该选项表示根据剩余的部分重新计算出新的剩余部分，直到加工完成，刀具路线如图 2.3.19 所示。此种加工方法的切削范围比"平行环切"方法的切削范围大，比较适合加工规则的单型腔，加工后型腔的底部和侧壁的质量较好。

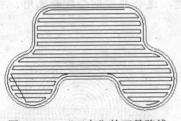

图 2.3.18 "双向"的刀具路线

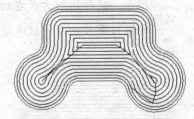

图 2.3.19 "等距环切"的刀具路线

  - ☑ 平行环切 选项：该选项是根据每次切削边界产生一定偏移量，直到加工完成，刀具路线如图 2.3.20 所示。由于刀具进刀方向一致，因此刀具切削稳定，但不能保证清除切削残料。
  - ☑ 平行环切清角 选项：该选项与"平行环切"类似，但加入了清除角处的残量刀路，刀具路线如图 2.3.21 所示。

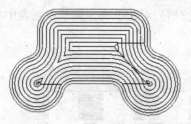
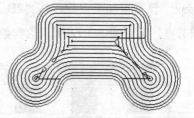

图 2.3.20　"平行环切"的刀具路线　　　　图 2.3.21　"平行环切清角"的刀具路线

☑ **依外形环切**选项：该选项是根据凸台或凹槽间的形状，从某一个点逐渐地递进进行切削，其刀具路线如图 2.3.22 所示。此种切削方法适合于加工型腔内部存在的一个或多个岛屿。

☑ **高速切削**选项：该选项是在圆弧处生成平稳的切削，且不易使刀具受损的一种加工方式，但加工时间较长。其刀具路线如图 2.3.23 所示。

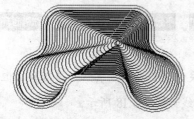
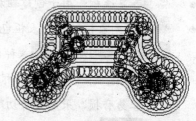

图 2.3.22　"依外形环切"的刀具路线　　　　图 2.3.23　"高速切削"的刀具路线

☑ **单向**选项：该选项是始终沿一个方向切削，适合切削深度较大时选用，但加工时间较长。刀具路线如图 2.3.24 所示。

☑ **螺旋切削**选项：该选项是从某一点开始，沿螺旋线切削，其刀具路线如图 2.3.25 所示。此种切削方式在切削时比较平稳，适合非规则型腔时选用，有较好的切削效果且生成的程序较短。

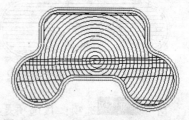

图 2.3.24　"单向"的刀具路线　　　　图 2.3.25　"螺旋切削"的刀具路线

说明：读者可以打开 D:\mcdz7\work\ch02.03\EXMPLE.MCX-7 文件，通过更改它们的切削方式，仔细观察其特点。

● **切削间距（直径%）**文本框：用于设置切削间距为刀具直径的定义百分比。

● **切削间距（距离）**文本框：用于设置 XY 方向上的切削间距。XY 方向上的切削间距为距离值。

- 粗切角度 文本框: 用于设置粗加工时刀具加工角的角度限制。此文本框仅在 切削方式 为 双向 和 单向 时可用。

- ☑ 刀具路径最佳化 (避免插刀) 复选框: 用于防止在切削凸台或凹槽周围区域时因切削量过大而产生的刀具损坏。此选项仅在 切削方式 为 双向 、 等距环切 、 平行环切 和 平行环切清角 时可用。

- ☑ 由内而外环切 复选框: 用于设置切削方向。选中此复选框, 则切削方向为由内向外切削; 反之, 则由外向内切削。此选项在 切削方式 为 双向 和 单向 时不可用。

- 残料加工及等距环切的公差 文本框: 设置粗加工的加工公差, 可在第一个文本框中输入刀具直径的百分比或在第二个文本框中输入具体值。

Step3. 设置粗加工进刀模式。在 "2D 刀具路径 – 2D 挖槽" 对话框的左侧节点列表中单击 粗加工 节点下的 进刀方式 节点, 设置图 2.3.26 所示的参数。

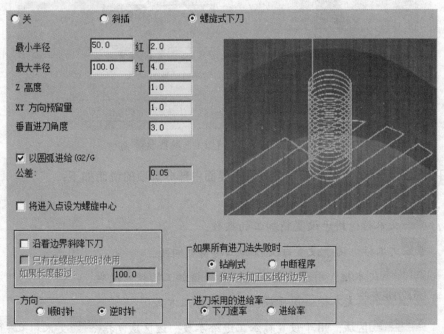

图 2.3.26　"进刀方式" 参数设置

图 2.3.26 所示的 "进刀方式" 参数设置界面中部分选项的说明如下:

- ◉ 螺旋式下刀 单选项: 用于设置螺旋方式下刀。

  - ☑ 最小半径 文本框: 用于设置螺旋的最小半径。可在第一个文本框输入刀具直径的百分比或在第二个文本框中输入具体值。

  - ☑ 最大半径 文本框: 用于设置螺旋的最大半径。可在第一个文本框输入刀具直径的百分比或在第二个文本框中输入具体值。

☑　**Z 高度** 文本框：用于设置刀具在工件表面的某个高度开始螺旋下刀。

☑　**XY 方向预留量** 文本框：用于设置刀具螺旋下刀时距离边界的距离。

☑　**垂直进刀角度** 文本框：用于设置刀具螺旋下刀时螺旋角度。

Step4. 设置精加工参数。在"2D 刀具路径 - 2D 挖槽"对话框的左侧节点列表中单击 **精加工** 节点，设置图 2.3.27 所示的参数。

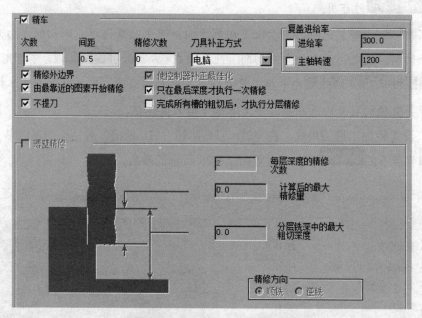

图 2.3.27　"精加工"参数设置

图 2.3.27 所示的"精加工"参数设置界面中部分选项的说明如下：

- **精车** 复选框：用于创建精加工。
- **次数** 文本框：用于设置精加工的次数。
- **间距** 文本框：用于设置每次精加工的切削间距。
- **精修次数** 文本框：用于设置在同一路径精加工的精修次数。
- **刀具补正方式** 文本框：用于设置刀具的补正方式。
- **复盖进给率** 区域：用于设置精加工进给参数。该区域包括 **进给率** 文本框和 **主轴转速** 文本框。
  - ☑　**进给率** 文本框：用于设置加工时的进给率。
  - ☑　**主轴转速** 文本框：用于设置加工时的主轴转速。
- **精修外边界** 复选框：用于设置精加工内/外边界。若选中此复选框，则精加工外部边界；反之则精加工内部边界。
- **由最靠近的图素开始精修** 复选框：用于设置粗加工后精加工的起始位置为最近的端

点。若选中此复选框，则将最近的端点作为精加工的起始位置；反之，则将按照原先定义的顺序进行精加工。

- ☑ 不提刀 复选框：用于设置在精加工时是否返回到预先定义的进给下刀位置。

- ☑ 使控制器补正最佳化 复选框：用于设置控制器补正的优化。

- ☑ 只在最后深度才执行一次精修 复选框：用于设置只在最后一次切削时进行精加工。当选中此复选框，则只在最后一次切削时进行精加工；反之，则将对每次切削进行精加工。

- ☑ 完成所有槽的粗切后，才执行分层精修 复选框：用于设置完成所有粗加工后才进行多层的精加工。

Step5. 设置共同参数。在"2D 刀具路径－2D 挖槽"对话框的左侧节点列表中单击 共同参数 节点，设置图 2.3.28 所示的参数。

Step6. 单击"2D 刀具路径－2D 挖槽"对话框中的 ☑ 按钮，完成挖槽加工参数的设置，此时系统将自动生成图 2.3.29 所示的刀具路径。

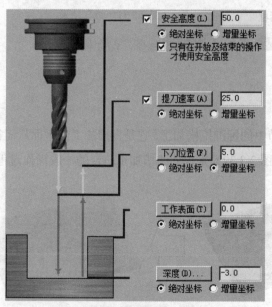

图 2.3.28　"共同参数"参数设置

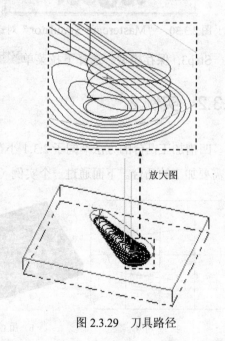

放大图

图 2.3.29　刀具路径

Stage6. 加工仿真

Step1. 路径模拟。

（1）在"操作管理器"中单击 ≋ 刀具路径－167.7K－POCKET.NC－程序号码 0 节点，系统弹出"路径模拟"对话框及"路径模拟控制"操控板。

（2）在"路径模拟控制"操控板中单击 ▶ 按钮，系统将开始对刀具路径进行模拟，结果与图 2.3.29 所示的刀具路径相同；在"路径模拟"对话框中单击 ✓ 按钮。

Step2. 实体切削验证。

（1）在"操作管理器"中确认  节点被选中，然后单击"验证已选择的操作"按钮 ，系统弹出图 2.3.30 所示的"Mastercam Simulator"对话框。

（2）在"Mastercam Simulator"对话框中单击 ▶ 按钮，系统将开始进行实体切削仿真，仿真结果如图 2.3.31 所示，单击 X 按钮。

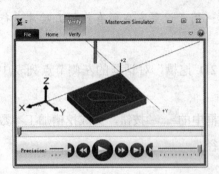

图 2.3.30　"Mastercam Simulator"对话框

图 2.3.31　仿真结果

Step3. 保存模型。选择下拉菜单 文件(F) ➡ 保存(S) 命令，保存模型。

2.3.2　实例 2

凹槽加工凸台的方法不同于 2.3.1 小节中的标准挖槽加工，它是直接加工出平面从而得到所需要加工的凸台。下面通过一个实例（图 2.3.32）来说明凹槽加工凸台的一般操作过程。

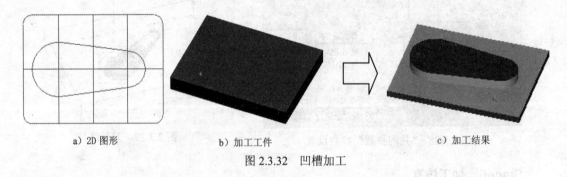

a) 2D 图形　　　b) 加工工件　　　c) 加工结果

图 2.3.32　凹槽加工

Stage1. 进入加工环境

Step1. 打开文件 D:\mcdz7\work\ch02.03\POXKET_2.MCX-7。

Step2. 进入加工环境。选择下拉菜单 机床类型(M) ➡ 铣床(M) ➡ 默认(D) 命令，系统进入加工环境，此时零件模型二维图如图 2.3.33 所示。

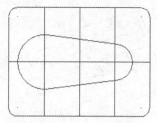

图 2.3.33　零件模型二维图

Stage2. 设置工件

Step1. 在"操作管理器"中单击 山 属性 - Mill Default 节点前的"+"号，将该节点展开，然后单击 ◆ 素材设置 节点，系统弹出"机器群组属性"对话框。

Step2. 设置工件的形状。在"机器群组属性"对话框的 形状 区域中选中 ⊙ 立方体 单选项。

Step3. 设置工件的尺寸。在"机器群组属性"对话框中单击 边界盒(B) 按钮，系统弹出"边界盒选项"对话框；其选项采用系统默认的设置，单击 ✓ 按钮，系统返回至"机器群组属性"对话框，此时该对话框如图 2.3.34 所示。

Step4. 设置工件参数。在"机器群组属性"对话框的 Z 文本框中输入值 10.0，如图 2.3.34 所示。

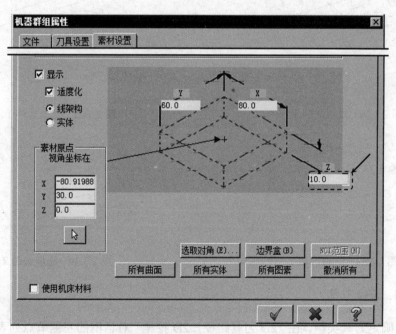

图 2.3.34　"机器群组属性"对话框

Step5. 单击"机器群组属性"对话框中的 ✓ 按钮，完成工件的设置。此时工件显示如图 2.3.35 所示，从图中可以观察到零件的边缘多了红色的双点画线，双点画线围成的图形即为工件。

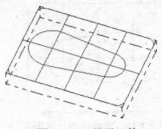

图 2.3.35　显示工件

Stage3. 选择加工类型

Step1. 选择下拉菜单 刀具路径(T) ➡ ▣ 2D挖槽(2)... 命令，系统弹出"输入新的 NC 名称"对话框；采用系统默认的 NC 名称，单击 ✓ 按钮，完成 NC 名称的设置，同时系统弹出"串连选项"对话框。

Step2. 设置加工区域。在图形区中选取图 2.3.36 所示的边线，系统自动选取图 2.3.37 所示的边链1；在图形区中选取图 2.3.38 所示的边线，系统自动选取图 2.3.39 所示的边链2，单击 ✓ 按钮，完成加工区域的设置，同时系统弹出 "2D 刀具路径 – 2D 挖槽"对话框。

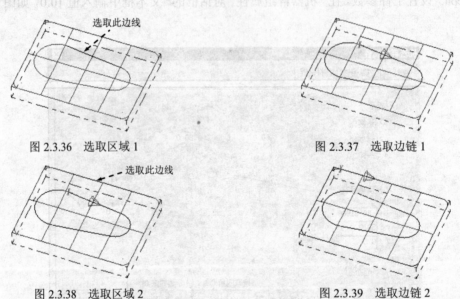

图 2.3.36　选取区域 1　　　　　　　　　　　图 2.3.37　选取边链 1

图 2.3.38　选取区域 2　　　　　　　　　　　图 2.3.39　选取边链 2

Stage4. 选择刀具

Step1. 确定刀具类型。在"2D 刀具路径 – 2D 挖槽"对话框的左侧节点列表中单击 刀具 节点，切换到刀具参数界面；单击 过滤(F)... 按钮，系统弹出图 2.3.40 所示的"刀具过滤列表设置"对话框；单击 刀具类型 区域中的 无(N) 按钮后，在刀具类型按钮群中单击 Ⅱ（平底刀）按钮；单击 ✓ 按钮，关闭"刀具过滤列表设置"对话框，系统返回至"2D 刀具路

径 – 2D 挖槽"对话框。

　　Step2. 选择刀具。在"2D 刀具路径 – 2D 挖槽"对话框中单击 选择刀库 按钮，系统弹出"选择刀具"对话框；在该对话框的列表框中选择图 2.3.41 所示的刀具；单击 ✓ 按钮，关闭"选择刀具"对话框，系统返回至"2D 刀具路径 – 2D 挖槽"对话框。

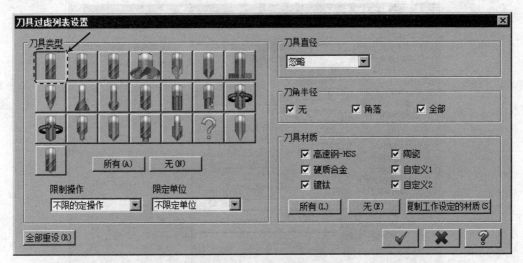

图 2.3.40　"刀具过虑列表设置"对话框

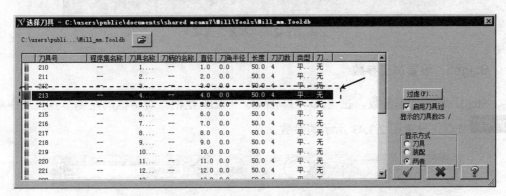

图 2.3.41　"选择刀具"对话框

　　Step3. 设置刀具参数。

　　（1）完成上步操作后，在"2D 刀具路径 – 2D 挖槽"对话框的刀具列表中双击该刀具，系统弹出"定义刀具 – Machine Group-2"对话框。

　　（2）设置刀具号。在"定义刀具 - Machine Group-2"对话框的 刀具号码 文本框中将原有的数值改为 1。

　　（3）设置刀具的加工参数。单击"定义刀具 - Machine Group-2"对话框的 参数 选项卡，设置图 2.3.42 所示的参数。

　　（4）设置冷却方式。在 参数 选项卡中单击 Coolant... 按钮，系统弹出"Coolant…"

对话框；在 Flood （切削液）下拉列表中选择 On 选项，单击该对话框的 ✔ 按钮，关闭"Coolant…"对话框。

Step4. 单击"定义刀具 - Machine Group-2"对话框中的 ✔ 按钮，完成刀具的设置，系统返回至"2D 刀具路径 - 2D 挖槽"对话框。

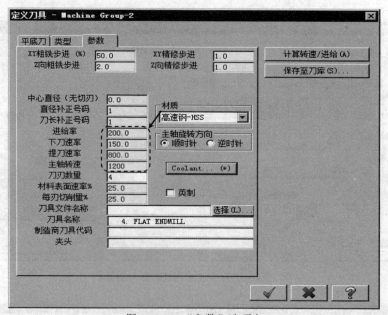

图 2.3.42 "参数"选项卡

Stage5. 设置加工参数

Step1. 设置切削参数。在"2D 刀具路径 － 2D 挖槽"对话框的左侧节点列表中单击 切削参数 节点，设置图 2.3.43 所示的参数。

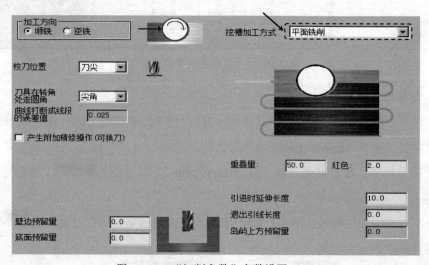

图 2.3.43 "切削参数"参数设置

Step2. 设置粗加工参数。在"2D 刀具路径 – 2D 挖槽"对话框的左侧节点列表中单击 粗加工 节点，设置图 2.3.44 所示的参数。

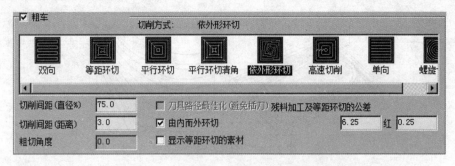

切削方式：　　依外形环切

双向　等距环切　平行环切　平行环切清角　依外形环切　高速切削　单向　螺旋

切削间距（直径%）	75.0	□ 刀具路径最佳化（避免插刀）	残料加工及等距环切的公差
切削间距（距离）	3.0	☑ 由内而外环切	6.25　红 0.25
粗切角度	0.0	□ 显示等距环切的素材	

图 2.3.44　"粗加工"参数设置

Step3. 设置精加工参数。在"2D 刀具路径 – 2D 挖槽"对话框的左侧节点列表中单击 精加工 节点，设置图 2.3.45 所示的参数。

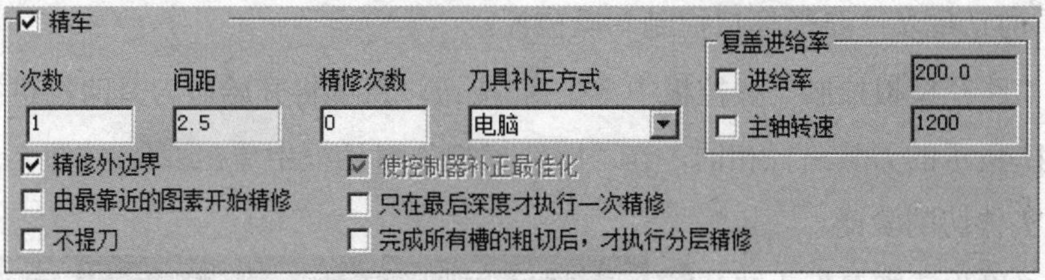

☑ 精车

次数	间距	精修次数	刀具补正方式		复盖进给率
1	2.5	0	电脑	□ 进给率	200.0
				□ 主轴转速	1200

☑ 精修外边界　　☑ 使控制器补正最佳化
□ 由最靠近的图素开始精修　　□ 只在最后深度才执行一次精修
□ 不提刀　　□ 完成所有槽的粗切后，才执行分层精修

图 2.3.45　"精加工"参数设置

Step4. 设置共同参数。在"2D 刀具路径 – 2D 挖槽"对话框的左侧节点列表中单击 共同参数 节点，设置图 2.3.46 所示的参数。

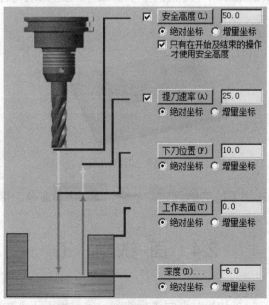

☑ 安全高度（L）　50.0
　● 绝对坐标　○ 增量坐标
☑ 只有在开始及结束的操作
　才使用安全高度

☑ 提刀速率（A）　25.0
　● 绝对坐标　○ 增量坐标

下刀位置（F）　10.0
　● 绝对坐标　○ 增量坐标

工作表面（T）　0.0
　● 绝对坐标　○ 增量坐标

深度（D）...　-6.0
　● 绝对坐标　○ 增量坐标

图 2.3.46　"共同参数"参数设置

Step5. 单击"2D 刀具路径–2D 挖槽"对话框中的 ✓ 按钮，完成加工参数的设置，此时系统将自动生成图 2.3.47 所示的刀具路径。

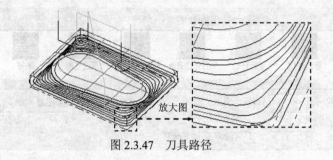

放大图

图 2.3.47　刀具路径

Stage6. 加工仿真

Step1. 路径模拟。

（1）在"操作管理器"中单击 刀具路径 – 113.4K – POXKET_2.NC – 程序号码 0 节点，系统弹出"路径模拟"对话框及"路径模拟控制"操控板。

（2）在"路径模拟控制"操控板中单击 ▶ 按钮，系统将开始对刀具路径进行模拟，结果与图 2.3.47 所示的刀具路径相同，在"路径模拟"对话框中单击 ✓ 按钮。

Step2. 实体切削验证。

（1）在"操作管理器"中确认 1 – 2D挖槽（平面加工）– [WCS: 俯视图] – [刀具平面: 俯视图] 节点被选中，然后单击"验证已选择的操作"按钮，系统弹出"Mastercam Simulator"对话框。

（2）在"Mastercam Simulator"对话框中单击 ▶ 按钮，系统将开始进行实体切削仿真，仿真结果如图 2.3.48 所示，单击 X 按钮。

图 2.3.48　仿真结果

Step3. 保存模型。选择下拉菜单 文件(F) ➡ 保存(S) 命令，保存模型。

2.4　面铣加工

面铣加工是通过定义加工边界对平面进行铣削，常常用于工件顶面和台阶面的加工。下面通过一个实例（图 2.4.1）来说明 MasterCAM X7 面铣加工的一般过程，其操作步骤如下：

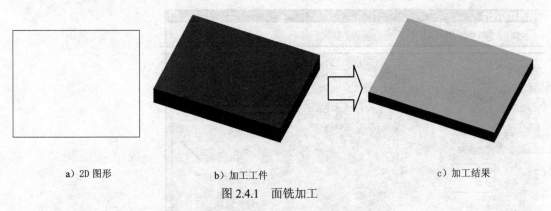

a）2D 图形　　　　　　　b）加工工件　　　　　　　c）加工结果

图 2.4.1　面铣加工

Stage1. 进入加工环境

Step1. 打开文件 D:\mcdz7\work\ch02.04\FACE.MCX-7。

Step2. 进入加工环境。选择下拉菜单 机床类型(M) ➡ 铣床(M) ➡ 默认(D) 命令，系统进入加工环境，此时零件模型二维图如图 2.4.2 所示。

图 2.4.2　零件模型二维图

Stage2. 设置工件

Step1. 在"操作管理器"中单击 属性 - Mill Default 节点前的"+"号，将该节点展开，然后单击 素材设置 节点，系统弹出"机器群组属性"对话框。

Step2. 设置工件的形状。在"机器群组属性"对话框的 形状 区域中选中 立方体 单选项。

Step3. 设置工件的尺寸。在"机器群组属性"对话框中单击 边界盒(B) 按钮，系统弹出"边界盒选项"对话框，其选项采用系统默认的设置值；单击 ✓ 按钮，返回至"机器群组属性"对话框，如图 2.4.3 所示。

Step4. 设置工件参数。在"机器群组属性"对话框的 ^{Z} 文本框中输入值 10.0，如图 2.4.3 所示。

Step5. 单击"机器群组属性"对话框中的 ✓ 按钮，完成工件的设置。此时，工件显示如图 2.4.4 所示，从图中可以观察到工件的边缘多了红色的双点画线，双点画线围成的图形即为工件。

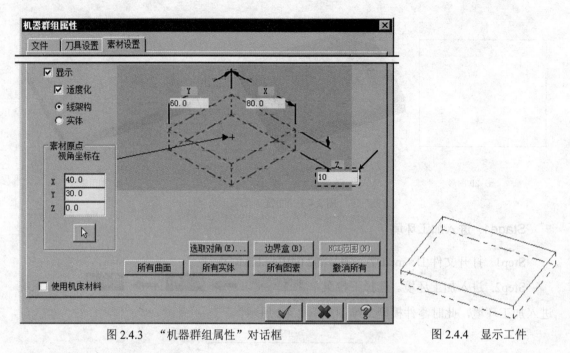

图 2.4.3 "机器群组属性"对话框   图 2.4.4 显示工件

Stage3. 选择加工类型

Step1. 选择下拉菜单 刀具路径(T) ➡ 平面铣(A)... 命令，系统弹出"输入新的 NC 名称"对话框，采用系统默认的 NC 名称，单击 按钮，完成 NC 名称的设置，同时系统弹出"串连选项"对话框。

Step2. 设置加工区域。在图形区中选取图 2.4.5 所示的边线，系统自动选择图 2.4.6 所示的边链；单击 按钮，完成加工区域的设置，同时系统弹出图 2.4.7 所示的"2D 刀具路径-平面铣削"对话框。

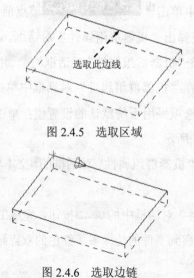

选取此边线

图 2.4.5 选取区域

图 2.4.6 选取边链

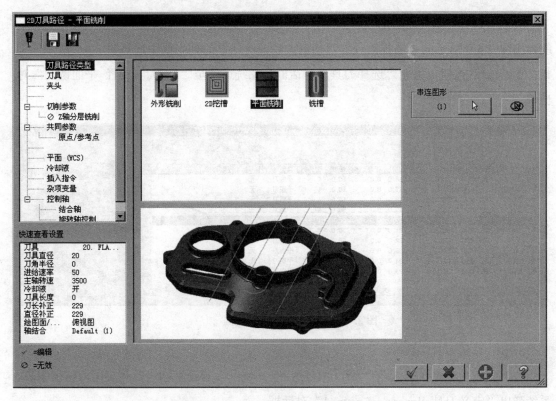

图 2.4.7　"2D 刀具路径-平面铣削"对话框

Stage4. 选择刀具

Step1. 确定刀具类型。在"2D 刀具路径-平面铣削"对话框的左侧节点列表中单击 刀具 节点，切换到刀具参数界面；单击 过虑(F)... 按钮，系统弹出图 2.4.8 所示的"刀具过滤列表设置"对话框；单击 刀具类型 区域中的 无(N) 按钮后，在刀具类型按钮群中单击 （平底刀）按钮；单击 按钮，关闭"刀具过滤列表设置"对话框，系统返回至"2D 刀具路径-平面铣削"对话框。

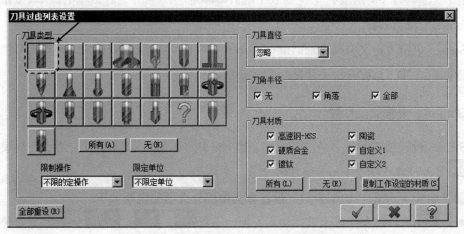

图 2.4.8　"刀具过虑列表设置"对话框

Step2. 选择刀具。在"2D 刀具路径-平面铣削"对话框中单击 选择刀库 按钮，系统弹出图 2.4.9 所示的"选择刀具"对话框；在该对话框的列表框中选择图 2.4.9 所示的刀具；单击 ✓ 按钮，关闭"选择刀具"对话框，系统返回至"2D 刀具路径-平面铣削"对话框。

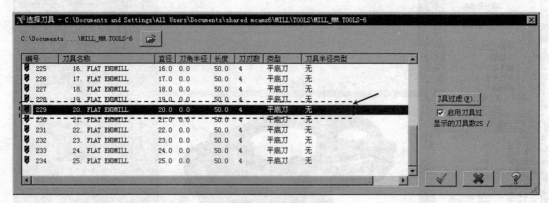

图 2.4.9 "选择刀具"对话框

Step3. 设置刀具参数。

（1）完成上步操作后，在"2D 刀具路径-平面铣削"对话框的刀具列表中双击该刀具，系统弹出"定义刀具-Machine Group-1"对话框。

（2）设置刀具号。在"定义刀具-Machine Group-1"对话框的 刀具号码 文本框中将原有的数值改为 1。

（3）设置刀具的加工参数。单击"定义刀具-Machine Group-1"对话框的 参数 选项卡，在 进给速率 文本框中输入值 500.0，在 下刀速率 文本框中输入值 200.0，在 提刀速率 文本框中输入值 800.0，在 主轴转速 文本框中输入值 600.0。

（4）设置冷却方式。在 参数 选项卡中单击 Coolant... 按钮，系统弹出"Coolant..."对话框；在 Flood （切削液）下拉列表中选择 On 选项，单击该对话框的 ✓ 按钮，关闭"Coolant..."对话框。

Step4. 单击"定义刀具-Machine Group-1"对话框中的 ✓ 按钮，完成刀具的设置，系统返回至"2D 刀具路径-平面铣削"对话框。

Stage5. 设置加工参数

Step1. 设置加工参数。在"2D 刀具路径-平面铣削"对话框的左侧节点列表中单击 切削参数 节点，设置图 2.4.10 所示的参数。

图 2.4.10 所示的"切削参数"设置界面中部分选项的说明如下：

- 类型 下拉列表：用于选择切削类型，包括 双向 、 单向 、 一刀式 和 动态视图 四种切削类型。

- ☑ **双向** 选项：该选项为切削方向往复变换的铣削方式。
- ☑ **单向** 选项：该选项为切削方向固定是某个方向的铣削方式。
- ☑ **一刀式** 选项：该选项为在工件中心进行单向一次性的铣削加工。
- ☑ **动态视图** 选项：该选项为切削方向动态调整的铣削方式。

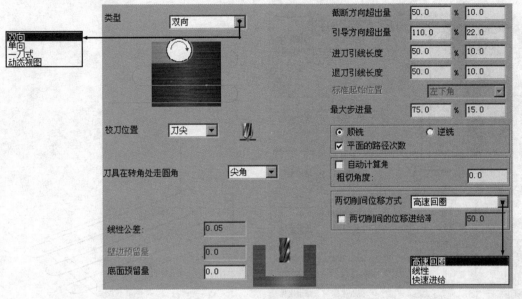

图 2.4.10　"切削参数"参数设置界面

- **两切削间位移方式** 下拉列表：用于定义两切削间的运动方式，包括 **高速回圈**、**线性** 和
  快速进给 三种运动方式。

  - ☑ **高速回圈** 选项：该选项为在两切削间自动创建 180° 圆弧的运动方式。
  - ☑ **线性** 选项：该选项为在两切削间自动创建一条直线的运动方式。
  - ☑ **快速进给** 选项：该选项为在两切削间采用快速移动的运动方式。

- **截断方向超出量** 文本框：用于设置平面加工时垂直于切削方向的刀具重叠量。用户可
  在第一个文本框中输入刀具直径的百分比，或在第二个文本框中直接输入距离值
  来定义重叠量。在 **一刀式** 切削类型时，此文本框不可用。

- **引导方向超出量** 文本框：用于设置平面加工时平行于切削方向的刀具重叠量。用户可
  在第一个文本框中输入刀具直径的百分比，或在第二个文本框中直接输入距离值
  来定义重叠量。

- **进刀引线长度** 文本框：用于在第一次切削前添加额外的距离。用户可在第一个文本框
  中输入刀具直径的百分比，或在第二个文本框中直接输入距离值来定义该长度。

- **退刀引线长度** 文本框：用于在最后一次切削后添加额外的距离。用户可在第一个文

本框中输入刀具直径的百分比，或在第二个文本框中直接输入距离值定义该长度。

Step2. 设置共同参数。在"2D 刀具路径–平面铣削"对话框的左侧节点列表中单击 **共同参数** 节点，设置图 2.4.11 所示的参数。

Step3. 单击"2D 刀具路径–平面铣削"对话框中的 ☑ 按钮，完成加工参数的设置，此时系统将自动生成图 2.4.12 所示的刀具路径。

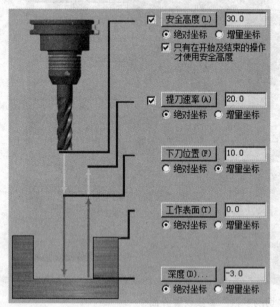

图 2.4.11　"共同参数"设置界面

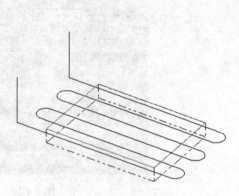

图 2.4.12　刀具路径

Stage6. 加工仿真

Step1. 路径模拟。

（1）在"操作管理器"中单击 **刀具路径 – 5.4K – FACE.NC – 程序号码 0** 节点，系统弹出"路径模拟"对话框及"路径模拟控制"操控板。

（2）在"路径模拟控制"操控板中单击 ▶ 按钮，系统将开始对刀具路径进行模拟，结果与图 2.4.12 所示的刀具路径相同；在"路径模拟"对话框中单击 ☑ 按钮。

Step2. 实体切削验证。

（1）在"操作管理器"中确认 **1 – 平面铣削 – [WCS: 俯视图] – [刀具平面: 俯视图]** 节点被选中，然后单击"验证已选择的操作"按钮 🔲，系统弹出"Mastercam Simulator"对话框。

（2）在"Mastercam Simulator"对话框中单击 ▶ 按钮，系统将开始进行实体切削仿真，仿真结果如图 2.4.13 所示，单击 **X** 按钮。

Step3. 保存模型。选择下拉菜单 **文件(F)** ➡ **保存(S)** 命令，保存模型文件。

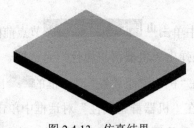

图 2.4.13　仿真结果

2.5　雕 刻 加 工

雕刻加工属于铣削加工的一个特例，它被包含在铣削加工范围，其加工图形一般是平面上的各种文字和图案。下面通过图 2.5.1 所示的实例，讲解一个雕刻加工的操作，其操作步骤如下：

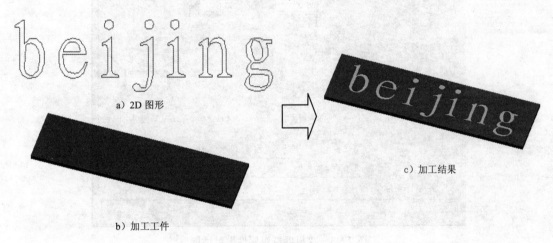

a）2D 图形

c）加工结果

b）加工工件

图 2.5.1　雕刻加工

Stage1. 进入加工环境

Step1. 打开文件 D:\mcdz7\work\ch02.05\TEXT.MCX-7。

Step2. 进入加工环境。选择下拉菜单 机床类型(M) ➡ 铣床(M) ➡ 默认(D) 命令，系统进入加工环境，此时零件模型二维图如图 2.5.2 所示。

图 2.5.2　零件模型二维图

Stage2. 设置工件

Step1. 在"操作管理器"中单击 **属性 - Mill Default** 节点前的"+"号，将该节点展开，然后单击 **素材设置** 节点，系统弹出"机器群组属性"对话框。

Step2. 设置工件的形状。在"机器群组属性"对话框的 **形状** 区域中选中 **● 立方体** 单选项。

Step3. 设置工件的尺寸。在"机器群组属性"对话框中单击 **边界盒(B)** 按钮，系统弹出"边界盒选项"对话框，其参数采用系统默认的设置值，单击 **✓** 按钮，系统返回至"机器群组属性"对话框。

Step4. 设置工件参数。在"机器群组属性"对话框的 **X** 文本框中输入值 260.0，在 **Y** 文本框中输入值 65.0，在 **Z** 文本框中输入值 10.0，如图 2.5.3 所示。

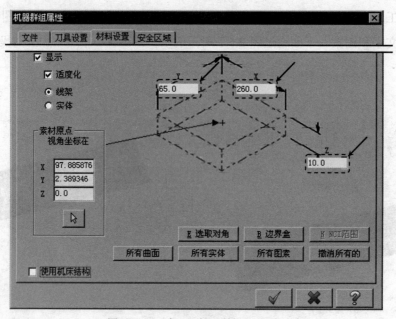

图 2.5.3 "机器群组属性"对话框

Step5. 单击"机器群组属性"对话框中的 **✓** 按钮，完成工件的设置。此时，工件显示如图 2.5.4 所示，从图中可以观察到工件的边缘多了红色的双点画线，双点画线围成的图形即为工件。

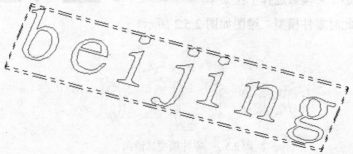

图 2.5.4 显示工件

Stage3. 选择加工类型

Step1. 选择下拉菜单 刀具路径(T) ➡ 雕刻 命令，系统弹出"输入新的 NC 名称"对话框；采用系统默认的 NC 名称，单击 ✓ 按钮，完成 NC 名称的设置，同时系统弹出"串连选项"对话框。

Step2. 设置加工区域。在"串连选项"对话框中单击 ▭ 按钮，在图形区中框选图 2.5.5 所示的模型零件；在空白处单击，系统自动定义图 2.5.6 所示的区域，单击 ✓ 按钮，完成加工区域的设置，同时系统弹出图 2.5.7 所示的"雕刻"对话框。

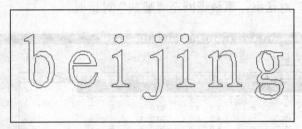

图 2.5.5　选取区域

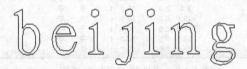

图 2.5.6　定义区域

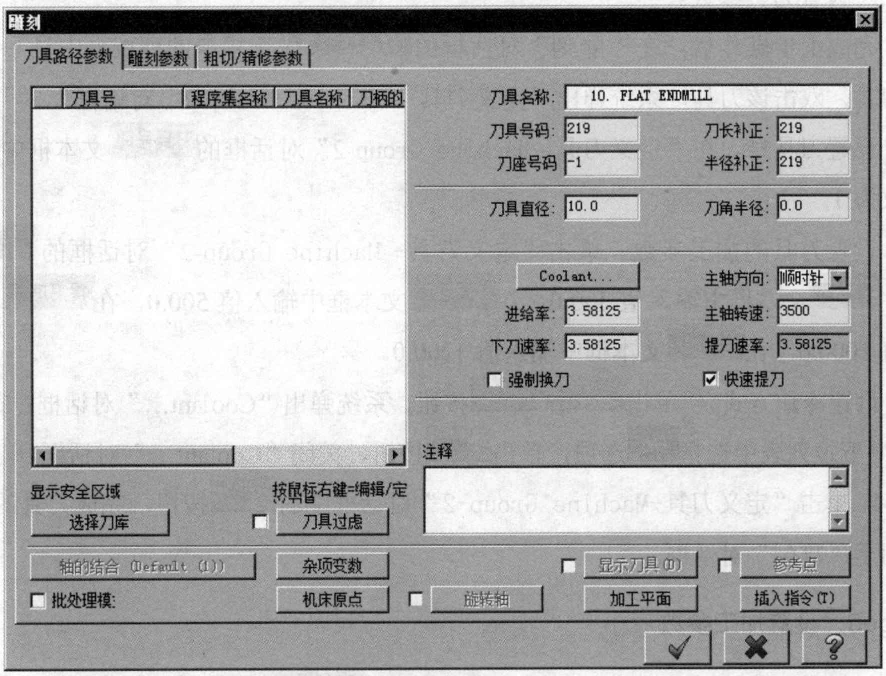

图 2.5.7　"雕刻"对话框

Stage4. 选择刀具

Step1. 确定刀具类型。在"雕刻"对话框中单击 刀具过虑 按钮，系统弹出"刀具过滤列表设置"对话框；单击 刀具类型 区域中的 无(N) 按钮后，在刀具类型按钮群中单击 ▣ （平底刀）按钮；单击 ✓ 按钮，关闭"刀具过滤列表设置"对话框，系统返回至"雕刻"对话框。

Step2. 选择刀具。在"雕刻"对话框中单击 选择刀库 按钮，系统弹出图 2.5.8 所示的"选择刀具"对话框；在该对话框的列表框中选择图 2.5.8 所示的刀具；单击 ✓ 按钮，关闭"选择刀具"对话框，系统返回至"雕刻"对话框。

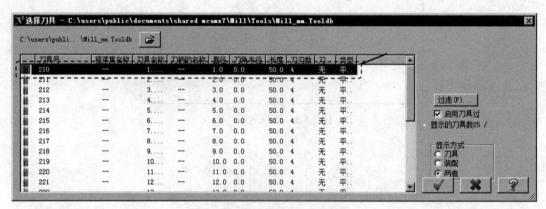

图 2.5.8 "选择刀具"对话框

Step3. 设置刀具参数。

（1）完成上步操作后，在"雕刻"对话框的 刀具路径参数 选项卡的列表框中显示出上步选取的刀具，双击该刀具，系统弹出"定义刀具 –Machine Group-2"对话框。

（2）设置刀具号。在"定义刀具– Machine Group-2"对话框的 刀具号码 文本框中将原有的数值改为 1。

（3）设置刀具的加工参数。单击"定义刀具- Machine Group-2"对话框的 参数 选项卡，在 进给率 文本框中输入值 300.0，在 下刀速率 文本框中输入值 500.0，在 提刀速率 文本框中输入值 1000.0，在 主轴转速 文本框中输入值 1200.0。

（4）设置冷却方式。单击 Coolant... 按钮，系统弹出"Coolant..."对话框；在 Flood （切削液）下拉列表中选择 On 选项，单击 ✓ 按钮，关闭"Coolant..."对话框。

Step4. 单击"定义刀具-Machine Group-2"对话框中的 ✓ 按钮，完成刀具的设置，系统返回至"雕刻"对话框。

Stage5. 设置加工参数

Step1. 设置加工参数。在"雕刻"对话框中单击 雕刻参数 选项卡，设置图 2.5.9 所示的参数。

图 2.5.9 所示的"雕刻参数"选项卡中部分选项的说明如下：

● 加工方向 区域：该区域包括 ⊙顺铣 单选项和 ⊙逆铣 单选项。

　　☑ ⊙顺铣 单选项：切削方向与刀具运动方向相反。

　　☑ ⊙逆铣 单选项：切削方向与刀具运动方向相同。

● 扭曲 按钮：用于设置两条曲线之间或在曲面上扭曲刀具路径的参数。这种加工方法在 4 轴或 5 轴加工时比较常用。当该按钮前的复选框被选中时方可使用，否则此按钮为不可用状态。

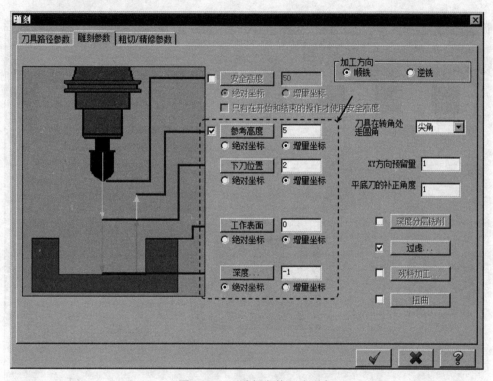

图 2.5.9　"雕刻参数"选项卡

Step2. 设置加工参数。在"雕刻"对话框中单击 粗切/精修参数 选项卡，设置图 2.5.10 所示的参数。

图 2.5.10 所示的"粗切/精修参数"选项卡的部分选项说明如下：

● "切削方式"：包括 双向 、单向 、平行环切 和 环切清角 四种切削方式。

　　☑ 双向 选项：刀具往复的切削方式，刀具路径如图 2.5.11 所示。

　　☑ 单向 选项：刀具始终沿一个方向进行切削，刀具路径如图 2.5.12 所示。

　　☑ 平行环切 选项：该选项是根据每次切削边界产生一定偏移量，直到加工完成，刀具路径如图 2.5.13 所示。此种加工方法不保证清除每次的切削残量。

☑ 环切清角 选项：该选项与 平行环切 类似，但加入了清除拐角处的残量刀路，刀具路径如图 2.5.14 所示。

- ☑ 先粗切后精修 复选框：用于设置精加工之前进行粗加工，同时可以减少换刀次数。

- ☑ 平滑轮廓 复选框：用于设置平滑轮廓而不需要较小的公差。

- 切削顺序 下拉列表：用于设置加工顺序，包括 选择顺序 、由上而下切削 和 由左至右 选项。

  ☑ 选择顺序 选项：按选取的顺序进行加工。

  ☑ 由上而下切削 选项：按从上往下的顺序进行加工。

  ☑ 由左至右 选项：按从左往右的顺序进行加工。

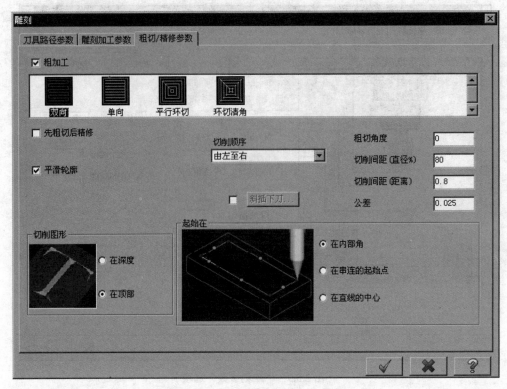

图 2.5.10 "粗切/精修参数"选项卡

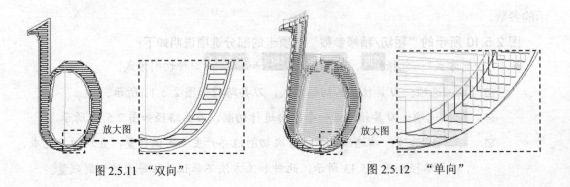

图 2.5.11 "双向"   图 2.5.12 "单向"

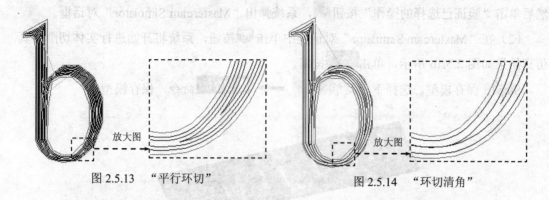

图 2.5.13　"平行环切"　　　　图 2.5.14　"环切清角"

- 斜插下刀... 按钮: 用于设置以一个特殊的角度下刀。当此按钮前的复选框被选中时方可使用, 否则此按钮为不可用状态。
- 公差 文本框: 用于调整走刀路径的精密度。
- 切削图形 区域: 该区域包括⊙ 在深度 单选项和⊙ 在顶部 单选项。
  - ☑ ⊙ 在深度 单选项: 用于设置以 Z 轴方向上的深度值来设计加工深度。
  - ☑ ⊙ 在顶部 单选项: 用于设置在 Z 轴方向上从工件顶部开始计算加工深度, 以至于不会达到定义的加工深度。

Step3. 单击"雕刻"对话框中的 ✓ 按钮, 完成加工参数的设置, 此时系统将自动生成图 2.5.15 所示的刀具路径。

图 2.5.15　刀具路径

Stage6. 加工仿真

Step1. 路径模拟。

（1）在"操作管理器"中单击 ≋ 刀具路径 - 116.9K - TEXT.NC - 程序号码 0 节点, 系统弹出"路径模拟"对话框及"路径模拟控制"操控板。

（2）在"路径模拟控制"操控板中单击 ▶ 按钮, 系统将开始对刀具路径进行模拟, 结果与图 2.5.15 所示的刀具路径相同; 在"路径模拟"对话框中单击 ✓ 按钮。

Step2. 实体切削验证。

（1）在"操作管理器"中确认 ⚙ 1 - 雕刻操作 - [WCS: 俯视图] - [刀具平面: 俯视图] 节点被选中,

然后单击"验证已选择的操作"按钮 ，系统弹出"Mastercam Simulator"对话框。

（2）在"Mastercam Simulator"对话框中单击 按钮，系统将开始进行实体切削仿真，仿真结果如图 2.5.16 所示，单击 X 按钮。

Step3. 保存模型。选择下拉菜单 文件(F) ➡ 保存(S) 命令，保存模型。

图 2.5.16　仿真结果

2.6　钻 孔 加 工

钻孔加工是以点或圆弧中心确定加工位置来加工孔或者螺纹，其加工方式有：钻孔、攻螺纹和镗孔等。下面通过图 2.6.1 所示的实例说明钻孔的加工过程，其操作步骤如下：

Stage1. 进入加工环境

Step1. 打开文件 D:\mcdz7\work\ch02.06\POXKET_DRILLING.MCX-7，零件模型如图 2.6.2 所示。

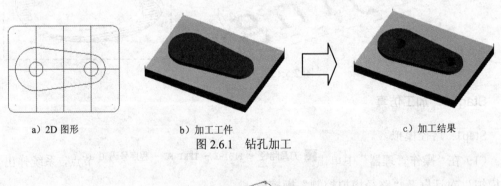

a）2D 图形　　　　　　　　b）加工工件　　　　　　　　c）加工结果

图 2.6.1　钻孔加工

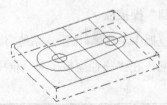

图 2.6.2　零件模型

Stage2. 选择加工类型

Step1. 选择下拉菜单 刀具路径(T) ➡ 钻孔(D)... 命令，系统弹出图 2.6.3 所示的 "选取钻孔的点" 对话框；选取图 2.6.4 所示的两个圆的中心点为钻孔点。

Step2. 单击 ✓ 按钮，完成选取钻孔点的操作，同时系统弹出 "2D 刀具路径-钻孔/全圆铣削　深孔钻-无啄孔" 对话框。

图 2.6.3 所示的 "选取钻孔的点" 对话框中各按钮的说明如下：

- 按钮：用于选取个别点。
- 自动 按钮：用于自动选取定义的第一点、第二点和第三点之间的点，并自动排序。其中定义的第一个点为自动选取的起始点，第二点为自动选取的选取方向，第三点为自动选取的结束点。
- 图素 按钮：用于自动选取图素中的点，如果选取的图素为圆弧，则系统会自动选取它的中心点作为钻孔中心点；如果选取的图素为其他的图素，则系统会自动选取它的端点作为钻孔中心点，并且点的顺序与图素的创建顺序保持一致。
- 窗选 按钮：用于选取定义的矩形区域中的点，选取的点定义为钻孔中心点。

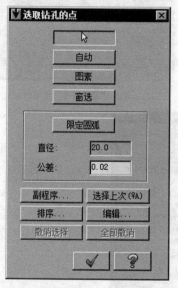

图 2.6.3　"选取钻孔的点" 对话框

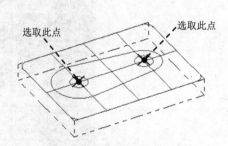

图 2.6.4　选取钻孔点

- 限定圆弧 按钮：用于选取符合定义范围的所有圆心。
  - ☑ 直径 文本框：用于设置定义圆的直径。
  - ☑ 公差 文本框：用于设置定义圆直径的公差，在定义圆直径公差范围内的圆心均被选取。
  - ☑ 副程序... 按钮：用于将先前操作中选取的点定义为本次的加工点，此种选择方式仅适合于以前有钻孔、扩孔、铰孔操作的加工。

☑ 选择上次(%A) 按钮：用于选择上一次选取的所有点，并能在上次选取点的基础上加入新的定义点。

☑ 排序... 按钮：用于设置加工点位的顺序，单击此按钮，系统弹出"排序"窗口，其中图 2.6.5a 所示的"2D 排序"选项卡适合平面孔位的矩形排序，图 2.6.5b 所示的"旋转排序"选项卡适合平面孔位的圆周排序，图 2.6.5c 所示的"交叉断面排序"选项卡适合旋转面上的孔位排序。

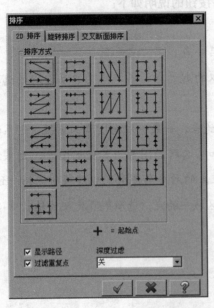

a）"2D 排序"选项卡

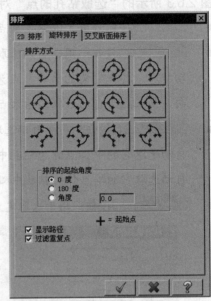

b）"旋转排序"选项卡

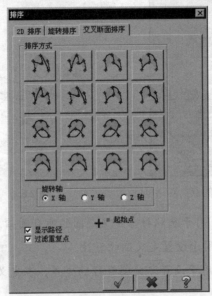

c）"交叉断面排序"选项卡

图 2.6.5 "排序"窗口

☑ 编辑... 按钮：用于编辑定义点的相关参数。如在某点时的跳跃高度、深度等。

☑ 撤消选择 按钮：用于撤销上一步中所选择的加工点。

☑ 全部撤消 按钮：用于撤销所有已经选择的加工点。

Stage3. 选择刀具

Step1. 确定刀具类型。在“2D 刀具路径-钻孔/全圆铣削 深孔钻-无啄孔”对话框中单击 刀具 节点，切换到刀具参数界面；单击 过虑(F)... 按钮，系统弹出“刀具过滤列表设置”对话框；单击 刀具类型 区域中的 无(N) 按钮后，在刀具类型按钮群中单击（钻头）按钮；单击 ✔ 按钮，关闭“刀具过滤列表设置”对话框，系统返回至“2D 刀具路径-钻孔/全圆铣削 深孔钻-无啄孔”对话框。

Step2. 选择刀具。在“2D 刀具路径-钻孔/全圆铣削 深孔钻-无啄孔”对话框中单击 选择刀库 按钮，系统弹出图 2.6.6 所示的“选择刀具”对话框；在该对话框的列表框中选择图 2.6.6 所示的刀具；单击 ✔ 按钮，关闭“选择刀具”对话框，系统返回至“2D 刀具路径-钻孔/全圆铣削 深孔钻-无啄孔”对话框。

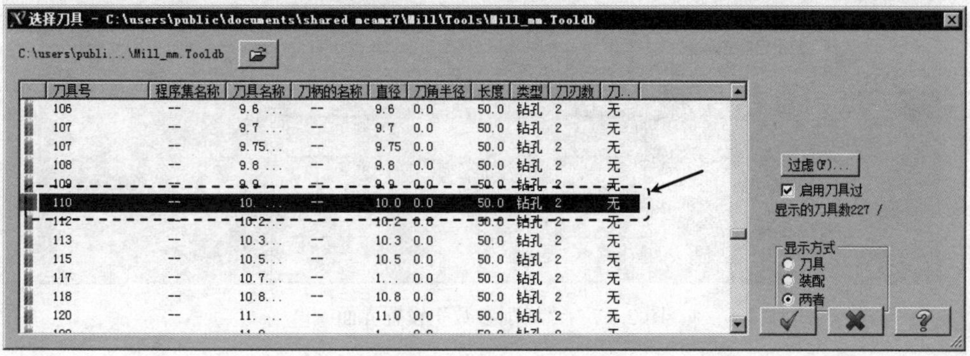

图 2.6.6　“选择刀具”对话框

Step3. 设置刀具参数。

（1）在“2D 刀具路径-钻孔/全圆铣削 深孔钻-无啄孔”对话框的刀具列表中双击该刀具，系统弹出“定义刀具-机床群组-1”对话框。

（2）设置刀具号。在“定义刀具-机床群组-1”对话框的 刀具号码 文本框中将原有的数值改为 2。

（3）设置刀具的加工参数。单击 参数 选项卡，在 进给率 文本框中输入值 300.0，在 下刀速率 文本框中输入值 200.0，在 提刀速率 文本框中输入值 1000.0，在 主轴转速 文本框中输入值 1200.0。

（4）设置冷却方式。在 参数 选项卡中单击 Coolant... 按钮，系统弹出"Coolant…"对话框；在 Flood （切削液）下拉列表中选择 On 选项；单击该对话框的 ✓ 按钮，关闭"Coolant…"对话框。

Step4. 单击"定义刀具-机床群组-1"对话框中的 ✓ 按钮，完成刀具的设置，系统返回至"2D 刀具路径-钻孔/全圆铣削 深孔钻-无啄孔"对话框。

Stage4．设置加工参数

Step1. 设置切削参数。在"2D 刀具路径-钻孔/全圆铣削 深孔钻-无啄孔"对话框的左侧节点列表中单击 切削参数 节点，设置图 2.6.7 所示的参数。

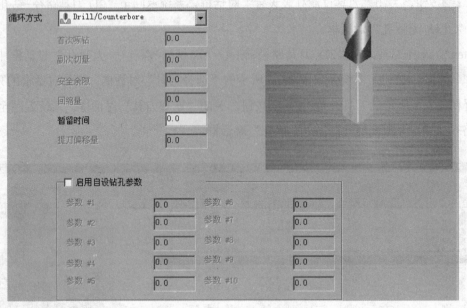

图 2.6.7 "切削参数"设置界面

说明： 当选中 ✓ 启用自设钻孔参数 复选框时，可对 1~10 个钻孔参数进行设置。

Step2. 设置共同参数。在"2D 刀具路径-钻孔/全圆铣削 深孔钻-无啄孔"对话框左侧节点列表中单击 共同参数 节点，设置图 2.6.8 所示的参数。

Step3. 单击"2D 刀具路径-钻孔/全圆铣削 深孔钻-无啄孔"对话框中的 ✓ 按钮，完成加工参数的设置，此时系统将自动生成图 2.6.9 所示的刀具路径。

Stage5．加工仿真

Step1. 路径模拟。

（1）在"操作管理器"中单击 ≋ 刀具路径 - 4.8K - POXKET_2.NC - 程序号码 0 节点，系统弹出"路径模拟"对话框及"路径模拟控制"操控板。

（2）在"路径模拟控制"操控板中单击 ▶ 按钮，系统将开始对刀具路径进行模拟，结果与图 2.6.9 所示的刀具路径相同；在"路径模拟"对话框中单击 ✔ 按钮。

Step2. 实体切削验证。

（1）在 刀具路径 选项卡中单击 ✔ 按钮，然后单击"验证已选择的操作"按钮 ⬙，系统弹出"Mastercam Simulator"对话框。

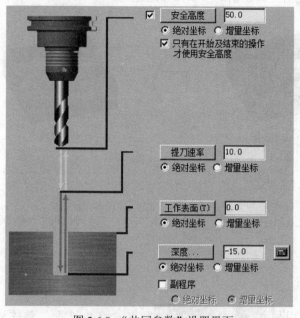

图 2.6.8　"共同参数"设置界面

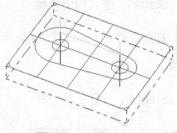

图 2.6.9　刀具路径

（2）在"Mastercam Simulator"对话框中单击 ▶ 按钮，系统将开始进行实体切削仿真，仿真结果如图 2.6.10 所示，单击 X 按钮。

图 2.6.10　仿真结果

Step3. 保存模型。选择下拉菜单 文件(F) ➡ 保存(S) 命令，保存模型。

2.7　全圆铣削路径

全圆铣削路径加工是针对圆形轮廓的 2D 铣削加工，可以通过指定点进行孔的螺旋铣削等，下面介绍创建常用的全圆铣削路径的操作方法。

2.7.1　全圆铣削

全圆铣削主要是用较小直径的刀具加工较大直径的圆孔，可对孔壁和底面进行粗、精加工。下面以图 2.7.1 所示例子来说明全圆铣削的一般操作过程。

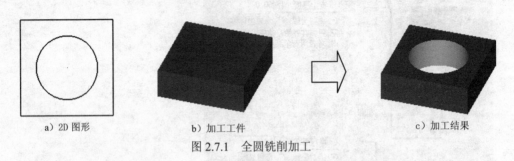

a）2D 图形　　　　　　　　b）加工工件　　　　　　　　c）加工结果

图 2.7.1　全圆铣削加工

Stage1.　进入加工环境

打开文件 D:\mcdz7\work\ch02.07.01\CIRCLE_MILL.MCX-7，系统默认进入铣削加工环境。

Stage2.　设置工件

Step1.　在"操作管理器"中单击 山 属性 - Mill Default MM 节点前的"+"号，将该节点展开，然后单击 ◆ 素材设置 节点，系统弹出"机器群组属性"对话框。

Step2.　设置工件的形状。在"机器群组属性"对话框的 形状 区域中选中 ⊙ 立方体 单选项；在"机器群组属性"对话框的 X 文本框中输入值 150.0，在 Y 文本框中输入值 150.0，在 Z 文本框中输入值 50.0。

Step3.　单击"机器群组属性"对话框中的 ✔ 按钮，完成工件的设置，从图中可以观察到零件的边缘多了红色的双点画线，双点画线围成的图形即为工件。

Stage3.　选择加工类型

Step1.　选择下拉菜单 刀具路径(T) ➡ 全圆铣削路径(L) ➡ ⊙ 全圆铣削(C)... 命令，系统弹出"输入新的 NC 名称"对话框；采用系统默认的 NC 名称，单击 ✔ 按钮，完成 NC 名称的设置，同时系统弹出"选取钻孔的点"对话框。

Step2.　设置加工区域。在图形区中选取图 2.7.2 所示的点，单击 ✔ 按钮，完成加工点的设置，同时系统弹出图 2.7.3 所示的"2D 刀具路径–全圆铣削"对话框。

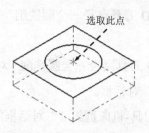

图 2.7.2　选取钻孔点

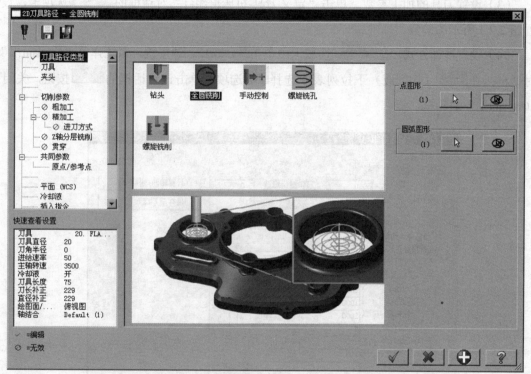

图 2.7.3　"2D 刀具路径–全圆铣削"对话框

Stage4. 选择刀具

Step1. 确定刀具类型。在"2D 刀具路径-全圆铣削"对话框的左侧节点列表中单击 刀具 节点，切换到刀具参数界面；单击 过滤(F)... 按钮，系统弹出"刀具过滤列表设置"对话框，单击 刀具类型 区域中的 无(N) 按钮后，在刀具类型按钮群中单击 （平底刀）按钮；单击 按钮，关闭"刀具过滤列表设置"对话框，系统返回至"2D 刀具路径–全圆铣削"对话框。

Step2. 选择刀具。在"2D 刀具路径 - 全圆铣削"对话框中单击 选择刀库 按钮，系统弹出"选择刀具"对话框；在该对话框的列表框中选择 229　20. FLAT ENDMILL　　20.0　　0.0　　50.0　　4　平底刀 刀具；单击 按钮，关闭"选择刀具"对话框，系统返回至"2D 刀具路径 – 全圆铣削"对话框。

Step3. 设置刀具参数。

（1）完成上步操作后，在"2D 刀具路径 – 全圆铣削"对话框的刀具列表中双击该刀具，系统弹出"定义刀具-机床群组-1"对话框。

（2）设置刀具号。在"定义刀具-机床群组-1"对话框的刀具号码文本框中将原有的数值改为 1。

（3）设置刀具的加工参数。单击"定义刀具-机床群组-1"对话框的 参数 选项卡，设置图 2.7.4 所示的参数。

（4）设置冷却方式。在 参数 选项卡中单击 Coolant... 按钮，系统弹出"Coolant…"对话框；在 Flood （切削液）下拉列表中选择 On 选项；单击该对话框的 ✓ 按钮，关闭"Coolant…"对话框。

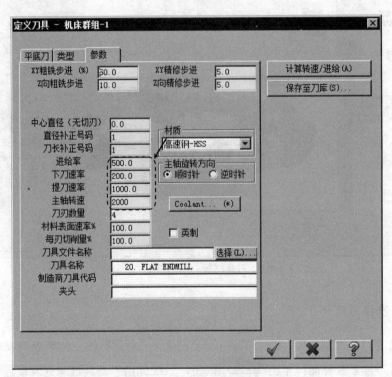

图 2.7.4　"参数"选项卡

Step4. 单击"定义刀具-机床群组-1"对话框中的 ✓ 按钮，完成刀具的设置，系统返回至"2D 刀具路径 – 全圆铣削"对话框。

Stage5. 设置加工参数

Step1. 设置切削参数。在"2D 刀具路径 – 全圆铣削"对话框的左侧节点列表中单击

切削参数 节点，设置图 2.7.5 所示的参数。

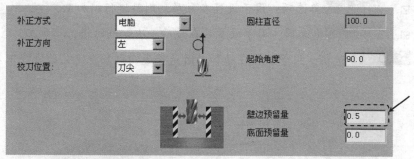

图 2.7.5　"切削参数"参数设置

Step2. 设置粗加工参数。在"2D 刀具路径－全圆铣削"对话框的左侧节点列表中单击 **粗加工** 节点，设置图 2.7.6 所示的参数。

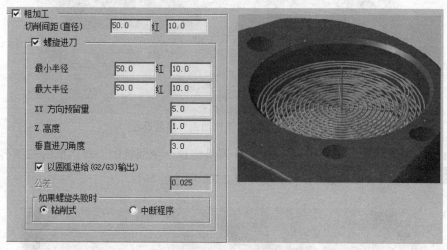

图 2.7.6　"粗加工"参数设置

Step3. 设置精加工参数。在"2D 刀具路径－全圆铣削"对话框的左侧节点列表中单击 **精加工** 节点，设置图 2.7.7 所示的参数。

图 2.7.7 所示的"精加工"参数设置界面中部分选项的说明如下：

- **精加工** 复选框：选中该选项，将创建精加工刀具路径。
- **局部精修** 复选框：选中该选项，将创建局部精加工刀具路径。
  - ☑ **号码:** 文本框：用于设置精加工的次数。
  - ☑ **间距** 文本框：用于设置每次精加工的切削间距。
  - ☑ **复盖进给率** 区域：用于设置精加工进给参数。
  - ☑ **进给率** 文本框：用于设置加工时的进给率。
  - ☑ **主轴转速** 文本框：用于设置加工时的主轴转速。

- 执行精修时 区域: 用于设精加工的深度位置。
  - ☑ ◉ 所有深度 单选项: 用于设置在每层切削时进行精加工。
  - ☑ ◉ 最后深度 单选项: 用于设置只在最后一次切削时进行精加工。
- ☑ 不提刀 复选框: 用于设置在精加工时是否返回到预先定义的进给下刀位置。

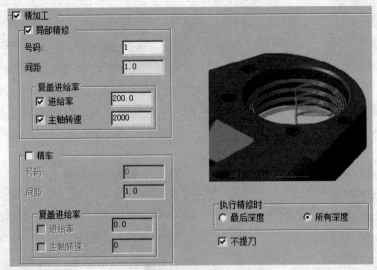

图 2.7.7   "精加工"参数设置

Step4. 设置精加工进刀模式。在 "2D 刀具路径 - 全圆铣削" 对话框的左侧节点列表中单击 精加工 节点下的 进刀方式 节点，设置图 2.7.8 所示的参数。

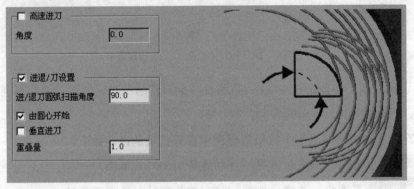

图 2.7.8   "进刀方式"参数设置

Step5. 设置深度参数。在 "2D 刀具路径-全圆铣削" 对话框的左侧节点列表中单击 ◇ 深度切削 节点，设置图 2.7.9 所示的参数。

Step6. 设置共同参数。在 "2D 刀具路径 - 全圆铣削" 对话框的左侧节点列表中单击 共同参数 节点，在 深度 文本框中输入值-50，其他参数采用系统默认的设置值。

Step7. 单击 "2D 刀具路径 - 全圆铣削" 对话框中的 ✓ 按钮，完成加工参数的设置，此时系统将自动生成图 2.7.10 所示的刀具路径。

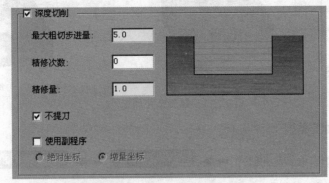

图 2.7.9 "深度切削"参数设置

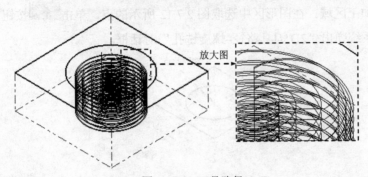

放大图

图 2.7.10 刀具路径

Stage6. 加工仿真

Step1. 路径模拟。

（1）在"操作管理器"中单击 刀具路径 - 167.7K - POCKET.NC - 程序号码 0 节点，系统弹出
"路径模拟"对话框及"路径模拟控制"操控板。

（2）在"路径模拟控制"操控板中单击 按钮，系统将开始对刀具路径进行模拟，结
果与图 2.7.10 所示的刀具路径相同；在"路径模拟"对话框中单击 按钮。

Step2. 保存模型。选择下拉菜单 文件(F) ➡ 保存(S) 命令，保存模型。

2.7.2 螺旋钻孔

螺旋钻孔是以螺旋线的走刀方式加工较大直径的圆孔，可对孔壁和底面进行粗精加工。
下面以图 2.7.11 所示的例子说明螺旋钻孔的一般操作过程。

Stage1. 进入加工环境

打开文件 D:\mcdz7\work\ch02.07.02\HELIX_MILL.MCX-7，系统默认进入铣削加工
环境。

　　a）2D 图形　　　　　　　b）加工工件　　　　　　　c）加工结果

图 2.7.11　螺旋钻孔加工

Stage2. 选择加工类型

Step1. 选择下拉菜单 刀具路径(T) ➡ 全圆铣削路径(L) ➡ 螺旋铣孔(H)... 命令，系统弹出"选取钻孔的点"对话框。

Step2. 设置加工区域。在图形区中选取图 2.7.12 所示的点，单击 ✓ 按钮，完成加工点的设置，同时系统弹出"2D 刀具路径–螺旋铣孔"对话框。

选取此点

图 2.7.12　选取钻孔点

Stage3. 选择刀具

Step1. 选择刀具。在"2D 刀具路径–螺旋铣孔"对话框的左侧节点列表中单击 刀具 节点，切换到刀具参数界面；在该对话框的列表框中选择已有的刀具。

Step2. 其余参数采用上次设定的设置值。

Stage4. 设置加工参数

Step1. 设置切削参数。在"2D 刀具路径–螺旋铣孔"对话框的左侧节点列表中单击 切削参数 节点，设置图 2.7.13 所示的参数。

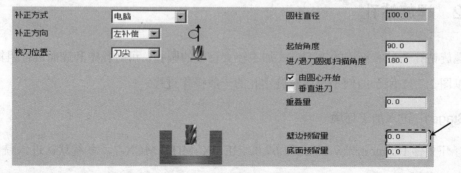

补正方式	电脑		圆柱直径	100.0
补正方向	左补偿			
校刀位置	刀尖		起始角度	90.0
			进/退刀圆弧扫描角度	180.0
			☑ 由圆心开始	
			☐ 垂直进刀	
			重叠量	0.0
			壁边预留量	0.0
			底面预留量	0.0

图 2.7.13　"切削参数"参数设置

Step2. 设置粗加工参数。在"2D 刀具路径－螺旋铣孔"对话框的左侧节点列表中单击 粗/精加工 节点，设置图 2.7.14 所示的参数。

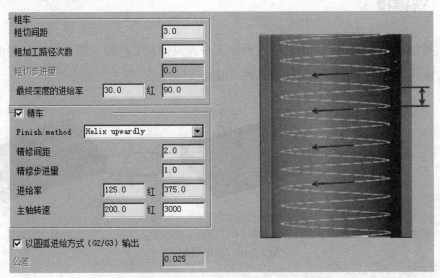

图 2.7.14　"粗/精加工"参数设置

Step3. 设置共同参数。在"2D 刀具路径－螺旋铣孔"对话框的左侧节点列表中单击 共同参数 节点，在 深度(D)... 文本框中输入值-50，其他参数采用系统默认的设置值。

Step4. 单击"2D 刀具路径－螺旋铣孔"对话框中的 按钮，完成加工参数的设置，此时系统将自动生成图 2.7.15 所示的刀具路径。

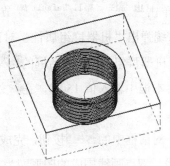

图 2.7.15　刀具路径

Stage5. 加工仿真

Step1. 路径模拟。

（1）在"操作管理器"中单击 刀具路径 - 167.7K - POCKET.NC - 程序号码 0 节点，系统弹出"路径模拟"对话框及"路径模拟控制"操控板。

（2）在"路径模拟控制"操控板中单击 按钮，系统将开始对刀具路径进行模拟，结果与图 2.7.15 所示的刀具路径相同；在"路径模拟"对话框中单击 按钮。

Step2. 保存模型。选择下拉菜单 文件(F) ➡ 保存(S) 命令，保存模型。

2.7.3 铣键槽

铣键槽加工是常用的铣削加工，这种加工方式只能加工两端半圆形的矩形键槽。下面以图 2.7.16 所示的例子说明铣键槽加工的一般操作过程。

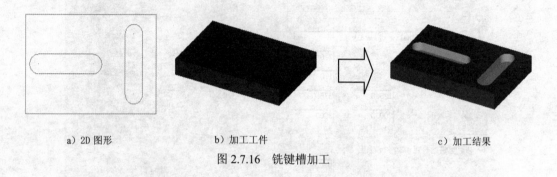

a) 2D 图形   b) 加工工件   c) 加工结果

图 2.7.16 铣键槽加工

Stage1. 进入加工环境

打开文件 D:\mcdz7\work\ch02.07.03\SLOT_MILL.MCX-7，系统默认进入铣削加工环境。

Stage2. 设置工件

Step1. 在"操作管理器"中单击 山 属性 - Mill Default MM 节点前的"+"号，将该节点展开，然后单击◆ 素材设置 节点，系统弹出"机器群组属性"对话框。

Step2. 设置工件的形状。在"机器群组属性"对话框的 形状 区域中选中 ◉ 立方体 单选项；在"机器群组属性"对话框的 X 文本框中输入值 150.0，在 Y 文本框中输入值 100.0，在 Z 文本框中输入值 20.0。

Step3. 单击"机器群组属性"对话框中的 ✓ 按钮，完成工件的设置，从图中可以观察到零件的边缘多了红色的双点画线。双点画线围成的图形即为工件。

Stage3. 选择加工类型

Step1. 选择下拉菜单 刀具路径(T) ➡ L 全圆铣削路径 ▶ ➡ 铣键槽(L)... 命令，系统弹出"输入新的 NC 名称"对话框；采用系统默认的 NC 名称，单击 ✓ 按钮，完成 NC 名称的设置，同时系统弹出"串连选项"对话框。

Step2. 设置加工区域。在图形区中选取图 2.7.17 所示的 2 条曲线链，单击 ✓ 按钮，完成加工点的设置，同时系统弹出"2D 刀具路径-铣槽"对话框。

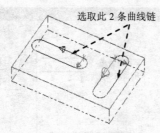

选取此 2 条曲线链

图 2.7.17　选取曲线链

Stage4. 选择刀具

Step1. 选择刀具。在"2D 刀具路径 - 槽刀"对话框的左侧节点列表中单击 刀具 节点，切换到刀具参数界面；单击 过虑(E)... 按钮，系统弹出"刀具过滤列表设置"对话框；单击 刀具类型 区域中的 无(N) 按钮后，在刀具类型按钮群中单击 （平底刀）按钮；单击 ✔ 按钮，关闭"刀具过滤列表设置"对话框，系统返回至"2D 刀具路径 - 槽刀"对话框。

Step2. 选择刀具。在"2D 刀具路径 - 槽刀"对话框中单击 选择刀库 按钮，系统弹出"选择刀具"对话框；在该对话框的列表框中选择 219 -- 10... -- 10.0 0.0 50.0 4 平. 无 刀具；单击 ✔ 按钮，关闭"选择刀具"对话框，系统返回至"2D 刀具路径 - 槽刀"对话框。

Step3. 设置刀具参数。

（1）完成上步操作后，在"2D 刀具路径 - 槽刀"对话框的刀具列表中双击该刀具，系统弹出"定义刀具-机床群组-1"对话框。

（2）设置刀具号。在"定义刀具-机床群组-1"对话框的 刀具号码 文本框中将原有的数值改为 1。

（3）设置刀具的加工参数。单击"定义刀具-机床群组-1"对话框的 参数 选项卡，设置图 2.7.18 所示的参数。

（4）设置冷却方式。在 参数 选项卡中单击 Coolant... 按钮，系统弹出"Coolant…"对话框；在 Flood （切削液）下拉列表中选择 On 选项，单击该对话框的 ✔ 按钮，关闭"Coolant…"对话框。

Step4. 单击"定义刀具-机床群组-1"对话框中的 ✔ 按钮，完成刀具的设置，系统返回至"2D 刀具路径 - 槽刀"对话框。

Stage5. 设置加工参数

Step1. 设置切削参数。在"2D 刀具路径 - 槽刀"对话框的左侧节点列表中单击 切削参数 节点，设置图 2.7.19 所示的参数。

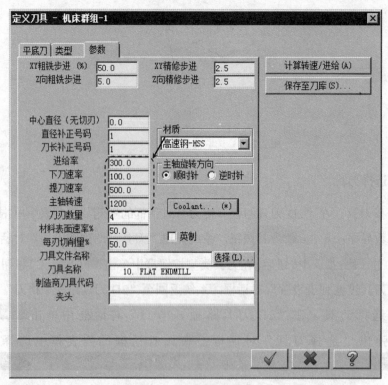

图 2.7.18 "参数"选项卡

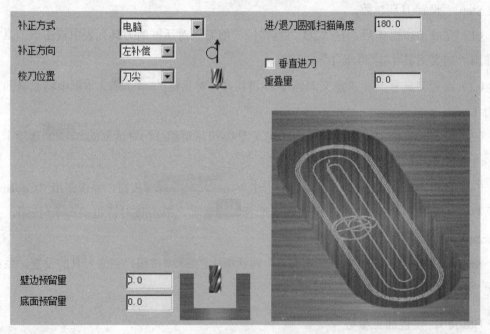

图 2.7.19 "切削参数"参数设置

Step2. 设置粗加工参数。在"2D 刀具路径－槽刀"对话框的左侧节点列表中单击 粗/精加工 节点，设置图 2.7.20 所示的参数。

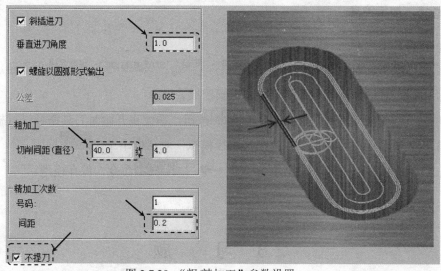

图 2.7.20　"粗/精加工"参数设置

Step3. 设置深度参数。在"2D 刀具路径-槽刀"对话框的左侧节点列表中单击 深度切削 节点，设置图 2.7.21 所示的参数。

图 2.7.21　"深度切削"参数设置

Step4. 设置共同参数。在"2D 刀具路径 - 槽刀"对话框的左侧节点列表中单击 共同参数 节点，在 深度(D)... 文本框中输入值-10，其他参数采用系统默认的设置值。

Step5. 单击"2D 刀具路径 - 槽刀"对话框中的 ✓ 按钮，完成加工参数的设置，此时系统将自动生成图 2.7.22 所示的刀具路径。

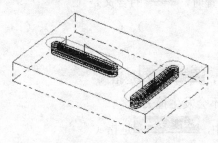

图 2.7.22　刀具路径

Stage6．加工仿真

Step1. 路径模拟。

（1）在"操作管理器"中单击 ≈ 刀具路径 - 29.6K - SLOT_MILL.NC - 程序号码 0 节点，系统弹出"路径模拟"对话框及"路径模拟控制"操控板。

（2）在"路径模拟控制"操控板中单击 ▶ 按钮，系统将开始对刀具路径进行模拟，结果与图 2.7.22 所示的刀具路径相同；在"路径模拟"对话框中单击 ✓ 按钮。

Step2. 保存模型。选择下拉菜单 文件 (F) ➡ 🖫 保存 (S) 命令，保存模型。

2.8 习　　题

一、填空题

1. 在定义刀具参数时，XY粗铣步进 [%] 文本框表示粗加工时（　　　　　　　　）；假如某把刀具直径数值为 16mm，则当 XY粗铣步进 [%] 文本框输入值为 60 时，可以计算出该刀具默认粗铣的步进值为（　　）mm。

2. 在定义刀具参数时，直径补正号码 文本框表示（　　　　　　　　　　　）。

3. MasterCAM 为用户提供了以下 5 种刀具补正的形式，包括（　　）、（　　）、（　　）、（　　）和"关"选项。其中选择（　　　　）选项表示系统将自动进行刀具补偿，但不进行输出控制的补偿代码（如 G41 或 G42）。

4. 在定义切削参数时 校刀位置 下拉列表包含有（　　）和（　　）选项，其中（　　）选项表示系统将自动从刀具球心位置开始计算刀长。通常加工多采用（　　）选项。

5. 外形铣削的类型有以下 5 种，分别是（　　　　）、（　　　　）、（　　　　）、（　　　　）和摆线式。

6. 在进行深度分层参数设置时，深度封层铣削顺序包括 ⊙ 依照轮廓 和 ⊙ 依照深度 选项，其中 ⊙ 依照深度 选项的含义是（　　　　　　　　　　　　　　　　）。

7. 在进行进退刀参数设置时，重叠量 的含义是（　　　　　　　　　　　　）。

8. 挖槽加工的类型有（　　　　　　）、（　　　　　　）、（　　　　　　）、残料加工和（　　　　　　）等。

9. 在共同参数的定义中，安全高度 (L) 是指（　　　　　　　　　　　　　），刀具在该高度值上移动一般不会发生撞刀。

10. 在共同参数的定义中，深度 (D)... 是指（　　　　　　　　　　），一般为负值。

11. 常见的钻孔的循环方式有（　　　　）、（　　　　）、（　　　　）等类型。

二、操作题

1. 打开练习模型 1，如图 2.8.1a 所示，设置合适的毛坯几何体，合理定义加工工序，完成模型的铣削，实体切削结果如图 2.8.1b 所示，其中凸台高度为 5mm，中心凹槽的深度为 3mm。

2. 打开练习模型 2，如图 2.8.2a 所示，设置合适的毛坯几何体，合理定义加工工序，完成模型的铣削，实体切削结果如图 2.8.2b 所示，其中两凸台的圆孔均为通孔，高度尺寸参见图 2.8.3 所示。

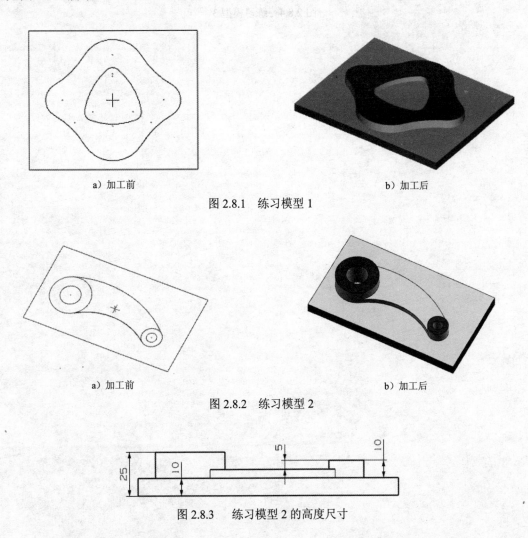

a）加工前　　　　　　　　　　　　b）加工后

图 2.8.1　练习模型 1

a）加工前　　　　　　　　　　　　b）加工后

图 2.8.2　练习模型 2

图 2.8.3　练习模型 2 的高度尺寸

3. 打开练习模型 3，如图 2.8.4a 所示，设置合适的毛坯几何体，合理定义加工工序，完成模型的铣削，实体切削结果如图 2.8.4b 所示，其中中间凸台的高度为 5mm，凸台倒角尺寸为 1mm，四个角的凹槽深度均为 5mm。

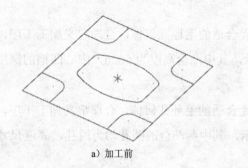

a）加工前

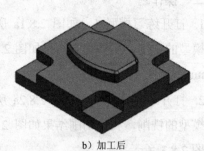

b）加工后

图 2.8.4　练习模型 3

第 3 章　MasterCAM X7 曲面粗加工

本章提要　MasterCAM X7 为用户提供了非常方便的曲面粗加工方法，分别为"粗加工平行铣削加工""粗加工放射状加工""粗加工投影加工""粗加工流线加工""粗加工等高外形加工""粗加工残料加工""粗加工挖槽加工"和"粗加工钻削式加工"。本章主要通过具体实例讲解粗加工中各个加工方法的一般操作过程。

3.1　概　　述

粗加工阶段，从计算时间和加工效率方面考虑，应以曲面挖槽加工为主。对于外形余量均匀的零件，使用等高外形加工，可快速完成计算和加工；对于平坦的顶部曲面，应直接使用平行粗加工，采用大的背吃刀量，然后可再使用平行精加工改善加工表面质量。

3.2　粗加工平行铣削加工

平行铣削加工（Parallel）通常用来加工陡斜面或圆弧过渡曲面的零件，是一种分层切削加工的方法，加工后零件（工件）的表面刀路呈平行条纹状。此加工方法刀路计算时间长，提刀次数多，加工效率不高，故在实际加工中不常采用。下面以图 3.2.1 所示的模型为例讲解粗加工平行铣削加工的一般过程。

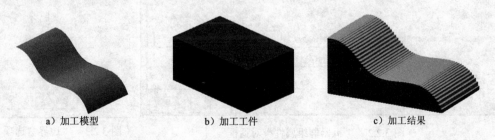

a）加工模型　　　　　b）加工工件　　　　　c）加工结果

图 3.2.1　粗加工平行铣削加工

Stage1. 进入加工环境

打开文件 D:\mcdz7\work\ch03.02\ROUGH_PARALL.MCX-7，系统进入加工环境。

Stage2. 设置工件

Step1. 在"操作管理器"中单击 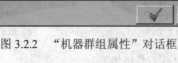 属性 - Generic Mill 节点前的"+"号，将该节点展开，然后单击◆ 素材设置 节点，系统弹出图 3.2.2 所示的"机器群组属性"对话框。

Step2. 设置工件的形状。在"机器群组属性"对话框的 形状 区域中选中 ⊙ 立方体 单选项。

Step3. 设置工件的尺寸。在"机器群组属性"对话框中单击 边界盒(B) 按钮，系统弹出图 3.2.3 所示的"边界盒选项"对话框；其选项采用系统默认的设置，单击 ✓ 按钮，返回至"机器群组属性"对话框；在 素材原点 区域的 Z 文本框中输入值 73，然后在右侧的预览区 Z 下面的文本框中输入值 73。

图 3.2.2　"机器群组属性"对话框　　　图 3.2.3　"边界盒选项"对话框

Step4. 单击"机器群组属性"对话框中的 ✓ 按钮，完成工件的设置。此时工件如图 3.2.4 所示，从图中可以观察到零件的边缘出现了红色的双点画线。双点画线围成的图形即为工件。

Stage3. 选择加工类型

Step1. 选择加工方法。选择下拉菜单 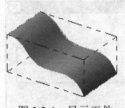 命令，系统弹出"选择工件形状"对话框；其选项采用系统默认的设置，单击 ✓ 按钮，系统弹出"输入新的 NC 名称"对话框，采用系统默认的名称，单击 ✓ 按钮。

Step2. 选取加工面。在图形区中选取图 3.2.5 所示的曲面，然后按 Enter 键，系统弹出"刀具路径的曲面选取"对话框；其选项采用系统默认的设置，单击 ✓ 按钮，系统弹出"曲面粗加工平行铣削"对话框。

图 3.2.4　显示工件　　　　　　图 3.2.5　选取加工面

Stage4. 选择刀具

Step1. 选择刀具。

（1）确定刀具类型。在"曲面粗加工平行铣削"对话框中单击 刀具过滤 按钮，系统弹出"刀具过滤列表设置"对话框；单击 刀具类型 区域中的 无(N) 按钮后，在刀具类型按钮群中单击 📍（圆鼻刀）按钮；单击 ✓ 按钮，关闭"刀具过滤列表设置"对话框，系统返回至"曲面粗加工平行铣削"对话框。

（2）选择刀具。在"曲面粗加工平行铣削"对话框中单击 选择刀库 按钮，系统弹出图 3.2.6 所示的"选择刀具"对话框；在该对话框的列表框中选择图 3.2.6 所示的刀具；单击 ✓ 按钮，关闭"选择刀具"对话框，系统返回至"曲面粗加工平行铣削"对话框。

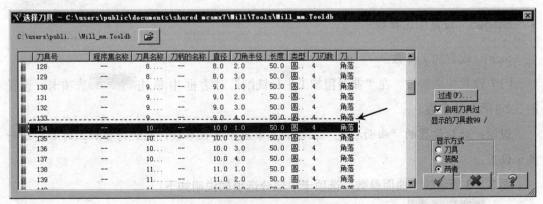

图 3.2.6　"选择刀具"对话框

Step2. 设置刀具相关参数。

（1）在"曲面粗加工平行铣削"对话框 刀具路径参数 选项卡的列表框中双击上一步选择的刀具，系统弹出"定义刀具-Machine Group-1"对话框。

（2）设置刀具号。在"定义刀具-Machine Group-1"对话框的 刀具号码 文本框中将原有的数值改为1。

（3）设置刀具参数。单击"定义刀具-Machine Group-1"对话框的 参数 选项卡，设置图3.2.7所示的参数。

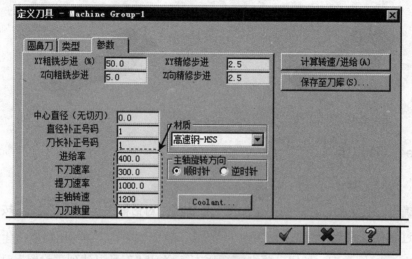

图3.2.7 "参数"选项卡

（4）设置冷却方式。在 参数 选项卡中单击 Coolant... 按钮，系统弹出"Coolant…"对话框；在 Flood （切削液）下拉列表中选择 On 选项，单击该对话框的 ✔ 按钮，关闭"Coolant…"对话框。

（5）单击"定义刀具-Machine Group-1"对话框中的 ✔ 按钮，完成刀具的设置。

Stage5. 设置加工参数

Step1. 设置加工参数。

（1）设置曲面参数。在"曲面粗加工平行铣削"对话框中单击 曲面参数 选项卡，设置图3.2.8所示的参数。

说明：此处设置的"曲面参数"在粗加工中属于共性参数，在进行粗加工时都要进行类似设置。

图3.2.8所示的"曲面参数"选项卡中部分选项的说明如下：

● 进/退刀向量(U) 按钮：在加工过程中如需设置进/退刀向量时选中其复选框。单击此按钮，系统弹出"方向"对话框，如图3.2.9所示。在此对话框中可以对进刀和退刀向量进行详细设置。

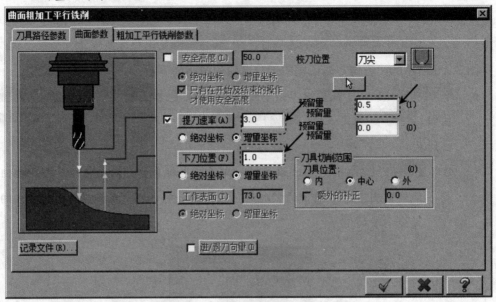

图 3.2.8　"曲面参数"选项卡

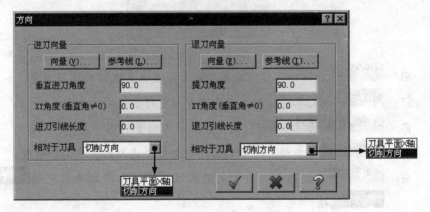

图 3.2.9　"方向"对话框

- 按钮：单击此按钮，系统弹出"刀具路径的曲面选取"对话框，可以对加工面及干涉面等进行相应的设置。

- 预留量(此处翻译有误，应为"加工面预留量")文本框：此文本框用于设置加工面的预留量。

- 预留量(此处翻译有误，应为"干涉面预留量")文本框：此文本框用于设置干涉面的预留量。

- 刀具切削范围区域：主要是在加工过程中控制刀具与边界的位置关系。

  - ☑ ⦿内单选项：设置刀具中心在加工曲面的边界内进行加工。

  - ☑ ⦿中心单选项：设置刀具中心在加工曲面的边界上进行加工。

☑ ⊙外单选项：设置刀具中心在加工曲面的边界外进行加工。

☑ ☑额外的补正复选框：此选项用于设置对刀具的补偿值。只有在刀具的切削范围选中⊙内或⊙外单选项时，☑额外的补正复选框才被激活。

图 3.2.9 所示的"方向"对话框中部分选项的说明如下：

● 进刀向量区域：用于设置进刀向量的相关参数，包括向量(V)...按钮、参考线(L)...按钮、垂直进刀角度文本框、XY角度(垂直角≠0)文本框、进刀引线长度文本框和相对于刀具下拉列表。

    ☑ 向量(V)...按钮：用于设置进刀向量在坐标系的分向量值。单击此按钮，系统弹出图 3.2.10 所示的"向量"对话框，用户可以在相应的坐标系方向上定义分向量的值。

图 3.2.10   "向量"对话框

    ☑ 参考线(L)...按钮：可在绘图区域直接选取直线作为进刀向量。

    ☑ 垂直进刀角度文本框：用于定义进刀向量与水平面的夹角。

    ☑ XY角度(垂直角≠0)文本框：用于定义进刀向量的水平角度。

    ☑ 进刀引线长度文本框：用于定义进刀向量沿进刀角度方向的长度。

    ☑ 相对于刀具下拉列表：用于定义进刀向量的参照对象，包括刀具平面X轴选项和切削方向选项。

● 退刀向量区域：用于设置退刀向量的相关参数，包括向量(E)...按钮、参考线(I)...按钮、提刀角度文本框、XY角度(垂直角≠0)文本框、退刀引线长度文本框和相对于刀具下拉列表。

    ☑ 向量(E)...按钮：用于设置退刀向量在坐标系的分向量值。单击此按钮，系统弹出"向量"对话框，用户可以在相应的坐标系方向上定义分向量的值。

    ☑ 参考线(I)...按钮：用于在绘图区域直接选取直线作为退刀向量。

    ☑ 提刀角度文本框：用于定义退刀向量与水平面的夹角。

    ☑ XY角度(垂直角≠0)文本框：用于定义退刀向量的水平角度。

    ☑ 退刀引线长度文本框：用于定义退刀向量沿退刀角度方向的长度。

    ☑ 相对于刀具下拉列表：用于定义退刀向量的参照对象，包括刀具平面X轴选项和

切削方向 选项。

（2） 设置粗加工平行铣削参数。

① 在"曲面粗加工平行铣削"对话框中单击 粗加工平行铣削参数 选项卡，如图 3.2.11 所示。

② 设置切削间距。在 大切削间距(M) 文本框中输入值 3.0。

③ 设置切削方式。在"粗加工平行铣削参数"选项卡的 切削方式 下拉列表中选择 双向 选项。

④ 完成参数设置。其他参数采用系统默认的设置值；单击"粗加工平行铣削"对话框中的 ✓ 按钮，同时在图形区生成图 3.2.12 所示的刀路轨迹。

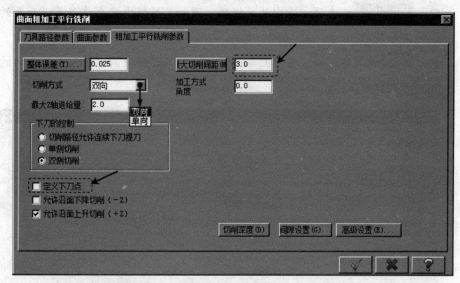

图 3.2.11　"粗加工平行铣削参数"选项卡

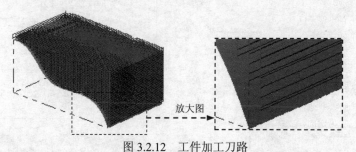

图 3.2.12　工件加工刀路

图 3.2.11 所示的"粗加工平行铣削参数"选项卡中部分选项的说明如下：

- 整体误差(T)... 按钮：单击该按钮，系统弹出"圆弧过滤/公差"对话框，如图 3.2.13 所示。在"圆弧过滤/公差"对话框中可以对加工误差进行详细设置。

- 切削方式 下拉列表：此下拉列表用于控制加工时的切削方式，包括 单向 和 双向 两个选项。

  - ☑ 单向 选项：选择此选项，则设定在加工过程中刀具在加工曲面上做单一方向的运动。

☑ **双向** 选项：选择此选项，则设定在加工过程中刀具在加工曲面上做往复运动。

● **最大Z轴进给量** 文本框：此文本框用于设置加工过程中相邻两刀之间的切削深度，深度越大生成的刀路层越少。

● **下刀的控制** 区域：此区域用于定义在加工过程中系统对提刀及退刀的控制，包括 ◉ 切削路径允许连续下刀提刀、◉ 单侧切削 和 ◉ 双侧切削 三个单选项。

　　☑ ◉ **切削路径允许连续下刀提刀** 单选项：选中此单选项，则加工过程中允许刀具沿曲面的起伏连续下刀和提刀。

　　☑ ◉ **单侧切削** 单选项：选中此单选项，则加工过程中只允许刀具沿曲面的一侧下刀和提刀。

　　☑ ◉ **双侧切削** 单选项：选中此单选项，则加工过程中只允许刀具沿曲面的两侧下刀和提刀。

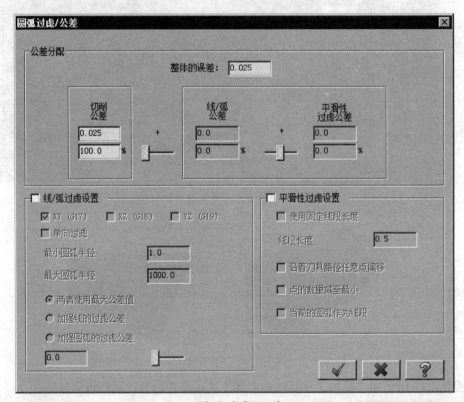

图 3.2.13　"圆弧过滤/公差"对话框

● ☑ **定义下刀点** 复选框：选中此复选框，则可以设置刀具在定义的下刀点附近开始加工。

● ☑ **允许沿面下降切削(－Z)** 复选框：选中此复选框，表示在进刀的过程中让刀具沿曲面进行切削。

● ☑ **允许沿面上升切削(＋Z)** 复选框：选中此复选框，表示在退刀的过程中允许刀具沿曲面进行切削。

- 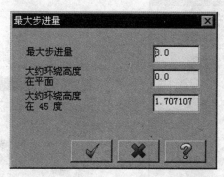**大切削间距 (M)** 按钮：单击此按钮，系统弹出图 3.2.14 所示的 "最大步进量" 对话框；通过此对话框可以设置铣刀在刀具平面的步进距离。

图 3.2.14　"最大步进量" 对话框

- **加工方式 角度** 文本框：用于设置刀具路径的加工角度，范围为 0° ~ 360°，相对于加工平面的 X 轴，逆时针方向为正。

- **切削深度 (D)...** 按钮：单击此按钮，系统弹出图 3.2.15 所示的 "切削深度设置" 对话框；在此对话框中可以对切削深度进行具体设置：一般有 "绝对坐标" 和 "增量坐标" 两种方式，推荐使用 "增量坐标" 方式进行设定（设定过程比较直观）。

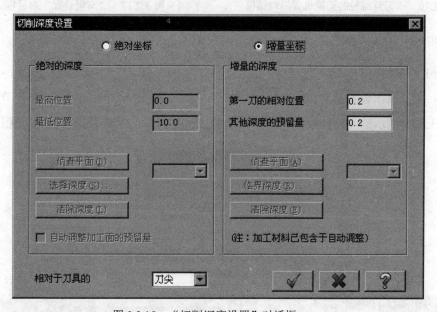

图 3.2.15　"切削深度设置" 对话框

- **间隙设置 (G)...** 按钮：单击此按钮，系统弹出图 3.2.16 所示的 "刀具路径的间隙设置" 对话框。此对话框用于设置当刀具路径中出现开口或不连续面时的相关选项。

- **高级设置 (E)...** 按钮：单击此按钮，系统弹出图 3.2.17 所示的 "高级设置" 对话框，此对话框主要用于当加工面中有叠加或破孔时的刀路设置。

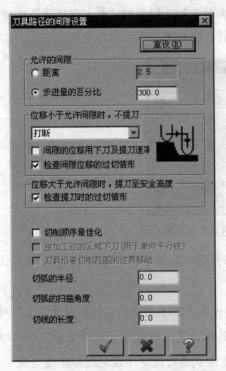

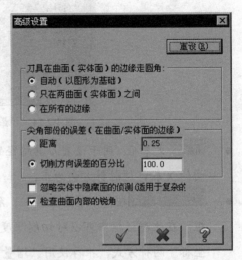

图 3.2.16   "刀具路径的间隙设置"对话框   图 3.2.17   "高级设置"对话框

Stage6. 加工仿真

Step1. 路径模拟。

（1）在"操作管理器"中单击 ![] 刀具路径 - 713.2K - ROUGH_PARALL.NC - 程序号码 0 节点，系统弹出图 3.2.18 所示的"路径模拟"对话框及图 3.2.19 所示的"路径模拟控制"操控板。

图 3.2.18   "路径模拟"对话框

图 3.2.19   "路径模拟控制"操控板

（2）在"路径模拟控制"操控板中单击 ▶ 按钮，系统将开始对刀具路径进行模拟，结果与图 3.2.12 所示的刀具路径相同；在"路径模拟"对话框中单击 ✓ 按钮。

Step2. 实体切削验证。

（1）在"操作管理器"中确认 ![] 1 - 曲面粗加工平行铣削 - [WCS: 俯视图] - [刀具平面: 俯视图]

节点被选中，然后单击"验证已选择的操作"按钮 ，系统弹出"Mastercam Simulator"对话框。

（2）在"Mastercam Simulator"对话框中单击 ▶ 按钮，系统将开始进行实体切削仿真，结果如图 3.2.20 所示，单击 ❎ 按钮。

图 3.2.20　仿真结果

Step3. 保存文件。选择下拉菜单 文件(F) ➡ 🖫 保存(S) 命令，即可保存文件。

3.3　粗加工放射状加工

放射状加工是一种适合圆形、边界等值或对称性工件的加工方式，可以较好地完成各种圆形工件等模具结构的加工，所产生的刀具路径呈放射状。下面以图 3.3.1 所示的模型为例讲解粗加工放射状加工的一般过程。

Stage1. 进入加工环境

Step1. 打开文件 D:\mcdz7\work\ch03.03\ROUGH_RADIAL.MCX-7。

Step2. 进入加工环境。选择下拉菜单 机床类型(M) ➡ 铣床(M) ➡ 默认(D) 命令，系统进入加工环境。

a）加工模型　　　　　　　　b）加工工件　　　　　　　　c）加工结果

图 3.3.1　粗加工放射状加工

Stage2. 设置工件

Step1. 在"操作管理器"中单击 ⛰ 属性 - Mill Default MM 节点前的"+"号，将该节点展开，然后单击 ◆ 素材设置 节点，系统弹出"机器群组属性"对话框。

Step2. 设置工件的形状。在"机器群组属性"对话框 形状 区域中选中 ⊙ 立方体 单选项。

Step3. 设置工件的尺寸。在"机器群组属性"对话框中单击  边界盒⒝ 按钮，系统弹出"边界盒选项"对话框；其参数采用系统默认的设置值；单击 ✓ 按钮，系统返回至"机器群组属性"对话框。

Step4. 修改边界盒尺寸。在 X 文本框中输入值 220，在 Y 文本框中输入值 120.0，在 Z 文本框中输入值 10.0，在"机器群组属性"对话框 素材原点 区域的 Y 文本框中输入值-15.0，在 Z 文本框中输入值 5.0；单击"机器群组属性"对话框中的 ✓ 按钮，完成工件的设置。此时零件如图 3.3.2 所示，从图中可以观察到零件的边缘出现了红色的双点画线。双点画线围成的图形即为工件。

图 3.3.2　显示零件

Stage3. 选择加工类型

Step1. 选择加工方法。选择下拉菜单 刀具路径⒯ ➡ 曲面粗加工⒭ ➡ 放射状加工⒭... 命令，系统弹出"选择工件形状"对话框；采用系统默认的设置；单击 ✓ 按钮，系统弹出"输入新的 NC 名称"对话框，采用系统默认的名称，单击 ✓ 按钮。

Step2. 选择加工面及放射中心。在图形区中选取图 3.3.3 所示的曲面，然后单击 Enter 键，系统弹出"刀具路径的曲面选取"对话框；在对话框的 放射中心点 区域中单击 按钮，选取图 3.3.4 所示的圆弧的中心为加工的放射中心，对话框中的其他参数设置保持系统默认的设置值；单击 ✓ 按钮，系统弹出"曲面粗加工放射状"对话框。

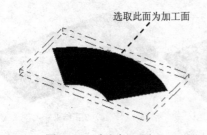

图 3.3.3　选取加工面

图 3.3.4　定义放射中心

Stage4. 选择刀具

Step1. 选择刀具。

（1）确定刀具类型。在"曲面粗加工放射状"对话框中单击 刀具过滤 按钮，系统弹出"刀具过滤列表设置"对话框；单击 刀具类型 区域中的 无⒩ 按钮后，在刀具类型按

钮群中单击 （平底刀）按钮；单击 按钮，关闭"刀具过滤列表设置"对话框，系统返回至"曲面粗加工放射状"对话框。

（2）选择刀具。在"曲面粗加工放射状"对话框中单击 选择刀库 按钮，系统弹出"选择刀具"对话框；在该对话框的列表框中选择图 3.3.5 所示的刀具；单击 按钮，关闭"选择刀具"对话框，系统返回至"曲面粗加工放射状"对话框。

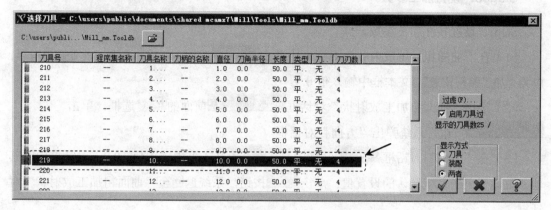

图 3.3.5　"选择刀具"对话框

Step2. 设置刀具相关参数。

（1）在"曲面粗加工放射状"对话框的 刀具路径参数 选项卡的列表框中显示出上一步选择的刀具，双击该刀具，系统弹出"定义刀具-机床群组-1"对话框。

（2）设置刀具号。在"定义刀具-机床群组-1"对话框的 刀具号码 文本框中将原有的数值改为 1。

（3）设置刀具参数。单击"定义刀具-机床群组-1"对话框的 参数 选项卡，设置图 3.3.6 所示的刀具参数。

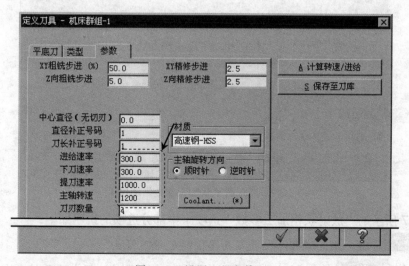

图 3.3.6　设置刀具参数

（4）设置冷却方式。在 参数 选项卡中单击 Coolant... 按钮，系统弹出 "Coolant…"
对话框；在 Flood （切削液）下拉列表中选择 On 选项，单击该对话框的 ✓ 按钮，关闭
"Coolant…" 对话框。

（5）单击 "定义刀具-机床群组-1" 对话框中的 ✓ 按钮，完成刀具的设置。

Stage5. 设置加工参数

Step1. 设置共性加工参数。

（1）在 "曲面粗加工放射状" 对话框中单击 曲面参数 选项卡，在 预留量 (此处翻译有误，
应为 "加工面预留量")文本框中输入值 0.5。

（2）选中 "曲面粗加工放射状" 对话框 进/退刀向量(D) 前面的 ✓ 复选框，单击
进/退刀向量(D) 按钮，系统弹出 "方向" 对话框。

（3）在 "方向" 对话框 进刀向量 区域的 进刀引线长度 文本框中输入值 10.0，对话框中的其
他参数设置采用系统默认的设置值；单击 ✓ 按钮，系统返回至 "曲面粗加工放射状" 对
话框。

Step2. 设置粗加工放射状参数。

（1）在 "曲面粗加工放射状" 对话框中单击 放射状粗加工参数 选项卡，设置参数如图 3.3.7
所示。

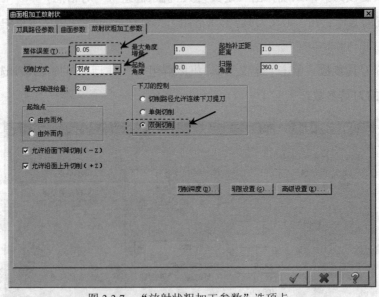

图 3.3.7   "放射状粗加工参数" 选项卡

图 3.3.7 所示的 "放射状粗加工参数" 选项卡中部分选项的说明如下：

- 起始点 区域：此区域可以设置刀具路径的起始下刀点。

  - ☑ ⦿ 由内而外 单选项：此选项表示起始下刀点在刀具路径中心开始由内向外加工。

☑ ⊙ 由外而内 单选项：此选项表示起始下刀点在刀具路径边界开始由外向内加工。

- 最大角度 增量 文本框：用于设置角度增量值（每两刀路之间的角度值）。
- 起始补正距 距离 文本框：用于设置以刀具路径中心补正一个圆为不加工范围。此文本框中输入的值是此圆的半径值。
- 起始 角度 文本框：用于设置刀具路径的起始角度。
- 扫描 角度 文本框：用于设置刀具路径的扫描角度。

说明：图 3.3.7 所示的"放射状粗加工参数"选项卡中的其他选项参见图 3.2.11 的说明。

（2）单击"曲面粗加工放射状"对话框中的 ✓ 按钮，同时在图形区生成图 3.3.8 所示的刀路轨迹。

放大图

图 3.3.8　工件加工刀路

Stage6. 加工仿真

Step1. 路径模拟。

（1）在"操作管理器"中单击 ≋ 刀具路径 - 26.5K - ROUGH_RADIAL.NC - 程序号码 0 节点，系统弹出"路径模拟"对话框及"路径模拟控制"操控板。

（2）在"路径模拟控制"操控板中单击 ▶ 按钮，系统将开始对刀具路径进行模拟，结果与图 3.3.8 所示的刀具路径相同；在"路径模拟"对话框中单击 ✓ 按钮。

Step2. 实体切削验证。

（1）在"操作管理器"中确认 ▨ 1 - 曲面粗加工放射状 - [WCS: 俯视图] - [刀具平面: 俯视图] 节点被选中，然后单击"验证已选择的操作"按钮 ▣，系统弹出"Mastercam Simulator"对话框。

（2）在"Mastercam Simulator"对话框中单击 ▶ 按钮，系统将开始进行实体切削仿真，仿真结果如图 3.3.9 所示，单击 ✕ 按钮。

图 3.3.9　仿真结果

Step3. 保存文件。选择下拉菜单 文件(F) ➡ 🖫 保存(S) 命令，即可保存文件。

3.4 粗加工投影加工

投影加工是将已有的刀具路径档案（NCI）或几何图素（点或曲线）投影到指定曲面模型上并生成刀具路径来进行切削加工的方法。下面以图 3.4.1 所示的模型为例讲解粗加工投影加工的一般操作过程（本例是将已有刀具路径投影到曲面进行加工的）。

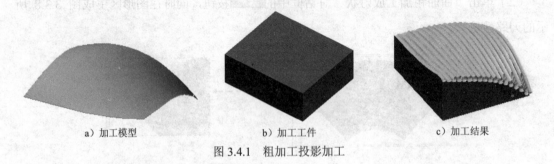

a）加工模型   b）加工工件   c）加工结果

图 3.4.1 粗加工投影加工

Stage1. 进入加工环境

Step1. 打开文件 D:\mcdz7\work\ch03.04\ROUGH_PROJECT.MCX-7。

Step2. 隐藏刀具路径。在"操作管理器"中单击 🔲 1 - 平面铣削 - [WCS: TOP] - [刀具平面: TOP] 节点，单击 ≋ 按钮，将已存的刀具路径隐藏，结果如图 3.4.2b 所示。

Stage2. 选择加工类型

Step1. 选择加工方法。选择下拉菜单 刀具路径(T) ➡ 曲面粗加工(R) ➡ 🔩 投影加工(J)... 命令，系统弹出"选择工件形状"对话框；其选项采用系统默认的设置，单击 ✓ 按钮。

Step2. 选取加工面。在图形区中选取图 3.4.3 所示的曲面，然后按 Enter 键，系统弹出"刀具路径的曲面选取"对话框；对话框的参数采用系统默认的设置值；单击 ✓ 按钮，系统弹出"曲面粗加工投影"对话框。

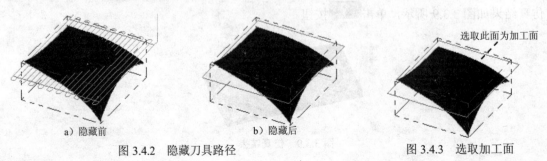

选取此面为加工面

a）隐藏前   b）隐藏后

图 3.4.2 隐藏刀具路径   图 3.4.3 选取加工面

Stage3. 选择刀具

Step1. 选择刀具。

（1）确定刀具类型。在"曲面粗加工投影"对话框中单击 刀具过虑 按钮，系统弹出 "刀具过滤列表设置"对话框；单击 刀具类型 区域中的 无(N) 按钮后，在刀具类型按钮群中单击 ▌ （球刀）按钮；单击 ✓ 按钮，关闭"刀具过滤列表设置"对话框，系统返回至 "曲面粗加工投影"对话框。

（2）选择刀具。在"曲面粗加工投影"对话框中单击 选择刀库 按钮，系统弹出"选择刀具"对话框；在该对话框的列表框中选择图 3.4.4 所示的刀具；单击 ✓ 按钮，关闭 "选择刀具"对话框，系统返回至"曲面粗加工投影"对话框。

Step2. 设置刀具相关参数。

（1）在"曲面粗加工投影"对话框 刀具路径参数 选项卡的列表框中显示出上一步选择的刀具，双击该刀具，系统弹出"定义刀具-机床群组-1"对话框。

（2）设置刀具号。在"定义刀具-机床群组-1"对话框的 刀具号码 文本框中将原有的数值改为 1。

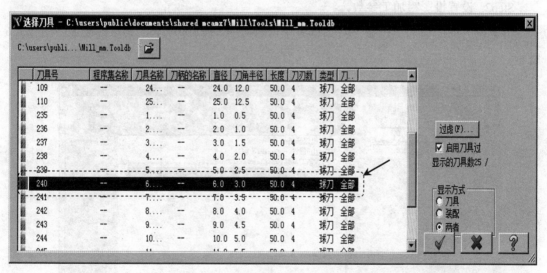

图 3.4.4　"选择刀具"对话框

（3）设置刀具参数。单击"定义刀具-机床群组-1"对话框的 参数 选项卡，设置图 3.4.5 所示的刀具参数。

（4）设置冷却方式。在 参数 选项卡中单击 Coolant... 按钮，系统弹出"Coolant…"对话框；在 Flood （切削液）下拉列表中选择 On 选项；单击该对话框的 ✓ 按钮，关闭 "Coolant…"对话框。

（5）单击"定义刀具-机床群组-1"对话框中的 ✓ 按钮，完成刀具的设置。

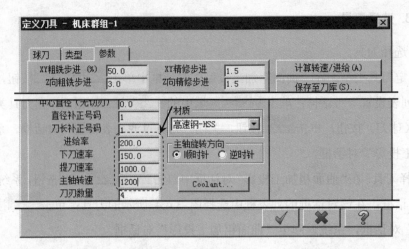

图 3.4.5 设置刀具参数

Stage4. 设置加工参数

Step1. 设置曲面参数。在"曲面粗加工投影"对话框中单击 曲面参数 选项卡，在 预留量 (此处翻译有误，应为"加工面预留量")文本框中输入值 0.5，其他参数采用系统默认的设置值。

Step2. 设置投影粗加工参数。

（1）在"曲面粗加工投影"对话框中单击 投影粗加工参数 选项卡，其参数设置如图 3.4.6 所示。

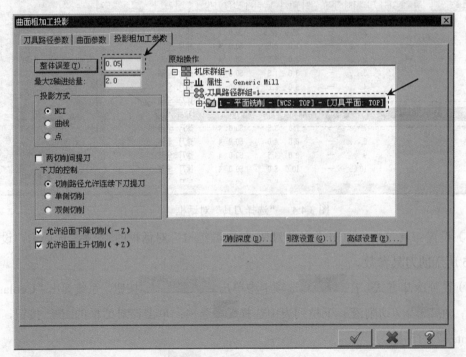

图 3.4.6 "投影粗加工参数"选项卡

（2）对话框中的其他参数采用系统默认的设置值；单击"曲面粗加工投影"对话框中的 按钮，图形区生成图 3.4.7 所示的刀路轨迹。

图 3.4.6 所示"投影粗加工参数"选项卡中部分选项的说明如下：

- 投影方式 区域：此区域用于设置刀路的投影方式，包括 ⊙ NCI 、⊙ 曲线 和 ⊙ 点 三个单选项。
  - ☑ ⊙ NCI 单选项：选择此单选项表示利用已存在的 NCI 文件进行投影加工。
  - ☑ ⊙ 曲线 单选项：选择此单选项表示选取一条或多条曲线进行投影加工。
  - ☑ ⊙ 点 单选项：选择此单选项表示可以通过一组点来进行投影加工。
- ☑ 两切削间提刀 复选框：如果选中此复选框，则在加工过程中强迫在两切削之间提刀。

说明：图 3.4.6 所示"投影粗加工参数"选项卡中的其他选项可参见图 3.2.11 的说明。

Stage5. 加工仿真

Step1. 路径模拟。

（1）在"操作管理器"中单击 ≋ 刀具路径 - 278.9K - ROUGH_PROJECT.NC - 程序号码 0 节点，系统弹出"路径模拟"对话框及"路径模拟控制"操控板。

说明：单击的刀具路径节点是在曲面粗加工下的刀具路径，显示数据的大小可能与读者做的结果不同，但它不影响结果。

（2）在"路径模拟控制"操控板中单击 ▶ 按钮，系统将开始对刀具路径进行模拟，结果与图 3.4.7 所示的刀具路径相同；在"路径模拟"对话框中单击 ✔ 按钮。

Step2. 实体切削验证。

（1）在"操作管理器"中确认 ✿ 2 - 曲面粗加工投影 - [WCS: TOP] - [刀具平面: TOP] 节点被选中，然后单击"验证已选择的操作"按钮 💡，系统弹出"Mastercam Simulator"对话框。

（2）在"Mastercam Simulator"对话框中单击 ▶ 按钮，系统将开始进行实体切削仿真，仿真结果如图 3.4.8 所示，单击 X 按钮。

Step3. 生成 NC 程序。

（1）在"操作管理器"中单击 G1 按钮，系统弹出"后处理程序"对话框。

图 3.4.7 工件加工刀路

图 3.4.8 仿真结果

（2）对话框中的选项采用系统默认的设置，单击"后处理程序"对话框中的 <kbd>✓</kbd> 按钮，系统弹出"另存为"对话框，选择合适的存放位置，单击 <kbd>✓</kbd> 按钮。

（3）完成上步操作后，系统弹出"MasterCAM Code Expert"对话框，从中可以观察到系统已经生成的 NC 程序。

（4）关闭"MasterCAM Code Expert"对话框。

Step4. 保存文件。选择下拉菜单 <kbd>文件 (F)</kbd> ➡ <kbd>🖫 保存 (S)</kbd> 命令，即可保存文件。

3.5　粗加工流线加工

流线加工可以设定曲面切削方向是沿着截断方向加工或者是沿切削方向加工，同时也可以控制曲面的"残余高度"来产生一个平滑的加工曲面。下面通过图 3.5.1 所示的实例来讲解粗加工流线加工的操作过程。

Stage1. 进入加工环境

Step1. 打开文件 D:\mcdz7\work\ch03.05\ROUGH_FLOWLINE.MCX-7。

Step2. 进入加工环境。选择下拉菜单 <kbd>机床类型 (M)</kbd> ➡ <kbd>铣床 (M)</kbd> ➡ <kbd>默认 (D)</kbd> 命令，系统进入加工环境。

　　a) 加工模型　　　　　　　　　b) 加工工件　　　　　　　　c) 加工结果

图 3.5.1　粗加工流线加工

Stage2. 设置工件

Step1. 在"操作管理器"中单击 <kbd>⛰ 属性 - Mill Default</kbd> 节点前的"+"号，将该节点展开，然后单击 <kbd>◆ 素材设置</kbd> 节点，系统弹出"机器群组属性"对话框。

Step2. 设置工件的形状。在"机器群组属性"对话框的 <kbd>形状</kbd> 区域选中 <kbd>⊙ 立方体</kbd> 单选项。

Step3. 设置工件的尺寸。在"机器群组属性"对话框中单击 <kbd>边界盒 (B)</kbd> 按钮，系统弹出"边界盒选项"对话框；其选项采用系统默认的设置；单击 <kbd>✓</kbd> 按钮，系统返回至"机器群组属性"对话框；在 <kbd>素材原点</kbd> 区域的 <kbd>Z</kbd> 文本框中输入值 83，然后在右侧的预览区 <kbd>Z</kbd> 下面的文本框中输入值 39。

Step4. 单击"机器群组属性"对话框中的 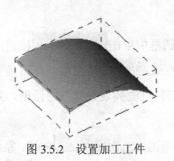 按钮，完成工件的设置，如图 3.5.2 所示。

Stage3. 选择加工类型

Step1. 选 择 加 工 方 法 。 选 择 下 拉 菜 单 　刀具路径(T)　➡　曲面粗加工 (R)　➡
　流线加工 (O)...　命令，系统弹出"选择工件形状"对话框，其参数采用系统默认的设置值；单
击　✓　按钮，系统弹出"输入新的 NC 名称"对话框，采用系统默认的名称，单击　✓　按钮。

Step2. 选取加工面。在图形区中选取图 3.5.3 所示的曲面，然后按 Enter 键，系统弹出
"刀具路径曲面选择"对话框。

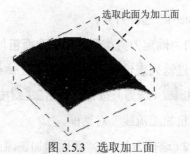

选取此面为加工面

　　　图 3.5.2　设置加工工件　　　　　　　　　　图 3.5.3　选取加工面

Step3. 设置曲面流线形式。单击"刀具路径曲面选择"对话框 曲面流线 区域的 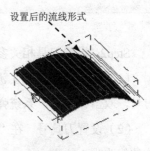 按钮，
系统弹出"流线设置"对话框，如图 3.5.4 所示；同时图形区出现流线形式线框，如图 3.5.5
所示。在"流线设置"对话框中单击　补正　按钮，改变曲面流线的方向，结果如图 3.5.6
所示；单击　✓　按钮，系统重新弹出"刀具路径曲面选择"对话框；单击　✓　按钮，系统
弹出"曲面粗加工流线"对话框。

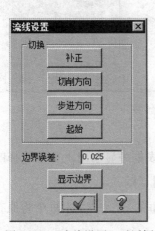

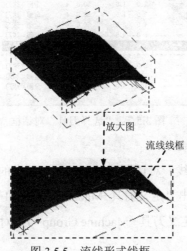

放大图

流线线框

设置后的流线形式

　图 3.5.4　"流线设置"对话框　　　图 3.5.5　流线形式线框　　　图 3.5.6　设置曲面流线形式

图 3.5.4 所示的"流线设置"对话框中部分选项的说明如下：

● 　切换 区域：用于调整流线加工的各个方向。

☑ 补正 按钮：用于调整补正方向。

☑ 切削方向 按钮：用于调整切削的方向（平行或垂直流线的方向）。

☑ 步进方向 按钮：用于调整步进方向。

☑ 起始 按钮：用于调整起始点。

● 边界误差 文本框：用于定义创建流线网格的边界过滤误差。

● 显示边界 按钮：用于显示边界的颜色。

Stage4. 选择刀具

Step1. 选择刀具。

（1）确定刀具类型。在"曲面粗加工流线"对话框中单击 刀具过滤 按钮，系统弹出"刀具过滤列表设置"对话框；单击 刀具类型 区域中的 无(N) 按钮后，在刀具类型按钮群中单击 (球刀) 按钮；单击 ✓ 按钮，关闭"刀具过滤列表设置"对话框，系统返回至"曲面粗加工流线"对话框。

（2）选择刀具。在"曲面粗加工流线"对话框中单击 选择刀库 按钮，系统弹出"选择刀具"对话框；在该对话框的列表框中选择图 3.5.7 所示的刀具，单击 ✓ 按钮，关闭"选择刀具"对话框，系统返回至"曲面粗加工流线"对话框。

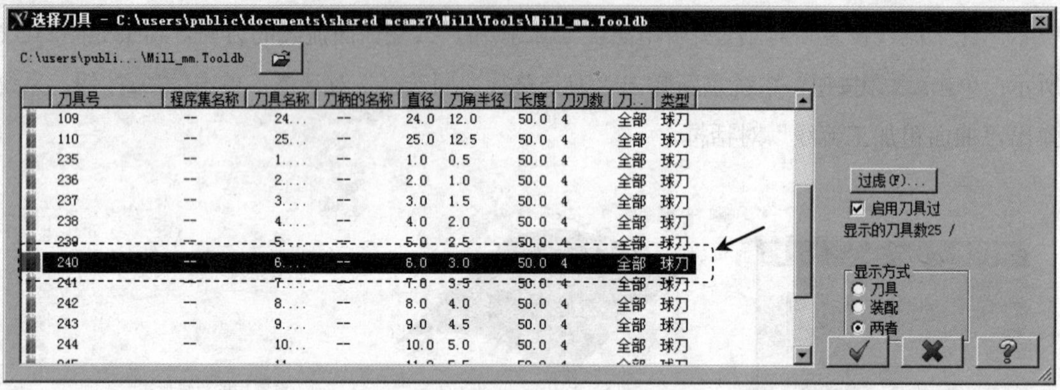

图 3.5.7 "选择刀具"对话框

Step2. 设置刀具相关参数。

（1）在"曲面粗加工流线"对话框 刀具路径参数 选项卡的列表框中显示出上一步选择的刀具，双击该刀具，系统弹出"定义刀具-Machine Group-1"对话框。

（2）设置刀具号。在"定义刀具- Machine Group -1"对话框的 刀具号码 文本框中将原有的数值改为 1。

（3）设置刀具参数。单击"定义刀具- Machine Group -1"对话框的 参数 选项卡，在其中的 进给速率 文本框中输入值 200，在 下刀速率 文本框中输入值 200.0，在 提刀速率 文本框中输入值 1000.0，在 主轴转速 文本框中输入值 1600.0。

（4）设置冷却方式。在 参数 选项卡中单击 Coolant... 按钮，系统弹出 "Coolant..." 对话框；在 Flood （切削液）下拉列表中选择 On 选项；单击该对话框的 ✓ 按钮，关闭 "Coolant..." 对话框。

（5）单击 "定义刀具 - Machine Group -1" 对话框中的 ✓ 按钮，完成刀具的设置。

Stage5．设置加工参数

Step1．设置曲面参数。在 "曲面粗加工流线" 对话框中单击 曲面参数 选项卡，在 预留里 (此处翻译有误，应为 "加工面预留量")文本框中输入值 0.5，其他参数采用系统默认的设置值。

Step2．设置曲面流线粗加工参数。

（1）在 "曲面粗加工流线" 对话框中单击 曲面流线粗加工参数 选项卡，其参数设置如图 3.5.8 所示。

（2）对话框中的其他参数采用系统默认的设置值，单击 "曲面粗加工流线" 对话框中的 ✓ 按钮，同时在图形区生成图 3.5.9 所示的刀路轨迹。

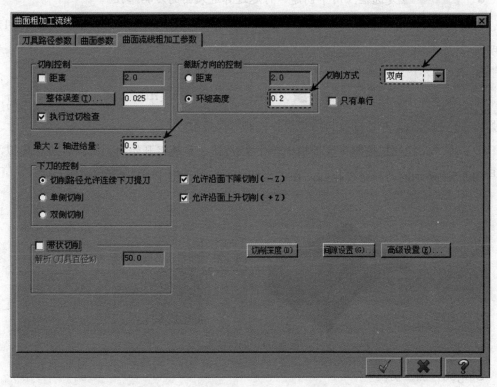

图 3.5.8　"曲面流线粗加工参数" 选项卡

图 3.5.8 所示的 "曲面流线粗加工参数" 选项卡中部分选项的说明如下：

● 切削控制 区域：此区域用于控制切削的步进距离值及误差值。

    ☑　　☑ 距离 复选框：选中此复选框，可以通过设置一个具体数值来控制刀具沿曲面
切削方向的增量。

    ☑　　☑ 执行过切检查 复选框：选中此复选框，则表示在进行刀具路径计算时，将执
行过切检查。

● ☐ 带状切削 复选框：该复选框用于在所选曲面的中部创建一条单一的流线刀具路
径。

    ☑ 解析(刀具直径%) 文本框：用于设置垂直于切削方向的刀具路径间隔为刀具直径
的定义百分比。

● 截断方向的控制 区域：用于设置控制切削方向的相关参数。

    ☑ ◉ 距离 单选项：选中此单选项，可以通过设置一个具体数值来控制刀具沿曲面
截面方向的步进增量。

    ☑ ◉ 环绕高度 选项：选中此单选项，可以设置刀具路径间的剩余材料高度，系统
会根据设定的数值对切削增量进行调整。

● ☑ 只有单行 复选框：用于创建一行越过邻近表面的刀具路径。

说明：图 3.5.8 所示的"曲面流线粗加工参数"选项卡的其他选项可参见图 3.2.11 的
说明。

Step3. 路径模拟。

（1）在"操作管理器"中单击 ≋ 刀具路径 - 383.1K - ROUGH_FLOWLINE.NC - 程序号码 0 节点，系
统弹出"路径模拟"对话框及"路径模拟控制"操控板。

（2）在"路径模拟控制"操控板中单击 ▶ 按钮，系统将开始对刀具路径进行模拟，结
果与图 3.5.9 所示的刀具路径相同；在"路径模拟"对话框中单击 ✓ 按钮。

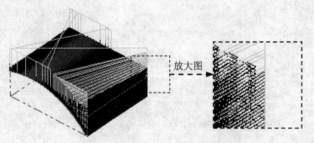

放大图

图 3.5.9　工件加工刀路

Stage6. 加工仿真

Step1. 实体切削验证。

（1）在"操作管理器"中确认 ▦ 1 - 曲面粗加工流线 - [WCS: 俯视图] - [刀具平面: 俯视图] 节点被
选中，然后单击"验证已选择的操作"按钮 ⬚ ，系统弹出"Mastercam Simulator"对话框。

（2）在"Mastercam Simulator"对话框中单击  按钮，系统将开始进行实体切削仿真，仿真结果如图 3.5.10 所示，单击 X 按钮。

Step2. 保存文件。选择下拉菜单 文件(F) ➡ 保存(S) 命令，即可保存文件。

图 3.5.10　仿真结果

3.6　粗加工挖槽加工

粗加工挖槽加工是分层清除加工面与加工边界之间所有材料的一种加工方法。采用曲面挖槽加工可以进行大量切削加工，以减少工件中的多余余量，同时提高加工效率。下面通过图 3.6.1 所示的实例讲解粗加工挖槽加工的一般操作过程。

Stage1. 进入加工环境

打开文件 D:\mcdz7\work\ch03.06\ROUGH_POCKET.MCX-7，系统进入加工环境。

a）加工模型

b）加工工件

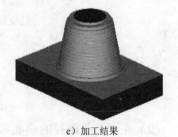
c）加工结果

图 3.6.1　粗加工挖槽加工

Stage2. 设置工件

Step1. 在"操作管理器"中单击 山 属性 - Generic Mill 节点前的"+"号，将该节点展开，然后单击 ◆ 素材设置 节点，系统弹出"机器群组属性"对话框。

Step2. 设置工件的形状。在"机器群组属性"对话框的 形状 区域中选中 ◉ 立方体 单选项。

Step3. 设置工件的尺寸。在"机器群组属性"对话框中单击 边界盒(B) 按钮，系统弹出"边界盒选项"对话框；其选项采用系统默认的设置；单击 ✓ 按钮，系统返回至"机器群组属性"对话框；在 素材原点 区域的 Z 文本框中输入值 73，然后在右侧的预览区 Z 下面的文本框中输入值 73。

Step4. 单击"机器群组属性"对话框中的 ✓ 按钮，完成工件的设置，如图 3.6.2 所示。

图 3.6.2　设置工件

Stage3. 选择加工类型

Step1. 选择加工方法。选择下拉菜单 刀具路径(T) ➡ 曲面粗加工(R) ➡ 粗加工挖槽加工(K)… 命令，系统弹出"输入新的 NC 名称"对话框，采用系统默认的名称，单击 ✓ 按钮。

Step2. 选取加工面及加工范围。

（1）在图形区中选取图 3.6.3 所示的曲面，然后按 Enter 键，系统弹出"刀具路径的曲面选取"对话框。

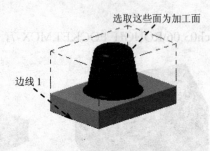

选取这些面为加工面

边线 1

图 3.6.3　选取加工面

（2）在"刀具路径的曲面选取"对话框的 Containment boundary 区域单击 ⌖ 按钮，系统弹出"串连选项"对话框；选取图 3.6.3 所示的边线 1，单击 ✓ 按钮，系统重新弹出"刀具路径的曲面选取"对话框；单击 ✓ 按钮，系统弹出"曲面粗加工挖槽"对话框。

Stage4. 选择刀具

Step1. 选择刀具。

（1）确定刀具类型。在"曲面粗加工挖槽"对话框中单击 刀具过虑 按钮，系统弹出"刀具过滤列表设置"对话框；单击 刀具类型 区域中的 无(N) 按钮后，在刀具类型按钮群中单击 ▌（圆鼻刀）按钮；单击 ✓ 按钮，关闭"刀具过滤列表设置"对话框，系统返回至"曲面粗加工挖槽"对话框。

（2）选择刀具。在"曲面粗加工挖槽"对话框中单击 选择刀库 按钮，系统弹出图 3.6.4 所示的"选择刀具"对话框；在该对话框的列表框中选择图 3.6.4 所示的刀具；单击 ✓ 按钮，关闭"选择刀具"对话框，系统返回至"曲面粗加工挖槽"对话框。

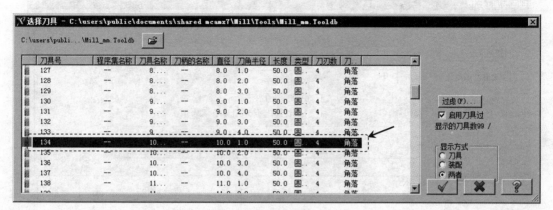

图 3.6.4　"选择刀具"对话框

Step2. 设置刀具相关参数。

（1）在"曲面粗加工挖槽"对话框的 刀具路径参数 选项卡的列表框中显示出上一步选择的刀具，双击该刀具，系统弹出"定义刀具-Machine Group -1"对话框。

（2）设置刀具号。在"定义刀具-Machine Group-1"对话框的 刀具号码 文本框中将原有的数值改为 1。

（3）设置刀具参数。单击"定义刀具-Machine Group-1"对话框的 参数 选项卡，在其中的 进给速率 文本框中输入值 400.0，在 下刀速率 文本框中输入值 500.0，在 提刀速率 文本框中输入值 1200.0，在 主轴转速 文本框中输入值 1600.0。

（4）设置冷却方式。在 参数 选项卡中单击 Coolant... 按钮，系统弹出"Coolant…"对话框；在 Flood （切削液）下拉列表中选择 On 选项；单击该对话框的 ✓ 按钮，关闭"Coolant…"对话框。

（5）单击"定义刀具-Machine Group-1"对话框中的 ✓ 按钮，完成刀具的设置。

Stage5．设置加工参数

Step1. 设置曲面参数。在"曲面粗加工挖槽"对话框中单击 曲面参数 选项卡，在 预留量 (此处翻译有误，应为"加工面预留量"）文本框中输入值 1.0，曲面参数 选项卡中的其他参数采用系统默认的设置值。

Step2. 设置曲面粗加工参数。在"曲面粗加工挖槽"对话框中单击 粗加工参数 选项卡，如

图 3.6.5 所示，在 Z 轴最大进给量 文本框中输入值 3.0。

Step3. 设置曲面粗加工挖槽参数。

（1）在"曲面粗加工挖槽"对话框中单击 挖槽参数 选项卡，如图 3.6.6 所示。

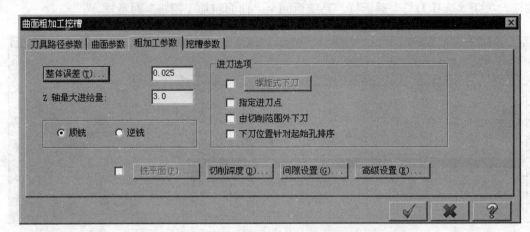

图 3.6.5 "粗加工参数"选项卡

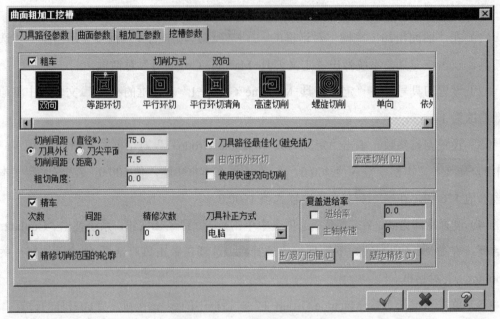

图 3.6.6 "挖槽参数"选项卡

（2）设置切削方式。在 挖槽参数 选项卡的"切削方式"列表中选择 ▦ （"双向"）选项。

（3）设置其他参数。在对话框中选中 ☑ 刀具路径最佳化（避免插入） 选项，其他参数采用系统默认的设置值；单击"曲面粗加工挖槽"对话框中的 ✔ 按钮，同时在图形区生成图 3.6.7 所示的刀路轨迹。

Stage6. 加工仿真

Step1. 路径模拟。

（1）在"操作管理器"中单击 刀具路径 - 104.4K - ROUGH_POCKET.NC - 程序号码 0 节点，系统弹出"路径模拟"对话框及"路径模拟控制"操控板。

（2）在"路径模拟控制"操控板中单击 按钮，系统将开始对刀具路径进行模拟，结果与图 3.6.7 所示的刀具路径相同；在"路径模拟"对话框中单击 按钮。

Step2. 实体切削验证。

（1）在"操作管理器"中确认 1.- 曲面粗加工挖槽 - [WCS: 俯视图] - [刀具平面: 俯视图] 节点被选中，然后单击"验证已选择的操作"按钮 ，系统弹出"Mastercam Simulator"对话框。

（2）在"Mastercam Simulator"对话框中单击 按钮，系统开始进行实体切削仿真，仿真结果如图 3.6.8 所示，单击 按钮。

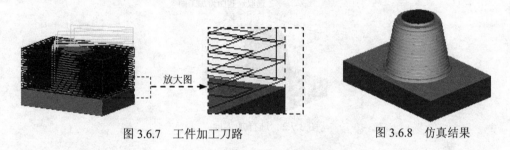

图 3.6.7　工件加工刀路　　　　　　图 3.6.8　仿真结果

Step3. 保存文件。选择下拉菜单 文件(F) ➡ 保存(S) 命令，即可保存文件。

3.7　粗加工等高外形加工

等高外形加工（CONTOUR）是刀具沿曲面等高曲线加工的方法，并且加工时工件余量不可大于刀具直径，以免造成切削不完整，此方法在半精加工过程中也经常被采用。下面通过图 3.7.1 所示的模型讲解其操作过程。

a) 加工模型　　　　　b) 加工工件　　　　　c) 加工结果

图 3.7.1　粗加工等高外形加工

Stage1. 进入加工环境

Step1. 打开文件 D:\mcdz7\work\ch03.07\ROUGH_CONTOUR.MCX-7。

Step2. 隐 藏 刀 具 路 径 。 在 "操 作 管 理 器" 中 单 击
1 - 曲面粗加工挖槽 - [WCS: 俯视图] - [刀具平面: 俯视图] 节点, 单击 ≋ 按钮, 将已存在的刀具路径隐藏。

Stage2. 选择加工类型

Step1. 选 择 加 工 方 法 。 选 择 下 拉 菜 单 刀具路径(T) ➡ 曲面粗加工(R) ➡
等高外形加工(O)... 命令。

Step2. 选取加工面。在图形区中选取图 3.7.2 所示的曲面,然后按 Enter 键,系统弹出 "刀具路径的曲面选取" 对话框;其选项采用系统默认的设置;单击 ✓ 按钮,系统弹出 "曲面粗加工等高外形" 对话框。

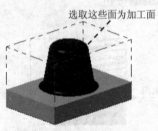

选取这些面为加工面

图 3.7.2 选择加工面

Stage3. 选择刀具

Step1. 选择刀具。

(1)确定刀具类型。在 "曲面粗加工等高外形" 对话框中单击 刀具过虑 按钮,系统弹出 "刀具过滤列表设置" 对话框;单击 刀具类型 区域中的 无(N) 按钮后,在刀具类型按钮群中单击 ▮ (球刀) 按钮;单击 ✓ 按钮,关闭 "刀具过滤列表设置" 对话框,系统返回至 "曲面粗加工等高外形" 对话框。

(2)选择刀具。在 "曲面粗加工等高外形" 对话框中单击 选择刀库 按钮,系统弹出 3.7.3 所示的 "选择刀具" 对话框;在该对话框的列表框中选择图 3.7.3 所示的刀具;单击 ✓ 按钮,关闭 "选择刀具" 对话框,系统返回至 "曲面粗加工等高外形" 对话框。

Step2. 设置刀具相关参数。

(1)在 "曲面粗加工等高外形" 对话框 刀具路径参数 选项卡的列表框中显示出上一步选择的刀具,双击该刀具,系统弹出 "定义刀具-Machine Group-1" 对话框。

(2)设置刀具号。在 "定义刀具-Machine Group-1" 对话框的 刀具号码 文本框中将原有的数值改为 2。

（3）设置刀具参数。单击"定义刀具-Machine Group-1"对话框的 参数 选项卡，在其中的 进给速率 文本框中输入值 200.0，在 下刀速率 文本框中输入值 800.0，在 提刀速率 文本框中输入值 1300.0，在 主轴转速 文本框中输入值 1600.0。

（4）设置冷却方式。在 参数 选项卡中单击 Coolant... 按钮，系统弹出"Coolant…"对话框；在 Flood （切削液）下拉列表中选择 On 选项；单击该对话框的 ✓ 按钮，关闭"Coolant…"对话框。

（5）单击"定义刀具-Machine Group-1"对话框中的 ✓ 按钮，完成刀具的设置。

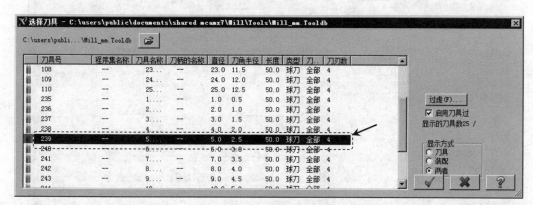

图 3.7.3　"选择刀具"对话框

Stage4．设置加工参数

Step1. 设置曲面参数。在"曲面粗加工等高外形"对话框中单击 曲面参数 选项卡，在 预留量 （作者注：此处原软件翻译有误，应为"加工面预留量"）文本框中输入值 0.5，曲面参数 选项卡中的其他参数采用系统默认的设置值。

Step2. 设置粗加工等高外形参数。

（1）在"曲面粗加工等高外形"对话框中单击 等高外形粗加工参数 选项卡，如图 3.7.4 所示。

（2）设置切削方式。在 等高外形粗加工参数 选项卡的 封闭式轮廓的方向 区域中选中 ⊙顺铣 单选项，在 开放式轮廓的方向 区域中选中 ⊙ 双向 单选项。

（3）完成图 3.7.4 所示的参数设置。单击"曲面粗加工等高外形"对话框中的 ✓ 按钮，同时在图形区生成图 3.7.5 所示的刀路轨迹。

图 3.7.4 所示的"等高外形粗加工参数"选项卡中部分选项的说明如下：

- 转角走圆的半径 文本框：刀具在高速切削时才有效，其作用是当拐角处于小于 135°时，刀具走圆角。

- 进/退刀/切弧/切线 区域：此区域用于设置加工过程中的进刀及退刀形式。

  ☑ 圆弧半径 文本框：此文本框中的数值控制加工时进/退刀的圆弧半径。

☑　扫描角度 文本框: 此文本框中的数值控制加工时进/退刀的圆弧扫描角度。

☑　直线长度 文本框: 此文本框中的数值控制加工时进/退刀的直线长度。

☑　☑ 允许切弧/切线超出边界 复选框: 选中此复选框, 表示加工过程中允许进/退刀时
　超出加工边界。

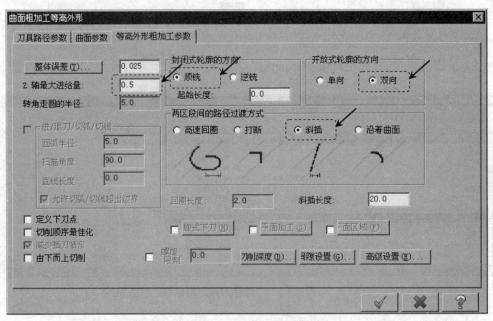

图 3.7.4　"等高外形粗加工参数"选项卡

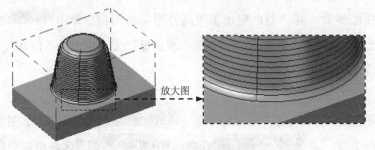

图 3.7.5　工件加工刀路

- ☑ 切削顺序最佳化 复选框: 选中此复选框, 表示加工时将刀具路径顺序优化, 从而提高加工效率。

- ☑ 减少插刀情形 复选框: 选中此复选框, 表示加工时将插刀路径优化, 以减少插刀情形, 避免损坏刀具或工件。

- ☑ 由下而上切削 复选框: 选中此复选框, 表示加工时刀具将由下而上进行切削。

- 封闭式轮廓的方向 区域: 此区域用于设置封闭区域刀具的运动形式, 包括 ⊙ 顺铣 单选项、⊙ 逆铣 单选项和 起始长度 文本框。

☑ 起始长度: 文本框: 用于设置相邻层之间的起始点间距。

● 开放式轮廓的方向 区域: 用于设置开放区域刀具的运动形式, 包括 ◉ 单向 单选项和 ◉ 双向 单选项。

　　☑ ◉ 单向 单选项: 选中此选项, 则加工过程中刀具只做单向运动。

　　☑ ◉ 双向 单选项: 选中此选项, 则加工过程中刀具只做往返运动。

● 两区段间的路径过渡方式 区域: 用于设置两区段间刀具路径的过渡方式, 包括 ◉ 高速回圈 单选项、◉ 打断 选项、◉ 斜插 单选项、◉ 沿着曲面 单选项、回圈长度: 文本框和 斜插长度: 文本框。

　　☑ ◉ 高速回圈 单选项: 用于在两区段间插入一段回圈的刀具路径。

　　☑ ◉ 打断 单选项: 用于在两区段间小于定义间隙值的位置插入成直角的刀具路径。

　　☑ ◉ 斜插 单选项: 用于在两区段间小于定义间隙值的位置插入与 Z 轴成定义角度的直线刀具路径。

　　☑ ◉ 沿着曲面 单选项: 用于在两区段间小于定义间隙值的位置插入与曲面在 Z 轴方向上相匹配的刀具路径。

　　☑ 回圈长度: 文本框: 用于定义高速回圈的长度。如果切削间距小于定义的环的长度, 则插入回圈的切削量在 Z 轴方向为恒量; 如果切削间距大于定义的环的长度, 则将插入一段平滑移动的螺旋线。

　　☑ 斜插长度: 文本框: 用于定义斜插直线的长度。此文本框仅在选中 ◉ 高速回圈 单选项或 ◉ 斜插 单选项时可以使用。

● 旋式下刀(H) 按钮: 用于设置螺旋下刀的相关参数。螺旋下刀的相关设置在该按钮前的复选框被选中时方可使用, 否则此按钮为不可用状态。单击此按钮, 系统弹出图 3.7.6 所示的"螺旋下刀参数"对话框, 用户可以通过此对话框对螺旋下刀的参数进行设置。

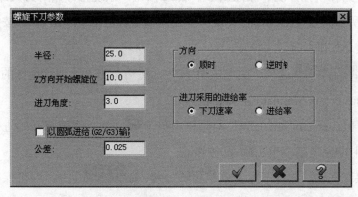

图 3.7.6　"螺旋下刀参数"对话框

- **浅平面加工 (S)** 按钮：如选中此按钮前面的复选框，则表示在等高外形加工过程中同时加工浅平面。单击此按钮，系统弹出图 3.7.7 所示的 "浅平面加工" 对话框。通过该对话框，用户可以对加工浅平面时的相关参数进行设置。

- **平面区域 (F)** 按钮：如选中此按钮前面的复选框，则表示在等高外形加工过程中同时加工平面。单击此按钮，系统弹出图 3.7.8 所示的 "平面区域加工设置" 对话框。通过该对话框，用户可以对加工平面时的相关参数进行设置。

图 3.7.7　"浅平面加工" 对话框　　　　图 3.7.8　"平面区域加工设置" 对话框

- **螺旋限制** 文本框：用于设置将 Z 轴方向上切削量不变的刀具路径转变为螺旋式的刀具路径。当此文本框前的复选框处于选中状态时可用，用户可以在该文本框中输入值来定义螺旋限制的最大距离。

Stage5. 加工仿真

Step1. 路径模拟。

（1）在 "操作管理器" 中单击 ≋ **刀具路径 - 377.4K - ROUGH_POCKET.NC - 程序号码 0** 节点，系统弹出 "路径模拟" 对话框及 "路径模拟控制" 操控板。

（2）在 "路径模拟控制" 操控板中单击 ▶ 按钮，系统将开始对刀具路径进行模拟，结果与图 3.7.5 所示的刀具路径相同；在 "路径模拟" 对话框中单击 ✓ 按钮。

Step2. 实体切削验证。

（1）在 **刀具路径管理器** 选项卡中单击 ✓ 按钮，然后单击 "验证已选择的操作" 按钮 ，系统弹出 "Mastercam Simulator" 对话框。

（2）在 "Mastercam Simulator" 对话框中单击 ▶ 按钮，系统将开始进行实体切削仿真，仿真结果如图 3.7.9 所示，单击 ✖ 按钮。

Step3. 保存文件。选择下拉菜单 **文件 (F)** ➡ **保存 (S)** 命令，即可保存文件。

图 3.7.9　仿真结果

3.8　粗加工残料加工

粗加工残料加工是依据已有的加工刀路数据进一步加工以清除残料的加工方法，该加工方法选择的刀具要比已有粗加工的刀具精细，否则达不到预期效果，并且此种方法生成刀路的时间较长，抬刀次数较多。下面以图 3.8.1 所示的模型为例讲解粗加工残料加工的一般操作过程。

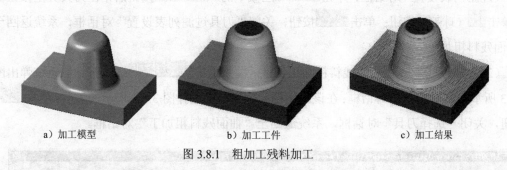

a）加工模型　　　　　　　　b）加工工件　　　　　　　　c）加工结果

图 3.8.1　粗加工残料加工

Stage1. 进入加工环境

Step1. 打开文件 D:\ mcdz7\work\ch03.08\ROUGH_RESTMILL.MCX-7。

Step2. 隐藏刀具路径。在 刀具路径管理器 选项卡中单击 ✔ 按钮，再单击 ≋ 按钮，将已存的刀具路径隐藏。

Stage2. 选择加工类型

Step1. 选择加工方法。选择下拉菜单 刀具路径(T) ➡ 曲面粗加工(R) ➡ 粗加工残料加工(T)... 命令。

Step2. 选取加工面及加工范围。

（1）在图形区中选取图 3.8.2 所示的曲面，然后按 Enter 键，系统弹出"刀具路径的曲面选取"对话框。

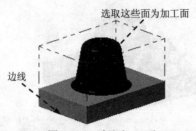

图 3.8.2 选取加工面

（2）单击"刀具路径的曲面选取"对话框 Containment boundary 区域的 按钮，系统弹出"串连选项"对话框；采用"串联方式"选取图 3.8.2 所示的边线，单击 按钮，系统重新弹出"刀具路径的曲面选取"对话框；单击 按钮，系统弹出"曲面残料粗加工"对话框。

Stage3. 选择刀具

Step1. 选择刀具。

（1）确定刀具类型。在"曲面残料粗加工"对话框中单击 刀具过滤 按钮，系统弹出"刀具过滤列表设置"对话框；单击 刀具类型 区域中的 无(N) 按钮后，在刀具类型按钮群中单击 （球刀）按钮；单击 按钮，关闭"刀具过滤列表设置"对话框，系统返回至"曲面残料粗加工"对话框。

（2）选择刀具。在"曲面残料粗加工"对话框中单击 选择刀库 按钮，系统弹出图 3.8.3 所示的"选择刀具"对话框；在该对话框的列表框中选择图 3.8.3 所示的刀具；单击 按钮，关闭"选择刀具"对话框，系统返回至"曲面残料粗加工"对话框。

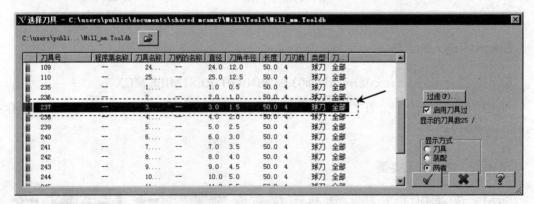

图 3.8.3 "选择刀具"对话框

Step2. 设置刀具相关参数。

（1）在"曲面残料粗加工"对话框 刀具路径参数 选项卡的列表框中显示出上一步选择的刀具，双击该刀具，系统弹出"定义刀具-Machine Group-1"对话框。

（2）设置刀具号。在"定义刀具-Machine Group-1"对话框的 刀具号码 文本框中将原有的数值改为 3。

（3）设置刀具参数。单击"定义刀具-Machine Group-1"对话框的 参数 选项卡，在其中的 进给速率 文本框中输入值 300.0，在 下刀速率 文本框中输入值 300.0，在 提刀速率 文本框中输入值 1200.0，在 主轴转速 文本框中输入值 1500.0。

（4）设置冷却方式。在 参数 选项卡中单击 Coolant... 按钮，在系统弹出的对话框的 Flood （切削液）下拉列表中选择 On 选项；单击 ✓ 按钮，关闭"Coolant..."对话框。

（5）单击"定义刀具-Machine Group-1"对话框中的 ✓ 按钮，完成刀具的设置。

Stage4. 设置加工参数

Step1. 设置曲面参数。在"曲面残料粗加工"对话框中单击 曲面参数 选项卡，在 预留量 (此处翻译有误，应为"加工面预留量")文本框中输入值 0.2，曲面参数 选项卡中的其他参数采用系统默认的设置值。

Step2. 设置残料加工参数。在"曲面残料粗加工"对话框中单击 残料加工参数 选项卡，如图 3.8.4 所示；在 残料加工参数 选项卡的 封闭式轮廓的方向 区域中选中 ⊙ 顺铣 单选项，在 开放式轮廓的方向 区域中选中 ⊙ 双向 单选项。

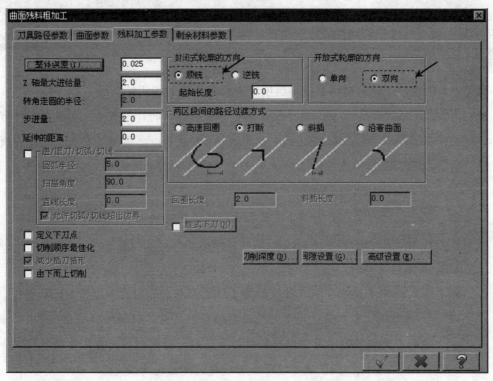

图 3.8.4　"残料加工参数"选项卡

Step3. 设置剩余材料参数。在"曲面残料粗加工"对话框中单击 剩余材料参数 选项卡，如图 3.8.5 所示；在 剩余材料的计算是来自 区域选中 ⊙ 所有先前的操作 单选项，其他参数采用系统默认的设置值；单击"曲面残料粗加工"对话框中的 ✔ 按钮，同时在图形区生成图 3.8.6 所示的刀路轨迹。

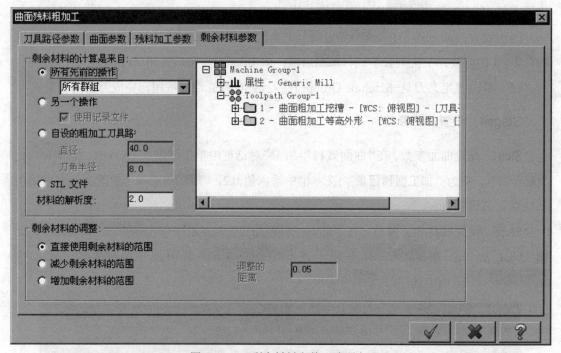

图 3.8.5　"剩余材料参数"选项卡

图 3.8.5 所示的"剩余材料参数"选项卡中部分选项的说明如下：

- 剩余材料的计算是来自 区域：用于设置残料加工时残料的计算来源，有以下几种形式：
  - ☑ ⊙ 所有先前的操作 单选项：选中此单选项，则表示以之前的所有加工来计算残料。
  - ☑ ⊙ 另一个操作 单选项：选中此单选项，则表示在之前的加工中选择一个需要的加工来计算残料。
  - ☑ ☑ 使用记录文件 复选框：此选项表示用已经保存的记录为残料的计算依据。
  - ☑ ⊙ 自设的粗加工刀具路 单选项：选择此项表示可以通过输入刀具的直径和刀角半径来计算残料。
  - ☑ ⊙ STL 文件 单选项：当工件模型为不规则形状时选用此单选项，比如铸件。
  - ☑ 材料的解析度 文本框：用于定义刀具路径的质量。材料的解析度值越小，则创建的刀具路径越平滑；材料的解析度值越大，则创建的刀具路径越粗糙。
- 剩余材料的调整 区域：此区域可以对加工残料的范围进行设定。
  - ☑ ⊙ 直接使用剩余材料的范围 单选项：选中此单选项表示直接利用先前的加工余量进

行加工。

☑ ◉ 减少剩余材料的范围 单选项：选择此单选项可以在已有的加工余量上减少一定

范围的残料进行加工。

☑ ◉ 增加剩余材料的范围 单选项：选择此单选项可以通过调整切削间距，在已有的加

工余量上增加一定范围的残料进行加工。

Stage5. 加工仿真

Step1. 路径模拟。

（1）在"操作管理器"中单击 刀具路径 - 431.6K - ROUGH_POCKET.NC - 程序号码 0 节点，系统

弹出"路径模拟"对话框及"路径模拟控制"操控板。

（2）在"路径模拟控制"操控板中单击▶按钮，系统将开始对刀具路径进行模拟，结

果与图 3.8.6 所示的刀具路径相同；在"路径模拟"对话框中单击 ✓ 按钮。

Step2. 实体切削验证。

（1）在 刀具路径管理器 选项卡中单击 ✔ 按钮，然后单击"验证已选择的操作"按钮 🗹 ，

系统弹出"Mastercam Simulator"对话框。

（2）在"Mastercam Simulator"对话框中单击 ▶ 按钮，系统将开始进行实体切削仿真，

仿真结果如图 3.8.7 所示，单击 ✕ 按钮。

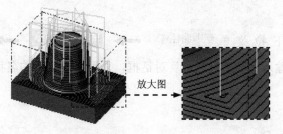

图 3.8.6　工件加工刀路

图 3.8.7　仿真结果

Step3. 保存文件。选择下拉菜单 文件(F) ➡ 🖫 保存(S) 命令，即可保存文件。

3.9　粗加工钻削式加工

粗加工钻削式加工是将铣刀像钻头一样沿曲面的形状进行快速钻削加工，快速地移除
工件的材料。该加工方法要求机床有较高的稳定性和整体刚性。此种加工方法比普通曲面
加工方法的加工效率高。下面通过图 3.9.1 所示的实例讲解粗加工钻削式加工的一般操作过程。

a）加工模型

b）加工工件

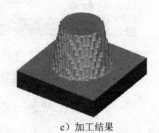
c）加工结果

图 3.9.1　粗加工钻削式加工

Stage1. 进入加工环境

打开文件 D:\mcdz7\work\ch03.09\ PARALL_STEEP.MCX-7，系统进入加工环境。

Stage2. 设置工件

Step1. 在"操作管理器"中单击 ⛰ 属性 - Generic Mill 节点前的"+"号，将该节点展开，然后单击 ◆ 素材设置 节点，系统弹出"机器群组属性"对话框。

Step2. 设置工件的形状。在"机器群组属性"对话框的 形状 区域中选中 ⊙ 立方体 单选项。

Step3. 设置工件的尺寸。在"机器群组属性"对话框中单击 所有曲面 按钮，在 素材原点 区域的 Z 文本框中输入值 73，然后在右侧的预览区 Z 下面的文本框中输入值 73。

Step4. 单击"机器群组属性"对话框中的 ✔ 按钮，完成工件的设置，如图 3.9.2 所示。

Stage3. 选择加工类型

Step1. 选 择 加 工 方 法 。 选 择 下 拉 菜 单 刀具路径(T) ➡ 曲面粗加工(R) ➡ ▌粗加工钻削式加工(L)... 命令，系统弹出"输入新的 NC 名称"对话框，采用系统默认的名称，单击 ✔ 按钮。

Step2. 选择加工面及加工范围。

（1）在图形区中选取图 3.9.3 所示的曲面，然后按 Enter 键，系统弹出"刀具路径的曲面选取"对话框。

图 3.9.2　设置工件

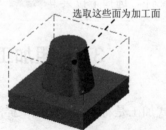
选取这些面为加工面

图 3.9.3　选取加工面

（2）单击"刀具路径曲面选择"对话框 风格 区域的 按钮，选取图 3.9.4 所示的点 1

和点 2（点 1 和点 2 为棱线交点）为加工栅格点，系统重新弹出"刀具路径曲面选择"对话框；单击 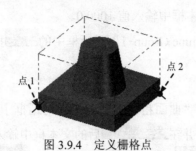 按钮，系统弹出"曲面粗加工钻削式"对话框。

图 3.9.4　定义栅格点

Stage4. 选择刀具

Step1. 选择刀具。

（1）确定刀具类型。在"曲面粗加工钻削式"对话框中单击 刀具过滤 按钮，系统弹出"刀具过滤列表设置"对话框；单击 刀具类型 区域中的 无 (N) 按钮后，在刀具类型按钮群中单击 ▮（圆鼻刀）按钮；单击 ✔ 按钮，关闭"刀具过滤列表设置"对话框，系统返回至"曲面粗加工钻削式"对话框。

（2）选择刀具。在"曲面粗加工钻削式"对话框中单击 选择刀库 按钮，系统弹出图 3.9.5 所示的"选择刀具"对话框；在该对话框的列表框中选择图 3.9.5 所示的刀具；单击 ✔ 按钮，关闭"选择刀具"对话框，系统返回至"曲面粗加工钻削式"对话框。

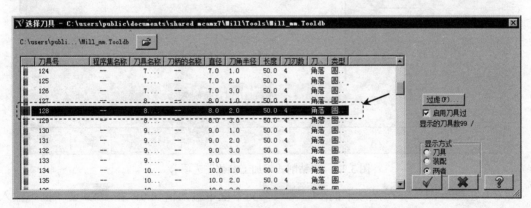

图 3.9.5　"选择刀具"对话框

Step2. 设置刀具相关参数。

（1）在"曲面粗加工钻削式"对话框的 刀具路径参数 选项卡的列表框中显示出上一步选择的刀具，双击该刀具，系统弹出"定义刀具-Machine Group-1"对话框。

（2）设置刀具号。在"定义刀具-Machine Group-1"对话框的 刀具号码 文本框中将原有的数值改为 1。

（3）设置刀具参数。单击"定义刀具-Machine Group-1"对话框的 参数 选项卡，在其中的 进给速率 文本框中输入值 400.0，在 下刀速率 文本框中输入值 200.0，在 提刀速率 文本框中输入值 1200.0，在 主轴转速 文本框中输入值 1000.0。

（4）单击"定义刀具-Machine Group-1"对话框中的 ✓ 按钮，完成刀具的设置。

Stage5. 设置加工参数

Step1. 设置曲面参数。在"曲面粗加工钻削式"对话框中单击 曲面参数 选项卡，选中 安全高度(L) 前面的 ☑ 复选框，并在 安全高度(L) 后的文本框中输入值 50.0，在 提刀速率(A) 文本框中输入值 20.0，在 下刀位置(F) 文本框中输入值 10.0，在 预留量 预留量(此处翻译有误，应为"加工面预留量"）文本框中输入值 0.5，曲面参数 选项卡中的其他参数采用系统默认的设置值。

Step2. 设置曲面钻削式粗加工参数。

（1）在"曲面粗加工钻削式"对话框中单击 钻削式粗加工参数 选项卡，如图 3.9.6 所示。

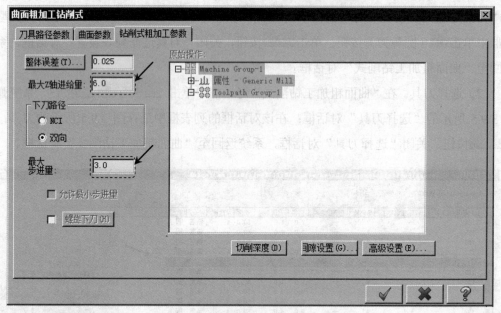

图 3.9.6 "钻削式粗加工参数"选项卡

（2）在 钻削式粗加工参数 选项卡的 最大Z轴进给量 文本框中输入值 6.0，在 最大步进量 文本框中输入值 3.0。

（3）完成参数设置。对话框中的其他参数采用系统默认的设置值，单击"曲面粗加工钻削式"对话框中的 ✓ 按钮，同时在图形区生成图 3.9.7 所示的刀路轨迹。

Stage6. 加工仿真

Step1. 路径模拟。

（1）在"操作管理器"中单击 刀具路径 - 6950.1K - PARALL_STEEP.NC - 程序号码 0 节点，系统弹出"路径模拟"对话框及"路径模拟控制"操控板。

（2）在"路径模拟控制"操控板中单击 ▶ 按钮，系统将开始对刀具路径进行模拟，结果与图 3.9.7 所示的刀具路径相同；在"路径模拟"对话框中单击 ✔ 按钮。

Step2. 实体切削验证。

（1）在"操作管理器"中确认 1 - 曲面粗加工钻削式 - [WCS: 俯视图] - [刀具平面: 俯视图] 节点被选中，然后单击"验证已选择的操作"按钮 ，系统弹出"Mastercam Simulator"对话框。

（2）在"Mastercam Simulator"对话框中单击 ▶ 按钮，系统将开始进行实体切削仿真，仿真结果如图 3.9.8 所示，单击 X 按钮。

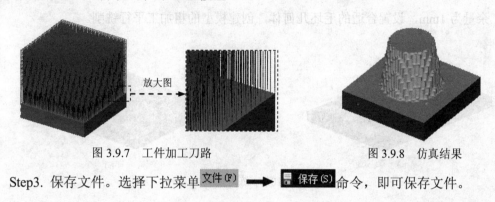

放大图

图 3.9.7　工件加工刀路　　　　　　　　　图 3.9.8　仿真结果

Step3. 保存文件。选择下拉菜单 文件(F) ➡ 保存(S) 命令，即可保存文件。

3.10　习　　题

一、填空题

1. 曲面粗加工的刀具路径包括平行铣削、（　　　　　）、（　　　　　　）、流线加工、（　　　）、（　　　　）、（　　　　　　）和钻削加工 8 种类型。

2. 在定义刀具参数时，中心直径（无切刃）参数表示（　　　　　　　　　　　　　　　）。

3. 在定义曲面参数时，加工面 预留量参数表示（　　　　　　　　　　　　　）；干涉面 预留量参数表示（　　　　　　　　　　　　　　　）。

4. 在定义曲面参数时，在刀具切削范围区域中选择 刀具位置 为 ⦿ 内单选项时，□ 额外的补正 复选框被激活，此时若在其后的文本框中输入值 10，其含义是（　　　　　　　　）。

5. 曲面粗加工投影刀具路径的投影方式有以下 3 种，分别是（　　　　）、（　　　）和（　　　）。其中（　　　）类型表示利用已经存在的刀具路径进行的投影加工。

6. 曲面粗加工流线加工的切削方式有以下 3 种，分别是（　　　　）、（　　　　）和（　　　）。

7. 曲面粗加工挖槽加工中，粗切角度：仅在切削方式选择（　　　）和（　　　）时被激活，其含义是指切削方向与（　　　）的夹角。

8. 在曲面粗加工等高外形加工中，两区段间的路径过渡方式有（　　　）、（　　　）、斜插和（　　　）4 种类型。

9. 在曲面粗加工材料加工中，剩余材料的计算有（　　　）、（　　　）、（　　　）和（　　　）4 种类型。

二、操作题

1. 打开练习模型 1，如图 3.10.1 所示，除底面和四周侧面不加工外，粗加工其余各面，加工余量为 1mm，设置合适的毛坯几何体，创建模型的粗加工平行铣削。

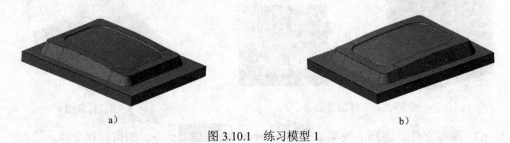

a)　　　　　　　　　　　　　　　　b)

图 3.10.1　练习模型 1

2. 打开练习模型 2，如图 3.10.2 所示，底面和四周侧面不加工，设置合适的毛坯几何体，粗加工加工余量为 1mm，创建模型的粗加工放射状铣削加工。

3. 打开练习模型 3，如图 3.10.3 所示，除底面和四周侧面不加工外，粗加工其余各面，加工余量为 1mm，设置合适的毛坯几何体，创建模型的粗加工挖槽加工。

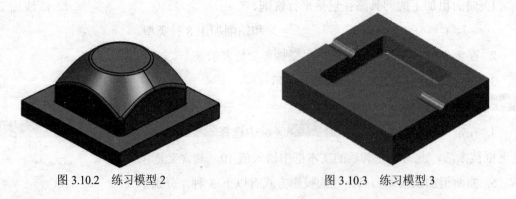

图 3.10.2　练习模型 2　　　　　　　图 3.10.3　练习模型 3

4. 打开练习模型 4，如图 3.10.4 所示，除底面和四周侧面不加工外，粗加工其余各面，加工余量为 1mm，设置合适的毛坯几何体，合理定义加工工序，完成模型的粗加工铣削。

a)　　　　　　　　　　　　　　　　　　　　　　　　b)

图 3.10.4　　练习模型 4

第 4 章　MasterCAM X7 曲面精加工

本章提要　MasterCAM X7 的曲面精加工功能同样非常强大，本章主要通过具体的实例讲解精加工中各个加工方法的一般操作过程。通过本章的学习，希望读者能够清楚地了解 MasterCAM X7 曲面精加工的一般流程及操作方法，并了解其基本原理。

4.1　概　　述

精加工就是把粗加工或半精加工后的工件再次加工到工件的几何形状并达到尺寸精度，其切削方式是通过加工工件的结构及选用的加工类型进行工件表面或外围单层单次切削加工。

MasterCAM X7 提供了 11 种曲面精加工加工方式，分别为"精加工平行铣削加工"、"精加工平行陡斜面加工""精加工放射状加工""精加工投影加工""精加工流线加工""精加工等高外形加工""精加工残料加工""精加工浅平面加工""精加工环绕等距加工""精加工交线清角加工"和"精加工熔接加工"。

4.2　精加工平行铣削加工

精加工平行铣削方式与粗加工平行铣削方式基本相同，加工时生成沿某一指定角度方向的刀具路径。此种方法加工出的工件较光滑，主要用于圆弧过渡及陡斜面的模型加工。下面以图 4.2.1 所示的模型为例讲解精加工平行铣削加工的一般操作过程。

a）加工模型

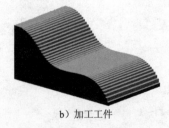
b）加工工件

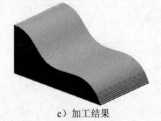
c）加工结果

图 4.2.1　精加工平行铣削加工

Stage1. 进入加工环境

Step1. 打开文件 D:\mcdz7\work\ch04.02\FINISH_PARALL.MCX-7。

Step2. 隐藏刀具路径。在 刀具路径管理器 选项卡中单击 ✅ 按钮，再单击 ≋ 按钮，将已存的刀具路径隐藏。

Stage2. 选择加工类型

Step1. 选择加工方法。选择下拉菜单 刀具路径(T) ➡ 曲面精加工(F) ➡ 精加工平行铣削(P)... 命令。

Step2. 选取加工面。在图形区中选取图 4.2.2 所示的曲面，然后按 Enter 键，系统弹出 "刀具路径的曲面选取" 对话框；其参数采用系统默认的设置值，单击 ✅ 按钮，系统弹出 "曲面精加工平行铣削" 对话框。

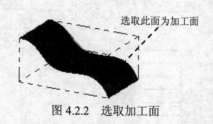

图 4.2.2　选取加工面

Stage3. 选择刀具

Step1. 选择刀具类型。

（1）确定刀具类型。在 "曲面精加工平行铣削" 对话框中单击 刀具过滤 按钮，系统弹出 "刀具过滤列表设置" 对话框；单击 刀具类型 区域中的 无(N) 按钮后，在刀具类型按钮群中单击 🔘 （球刀）按钮；单击 ✅ 按钮，关闭 "刀具过滤列表设置" 对话框，系统返回至 "曲面精加工平行铣削" 对话框。

（2）选择刀具。在 "曲面精加工平行铣削" 对话框中单击 选择刀库 按钮，系统弹出图 4.2.3 所示的 "选择刀具" 对话框；在该对话框的列表框中选择图 4.2.3 所示的刀具；单击 ✅ 按钮，关闭 "选择刀具" 对话框，系统返回至 "曲面精加工平行铣削" 对话框。

Step2. 设置刀具相关参数。

（1）在 "曲面精加工平行铣削" 对话框 刀具路径参数 选项卡的列表框中显示出上一步选择的刀具，双击该刀具，系统弹出 "定义刀具-机床群组-1" 对话框。

（2）设置刀具号。在 "定义刀具-机床群组-1" 对话框的 刀具号码 文本框中将原有的数值改为 2。

（3）设置刀具参数。单击 "定义刀具-机床群组-1" 对话框的 参数 选项卡，设置图 4.2.4 所示的参数。

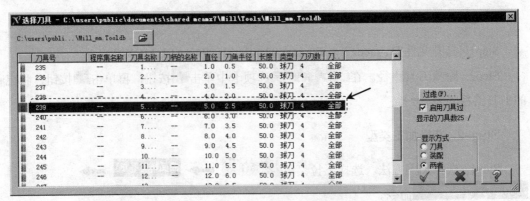

图 4.2.3 "选择刀具"对话框

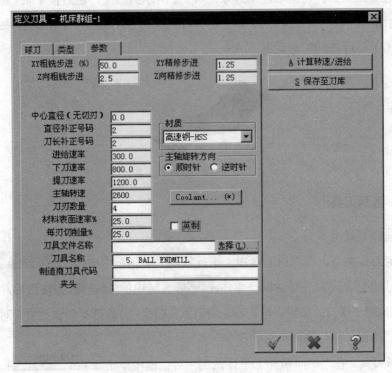

图 4.2.4 "参数"选项卡

（4）设置冷却方式。在 参数 选项卡中单击 Coolant... 按钮，系统弹出"Coolant…"对话框；在 Flood （切削液）下拉列表中选择 On 选项；单击该对话框的 ✓ 按钮，关闭"Coolant…"对话框。

（5）单击"定义刀具-机床群组-1"对话框中的 ✓ 按钮，完成刀具的设置。

Stage4. 设置加工参数

Step1. 设置曲面加工参数。在"曲面精加工平行铣削"对话框中单击 曲面参数 选项卡，此选项卡中的参数采用系统默认的设置值。

Step2. 设置精加工平行铣削参数。

（1）在"曲面精加工平行铣削"对话框中单击 精加工平行铣削参数 选项卡，如图 4.2.5 所示。

（2）设置切削方式。在 精加工平行铣削参数 选项卡的 切削方式 下拉列表中选择 双向 选项。

（3）设置切削间距。在 精加工平行铣削参数 选项卡的 大切削间距 (M) 文本框中输入值 0.6。

（4）完成参数设置。对话框中的其他参数采用系统默认的设置值，单击"曲面精加工平行铣削"对话框中的 ✓ 按钮，同时在图形区生成图 4.2.6 所示的刀路轨迹。

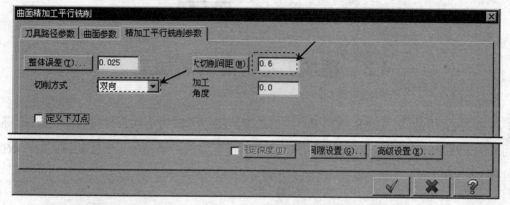

图 4.2.5   "精加工平行铣削参数"选项卡

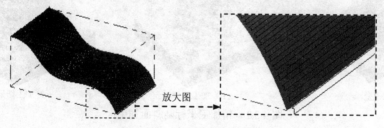

图 4.2.6   工件加工刀路轨迹

Stage5. 加工仿真

Step1. 路径模拟。

（1）在"操作管理器"中单击 ≋ 刀具路径 - 93.7K - FINISH_PARALL-OK1.NC - 程序号码 0 节点，系统弹出"路径模拟"对话框及"路径模拟控制"操控板。

（2）在"路径模拟控制"操控板中单击 ▶ 按钮，系统将开始对刀具路径进行模拟，结果与图 4.2.6 所示的刀具路径相同；在"路径模拟"对话框中单击 ✓ 按钮。

Step2. 实体切削验证。

（1）在 刀具路径管理器 选项卡中单击 ✔ 按钮，然后单击"验证已选择的操作"按钮 🗐，系统弹出"Mastercam Simulator"对话框。

（2）在"Mastercam Simulator"对话框中单击 ▶ 按钮，系统将开始进行实体切削仿真，仿真结果如图 4.2.7 所示，单击  按钮。

图 4.2.7　仿真结果

Step3. 保存文件。选择下拉菜单 文件(F) ➡ 🖫 保存(S) 命令，即可保存文件。

4.3　精加工平行陡斜面加工

精加工平行陡斜面（PAR.STEEP）加工是指从陡斜区域切削残余材料的加工方法，陡斜面取决于两个斜坡角度。下面以图 4.3.1 所示的模型为例讲解精加工平行陡斜面的一般操作过程。

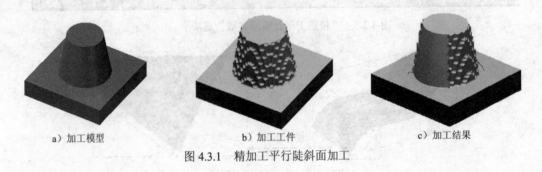

a）加工模型　　　　　　b）加工工件　　　　　　c）加工结果

图 4.3.1　精加工平行陡斜面加工

Stage1. 进入加工环境

Step1. 打开文件 D:\mcdz7\work\ch04.03\FINISH_PAR.STEEP.MCX-7。

Step2. 隐藏刀具路径。在 刀具路径管理器 选项卡中单击 ✔️ 按钮，再单击 ≈ 按钮，将已存的刀具路径隐藏。

Stage2. 选择加工类型

Step1. 选择加工方法。选择下拉菜单 刀具路径(T) ➡ 曲面精加工(F) ➡ ◢ 精加工平行陡斜面(A)... 命令。

Step2. 选取加工面。在图形区中选取图 4.3.2 所示的曲面，然后按 Enter 键，系统弹出"刀具路径的曲面选取"对话框；对话框的其他参数采用系统默认的设置值，单击 ✔️ 按钮，系统弹出"曲面精加工平行式陡斜面"对话框。

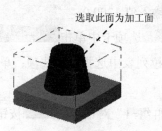

图 4.3.2　选取加工面

Stage3. 选择刀具

Step1. 选择刀具。

（1）确定刀具类型。在"曲面精加工平行式陡斜面"对话框中单击 刀具过虑 按钮，系统弹出"刀具过滤列表设置"对话框；单击 刀具类型 区域中的 无(N) 按钮后，在刀具类型按钮群中单击 （圆鼻刀）按钮；单击 ✓ 按钮，关闭"刀具过滤列表设置"对话框，系统返回至"曲面精加工平行式陡斜面"对话框。

（2）选择刀具。在"曲面精加工平行式陡斜面"对话框中单击 选择刀库 按钮，系统弹出"选择刀具"对话框；在该对话框的列表框中选择图 4.3.3 所示的刀具；单击 ✓ 按钮，关闭"选择刀具"对话框，系统返回至"曲面精加工平行式陡斜面"对话框。

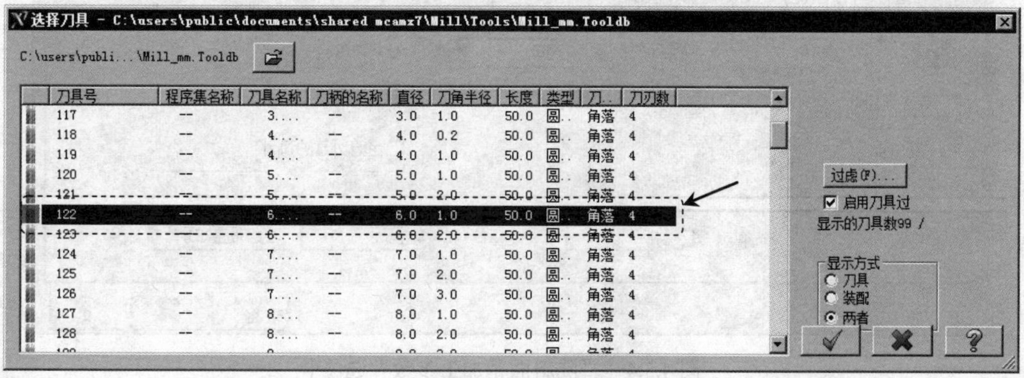

图 4.3.3　"选择刀具"对话框

Step2. 设置刀具相关参数。

（1）在"曲面精加工平行式陡斜面"对话框 刀具路径参数 选项卡的列表框中显示出上一步选择的刀具，双击该刀具，系统弹出"定义刀具-机床群组-1"对话框。

（2）设置刀具号。在"定义刀具-机床群组-1"对话框的 刀具号码 文本框中将原有的数值改为 2。

（3）设置刀具参数。单击"定义刀具-机床群组-1"对话框的 参数 选项卡，在其中的 进给速率 文本框中输入值 200.0，在 下刀速率 文本框中输入值 400.0，在 提刀速率 文本框中输入值 800.0，在 主轴转速 文本框中输入值 1200.0。

（4）设置冷却方式。在 参数 选项卡中单击 Coolant... 按钮，系统弹出 "Coolant…"
对话框；在 Flood （切削液）下拉列表中选择 On 选项；单击该对话框的 ✓ 按钮，关闭
"Coolant…" 对话框。

（5）单击 "定义刀具-机床群组-1" 对话框的 ✓ 按钮，完成刀具的设置。

Stage4. 设置加工参数

Step1. 设置曲面加工参数。在 "曲面精加工平行式陡斜面" 对话框中单击 曲面参数 选项
卡，选中 安全高度(L) 前面的 ☑ 复选框，并在 安全高度(L) 文本框中输入值 50.0，在 提刀速率(A)
文本框中输入值 20.0，在 下刀位置(F) 文本框中输入值 10.0，在 预留量(此处翻译有误，应为
"加工面预留量")文本框中输入值 0.0，曲面参数 选项卡中的其他参数采用系统默认的设置值。

Step2. 设置精加工放射状参数。

（1）在 "曲面精加工平行式陡斜面" 对话框中单击 陡斜面精加工参数 选项卡，如图 4.3.4 所
示。

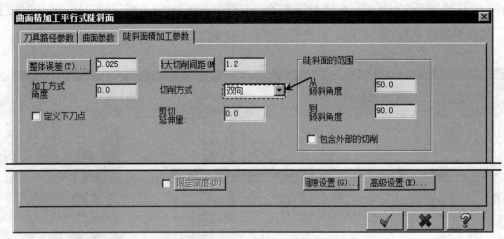

图 4.3.4 "陡斜面精加工参数" 选项卡

（2）设置切削方式。在 陡斜面精加工参数 选项卡的 切削方式 下拉列表中选择 双向 选项。

（3）完成参数设置。对话框中的其他参数采用系统默认的设置值，单击 "曲面精加工
平行式陡斜面" 对话框中的 ✓ 按钮，同时在图形区生成图 4.3.5 所示的刀路轨迹。

图 4.3.4 所示的 "陡斜面精加工参数" 选项卡中部分选项的说明如下：
- 加工方式角度 文本框：用于定义陡斜面的刀具路径与 X 轴的角度。
- 剪切延伸量 文本框：用于定义刀具从前面切削区域下刀切削，消除不同刀具路径间产生
的加工间隙，其延伸距离为两个刀具路径的公共部分，延伸刀具路径沿着曲面曲

率变化。此文本框仅在 切削方式 为 单向 和 双向 时可用。

- 陡斜面的范围 区域：此区域可以人为设置加工的陡斜面的范围，此范围是 从倾斜角度 文本框中的数值与 到倾斜角度 文本框中的数值之间的区域。
  - ☑ 从倾斜角度 文本框：设置陡斜面的起始加工角度。
  - ☑ 到倾斜角度 文本框：设置陡斜面的终止加工角度。
  - ☑ ☑包含外部的切削 复选框：用于设置加工在陡斜的范围角度外面的区域。选中此复选框时，系统会自动加工与加工角度成正交的区域和浅的区域，不加工与加工角度平行的区域，使用此复选框可以避免重复切削同一个区域。

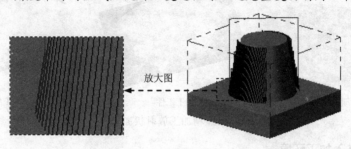

图 4.3.5　工件加工刀路

Stage5. 加工仿真

Step1. 路径模拟。

（1）在"操作管理器"中单击 ⛁ 刀具路径 - 69.4K - PARALL_STEEP.NC - 程序号码 0 节点，系统弹出"路径模拟"对话框及"路径模拟控制"操控板。

（2）在"路径模拟控制"操控板中单击 ▶ 按钮，系统将开始对刀具路径进行模拟，仿真结果与图 4.3.5 所示的刀具路径相同；在"路径模拟"对话框中单击 ✔ 按钮。

Step2. 实体切削验证。

（1）在 刀具路径管理器 选项卡中单击 ✅ 按钮，然后单击"验证已选择的操作"按钮 🔲，系统弹出"Mastercam Simulator"对话框。

（2）在"Mastercam Simulator"对话框中单击 ▶ 按钮，系统将开始进行实体切削仿真，结果如图 4.3.6 所示，单击 🗙 按钮。

Step3. 保存文件。选择下拉菜单 文件(F) ➡ 🖫 保存(S) 命令，即可保存文件。

图 4.3.6　仿真结果

4.4 精加工放射状加工

放射状（RADIAL）精加工是指刀具绕一个旋转中心点对工件某一范围内的材料进行加工的方法，其刀具路径呈放射状。此种加工方法适合于圆形、边界等值或对称性模型的加工。下面通过图 4.4.1 所示的模型讲解精加工放射状加工的一般操作过程。

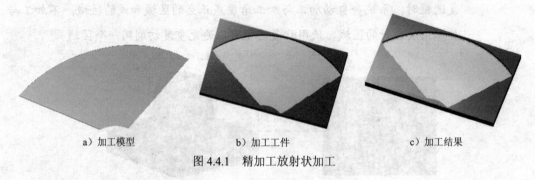

      a）加工模型   b）加工工件   c）加工结果

图 4.4.1   精加工放射状加工

Stage1. 进入加工环境

Step1. 打开文件 D:\mcdz7\work\ch04.04\FINISH_RADIAL.MCX-7。

Step2. 隐藏刀具路径。在 刀具路径管理器 选项卡中单击 ✔ 按钮，再单击 ≈ 按钮，将已存的刀具路径隐藏。

Stage2. 选择加工类型

Step1. 选择加工方法。选择下拉菜单 刀具路径(T) ➡ 曲面精加工(F) ➡ 精加工放射状(R)... 命令。

Step2. 选取加工面及放射中心。在图形区中选取图 4.4.2 所示的曲面，然后按 Enter 键，系统弹出"刀具路径的曲面选取"对话框；在对话框的 放射中心点 区域中单击 按钮，选取图 4.4.3 所示的圆弧的中心为加工的放射中心，对话框的其他参数采用系统默认的设置值；单击 ✔ 按钮，系统弹出"曲面精加工放射状"对话框。

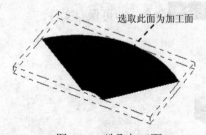

选取此面为加工面

图 4.4.2   选取加工面

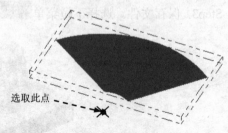

选取此点

图 4.4.3   定义放射中心

Stage3. 选择刀具

Step1. 选择刀具。

（1）确定刀具类型。在"曲面精加工放射状"对话框中单击 刀具过滤 按钮，系统弹出"刀具过滤列表设置"对话框；单击 刀具类型 区域中的 无(N) 按钮后，在刀具类型按钮群中单击 ▌（平底刀）按钮；单击 ✓ 按钮，关闭"刀具过滤列表设置"对话框，系统返回至"曲面精加工放射状"对话框。

（2）选择刀具。在"曲面精加工放射状"对话框中单击 选择刀库 按钮，系统弹出"选择刀具"对话框；在该对话框的列表框中选择图 4.4.4 所示的刀具；单击 ✓ 按钮，关闭"选择刀具"对话框，系统返回至"曲面精加工放射状"对话框。

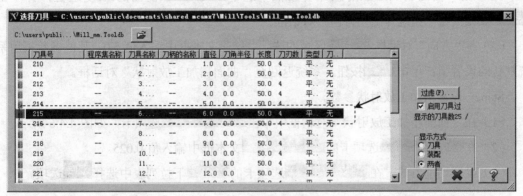

图 4.4.4　"选择刀具"对话框

Step2. 设置刀具相关参数。

（1）在"曲面精加工放射状"对话框 刀具路径参数 选项卡的列表框中显示出上一步选择的刀具，双击该刀具，系统弹出"定义刀具-机床群组-1"对话框。

（2）设置刀具号。在"定义刀具-机床群组-1"对话框的 刀具号码 文本框中将原有的数值改为 2。

（3）设置刀具参数。单击"定义刀具-机床群组-1"对话框的 参数 选项卡，设置图 4.4.5 所示的刀具参数。

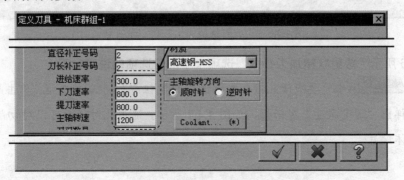

图 4.4.5　设置刀具参数

（4）设置冷却方式。在 参数 选项卡中单击 Coolant... 按钮，系统弹出 "Coolant…" 对话框；在 Flood （切削液）下拉列表中选择 On 选项；单击该对话框的 ✓ 按钮，关闭 "Coolant…" 对话框。

（5）单击 "定义刀具-机床群组-1" 对话框中的 ✓ 按钮，完成刀具的设置。

Stage4. 设置加工参数

Step1. 设置曲面加工参数。

（1）在 "曲面精加工放射状" 对话框中单击 曲面参数 选项卡，在 预留量 (此处翻译有误，应为 "加工面预留量")文本框中输入值 0.2。

（2）在 "曲面精加工放射状" 对话框中选中 /退刀向量 (D) 前面的 ☑ 复选框，并单击 /退刀向量 (D) 按钮，系统弹出 "方向" 对话框。

（3）在 "方向" 对话框 进刀向量 区域的 进刀引线长度 文本框中输入值 5.0，其他参数采用系统默认的设置值；单击 ✓ 按钮，系统返回至 "曲面精加工放射状" 对话框。

Step2. 设置精加工放射状参数。

（1）在 "曲面精加工放射状" 对话框中单击 放射状精加工参数 选项卡，如图 4.4.6 所示。

（2）在 放射状精加工参数 选项卡的 整体误差 (T)... 文本框中输入值 0.025。

（3）设置切削方式。在 放射状精加工参数 选项卡的 切削方式 下拉列表中选择 双向 选项。

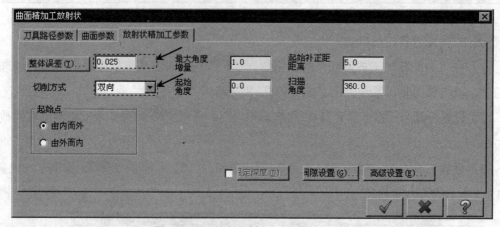

图 4.4.6 "放射状精加工参数" 选项卡

图 4.4.6 所示 "放射状精加工参数" 选项卡中部分选项的说明如下：

● 限定深度 (D)... 按钮：要激活此按钮先要选中此按钮前面的 ☑ 复选框。单击此按钮，系统弹出 "限定深度" 对话框，如图 4.4.7 所示。通过此对话框可以对切削深度进行具体设置。

图 4.4.7　"限定深度"对话框

说明：图 4.4.6 所示"放射状精加工参数"选项卡中的部分选项与粗加工相同，此处不再赘述。

（4）完成参数设置。对话框中的其他参数采用系统默认的设置值，单击"曲面精加工放射状"对话框中的 ✔ 按钮，同时在图形区生成图 4.4.8 所示的刀路轨迹。

Stage5. 加工仿真

Step1. 路径模拟。

（1）在"操作管理器"中单击 ≋ 刀具路径 – 28.1K – 复件 FINISH_RADIAL-OK.NC – 程序号码 0 节点，系统弹出"路径模拟"对话框及"路径模拟控制"操控板。

（2）在"路径模拟控制"操控板中单击 ▶ 按钮，系统将开始对刀具路径进行模拟，结果与图 4.4.8 所示的刀具路径相同；在"路径模拟"对话框中单击 ✔ 按钮。

Step2. 实体切削验证。

（1）在"操作管理器"的 刀具路径管理器 选项卡中单击 ✔ 按钮，然后单击"验证已选择的操作"按钮 ⬛，系统弹出"Mastercam Simulator"对话框。

（2）在"Mastercam Simulator"对话框中单击 ▶ 按钮，系统将开始进行实体切削仿真，仿真结果如图 4.4.9 所示，单击 X 按钮。

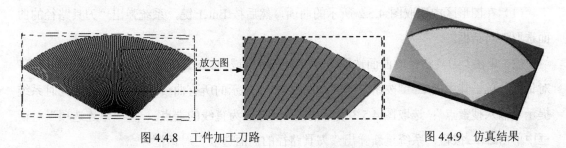

图 4.4.8　工件加工刀路　　　　　　　　　　　图 4.4.9　仿真结果

Step3. 保存文件。选择下拉菜单 文件(F) ➡ ⬛ 保存(S) 命令，即可保存文件。

4.5　精加工投影加工

投影精加工是将已有的刀具路径档案（NCI）或几何图素（点或曲线）投影到指定曲面模型上并生成刀具路径来进行切削加工的方法。用来做投影图素的 NCI 及几何图素越紧凑，所生成的刀具路径与工件形状越接近，加工出来的效果就越平滑。下面将以图 4.5.1 所示的模型为例讲解精加工投影加工的一般操作过程（本例是将已有刀具路径投影到曲面进行加工的）。

a）加工模型   b）加工工件   c）加工结果

图 4.5.1　精加工投影加工

Stage1. 进入加工环境

Step1. 打开文件 D:\mcdz7\work\ch04.05\FINISH_PROJECT.MCX-7。

Step2. 隐藏刀具路径。在 刀具路径管理器 选项卡中单击 按钮，再单击 按钮，将已存的刀具路径隐藏。

Stage2. 选择加工类型

Step1. 选择加工方法。选择下拉菜单 刀具路径(T) ➡ 曲面精加工(F) ➡ 精加工投影加工(J)... 命令。

Step2. 选择加工面及投影曲线。

（1）在图形区中选取图 4.5.2 所示的曲面，然后按 Enter 键，系统弹出"刀具路径的曲面选取"对话框。

（2）单击"刀具路径的曲面选取"对话框 曲线 区域的 按钮，系统弹出"串连选项"对话框；单击其中的 按钮，然后框选图 4.5.3 所示的所有曲线（字体曲线），此时系统提示"输入搜索点"；选取图 4.5.3 所示的点 1（点 1 为直线的端点），在"串连选项"对话框中单击 按钮，系统重新弹出"刀具路径的曲面选取"对话框。

（3）"刀具路径的曲面选取"对话框的其他参数采用系统默认的设置值，单击 按钮，系统弹出"曲面精加工投影"对话框。

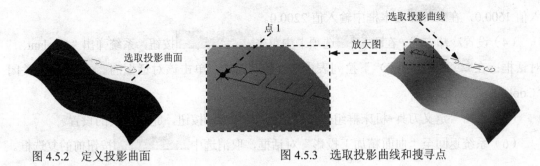

点1

选取投影曲面

放大图

选取投影曲线

图 4.5.2　定义投影曲面　　　　　图 4.5.3　选取投影曲线和搜寻点

Stage3. 选择刀具

Step1. 选择刀具。

（1）确定刀具类型。在"曲面精加工投影"对话框中单击 刀具过滤 按钮，系统弹出 "刀具过滤列表设置"对话框；单击 刀具类型 区域中的 无(N) 按钮后，在刀具类型按钮群中单击 （球刀）按钮；单击 ✓ 按钮，关闭"刀具过滤列表设置"对话框，系统返回至 "曲面精加工投影"对话框。

（2）选择刀具。在"曲面精加工投影"对话框中单击 选择刀库 按钮，系统弹出 "选择刀具"对话框；在该对话框的列表框中选择图 4.5.4 所示的刀具；单击 ✓ 按钮，关闭 "选择刀具"对话框，系统返回至"曲面精加工投影"对话框。

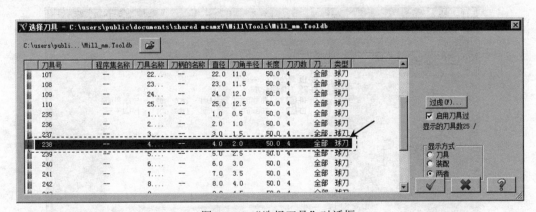

图 4.5.4　"选择刀具"对话框

Step2. 设置刀具相关参数。

（1）在"曲面精加工投影"对话框 刀具路径参数 选项卡的列表框中显示出上一步选择的刀具，双击该刀具，系统弹出"定义刀具-机床群组-1"对话框。

（2）设置刀具号。在"定义刀具-机床群组-1"对话框的 刀具号码 文本框中将原有的数值改为 3。

（3）设置刀具参数。单击"定义刀具-机床群组-1"对话框的 参数 选项卡，在其中的 进给速率 文本框中输入值 200.0，在 下刀速率 文本框中输入值 1600.0，在 提刀速率 文本框中输入值 1600.0，在 主轴转速 文本框中输入值 2200.0。

（4）设置冷却方式。在 参数 选项卡中单击 Coolant... 按钮，系统弹出 "Coolant..." 对话框；在 Flood （切削液）下拉列表中选择 On 选项；单击该对话框的 ✓ 按钮，关闭 "Coolant..." 对话框。

（5）单击 "定义刀具-机床群组-1" 对话框中的 ✓ 按钮，完成刀具的设置。

（6）系统返回至 "曲面精加工投影" 对话框，取消选中 参考点 按钮前的复选框。

Stage4. 设置加工参数

Step1. 设置曲面加工参数。在 "曲面精加工投影" 对话框中单击 曲面参数 选项卡，在 预留量 (此处翻译有误，应为 "加工面预留量")文本框中输入值 0.0，其他参数采用系统默认的设置值。

Step2. 设置精加工投影参数。

（1）在 "曲面精加工投影" 对话框中单击 投影精加工参数 选项卡，如图 4.5.5 所示。

（2）单击 投影精加工参数 选项卡的 投影方式 区域确认 ⦿ 曲线 选项处于选中状态，并选中 ☑ 两切削间提刀 选项，其他参数采用系统默认的设置值；单击 "曲面精加工投影" 对话框中的 ✓ 按钮，同时在图形区生成图 4.5.6 所示的刀路轨迹。

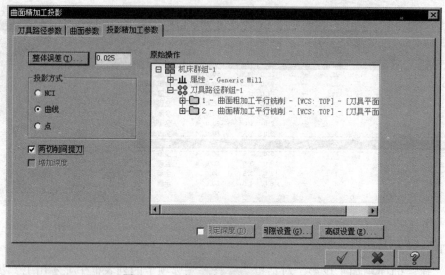

图 4.5.5 "投影精加工参数" 选项卡

图 4.5.5 所示的 "投影精加工参数 "选项卡中部分选项的说明如下：

- ☑ 增加深度 复选框：该复选框用于设置在所选操作中获取加工深度并应用于曲面精加工投影中。

- 原始操作 区域：此区域列出了之前的所有操作程序供选择。

- 限定深度(D) 按钮：要激活此按钮，须选中其前面的 ☑ 复选框。单击此按钮系统弹出 "限定深度" 对话框，图 4.5.7 所示。

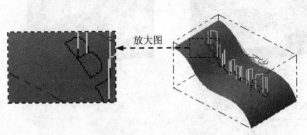

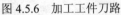

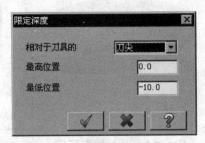

图 4.5.6　加工工件刀路　　　　　　　　图 4.5.7　"限定深度" 对话框

Stage5. 加工仿真

Step1. 路径模拟。

（1）在 "操作管理器" 中单击 刀具路径 - 27.5K - NCI_.NC - 程序号码 0 节点，系统弹出 "路径模拟" 对话框及 "路径模拟控制" 操控板。

（2）在 "路径模拟控制" 操控板中单击 ▶ 按钮，系统将开始对刀具路径进行模拟，结果与图 4.5.6 所示的刀具路径相同；在 "路径模拟" 对话框中单击 ✔ 按钮。

Step2. 实体切削验证。

（1）在 刀具路径管理器 选项卡中单击 ✔ 按钮，然后单击 "验证已选择的操作" 按钮 ⬛，系统弹出 "Mastercam Simulator" 对话框。

（2）在 "Mastercam Simulator" 对话框中单击 ▶ 按钮，系统将开始进行实体切削仿真，结果如图 4.5.8 所示，单击 X 按钮。

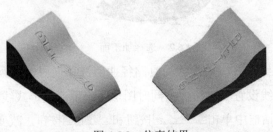

图 4.5.8　仿真结果

Step3. 保存文件。选择下拉菜单 文件(F) ➡ 保存(S) 命令，即可保存文件。

4.6　精加工流线加工

　　曲面流线精加工可以将曲面切削方向设定为沿着截断方向加工或沿切削方向加工，同时还可以控制曲面的 "残脊高度" 来生成一个平滑的加工曲面。下面通过图 4.6.1 所示的实例来讲解精加工流线加工的操作过程。

a）加工模型

b）加工工件

c）加工结果

图 4.6.1　精加工流线加工

Stage1. 进入加工环境

Step1. 打开文件 D：\mcdz7\work\ch04.06\FINISH_FLOWLINE.MCX-7。

Step2. 隐藏刀具路径。在 刀具路径管理器 选项卡中单击 ✓ 按钮，再单击 ≋ 按钮，将已存的刀具路径隐藏。

Stage2. 选择加工类型

Step1. 选择加工方法。选择下拉菜单 刀具路径(T) ➡ 曲面精加工(F) ➡ ⌐ 精加工流线加工(F)... 命令。

Step2. 选取加工面。在图形区中选取图 4.6.2 所示的曲面，然后按 Enter 键，系统弹出"刀具路径曲面选择"对话框。

选取此面为加工面

图 4.6.2　选择加工面

Step3. 设置曲面流线形式。单击"刀具路径曲面选择"对话框 曲面流线 区域的 ↝ 按钮，系统弹出"曲面流线设置"对话框，同时图形区出现流线形式线框，如图 4.6.3 所示；在"曲面流线设置"对话框中单击 补正 按钮和 切削方向 按钮，改变曲面流线的方向，结果如图 4.6.4 所示；单击 ✓ 按钮，系统重新弹出"刀具路径曲面选择"对话框，单击 ✓ 按钮，系统弹出"曲面精加工流线"对话框。

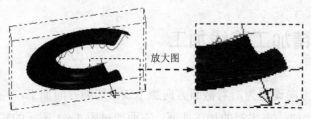
放大图

图 4.6.3　流线形式线框

图 4.6.4　设置曲面流线形式

Stage3. 选择刀具

Step1. 选择刀具。

（1）确定刀具类型。在"曲面精加工流线"对话框中单击 刀具过滤 按钮，系统弹出 "刀具过滤列表设置"对话框；单击 刀具类型 区域中的 无(N) 按钮后，在刀具类型按钮群 中单击 (球刀)按钮；单击 ✓ 按钮，关闭"刀具过滤列表设置"对话框，系统返回至 "曲面精加工流线"对话框。

（2）选择刀具。在"曲面精加工流线"对话框中单击 选择刀库 按钮，系统弹出"选 择刀具"对话框；在该对话框的列表框中选择图 4.6.5 所示的刀具；单击 ✓ 按钮，关闭 "选择刀具"对话框，系统返回至"曲面精加工流线"对话框。

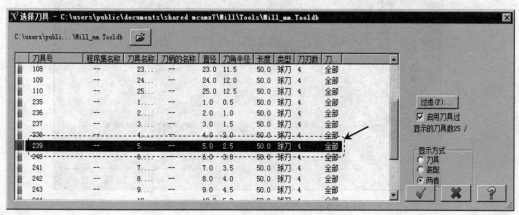

图 4.6.5　"选择刀具"对话框

Step2. 设置刀具相关参数。

（1）在"曲面精加工流线"对话框 刀具路径参数 选项卡的列表框中显示出上一步选择的 刀具，双击该刀具，系统弹出"定义刀具-机床群组-1"对话框。

（2）设置刀具号。在"定义刀具-机床群组-1"对话框的 刀具号码 文本框中将原有的数值 改为 2。

（3）设置刀具参数。单击"定义刀具-机床群组-1"对话框的 参数 选项卡，在其中 的 进给速率 文本框中输入值 300.0，在 下刀速率 文本框中输入值 1000.0，在 提刀速率 文本框中输 入值 1000.0，在 主轴转速 文本框中输入值 2400.0。

（4）设置冷却方式。在 参数 选项卡中单击 Coolant... 按钮，系统弹出"Coolant…" 对话框；在 Flood （切削液）下拉列表中选择 On 选项；单击该对话框的 ✓ 按钮，关闭 "Coolant…"对话框。

（5）单击"定义刀具-机床群组-1"对话框中的 ✓ 按钮，完成刀具的设置。

Stage4. 设置加工参数

Step1. 设置曲面加工参数。在"曲面精加工流线"对话框中单击 曲面参数 选项卡，在 预留量 预留量(此处翻译有误，应为"加工面预留量")文本框中输入值 0.0，其他参数采用系统默认的设置值。

Step2. 设置曲面流线精加工参数。

（1）在"曲面精加工流线"对话框中单击 曲面流线精加工参数 选项卡，如图 4.6.6 所示。

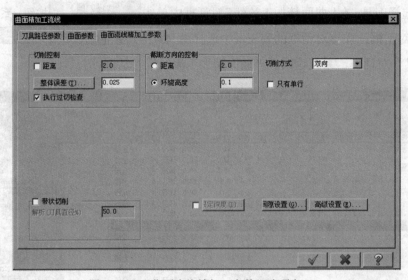

图 4.6.6　"曲面流线精加工参数"选项卡

（2）设置切削方式。在 曲面流线精加工参数 选项卡的 切削方式 下拉列表中选择 双向 选项。

（3）在 截断方向的控制 区域的 环绕高度 文本框中输入值 0.1，对话框中的其他参数采用系统默认的设置值；单击"曲面精加工流线"对话框中的 ✓ 按钮，同时在图形区生成图 4.6.7 所示的刀路轨迹。

Stage5. 加工仿真

Step1. 路径模拟。

（1）在"操作管理器"中单击 刀具路径 - 372.2K - FINISH_FLOWLINE.NC - 程序号码 0 节点，系统弹出"路径模拟"对话框及"路径模拟控制"操控板。

（2）在"路径模拟控制"操控板中单击 ▶ 按钮，系统将开始对刀具路径进行模拟，结果与图 4.6.7 所示的刀具路径相同；在"路径模拟"对话框中单击 ✓ 按钮。

Step2. 实体切削验证。

（1）在 刀具路径管理器 选项卡中单击 ✓ 按钮，然后单击"验证已选择的操作"按钮 ，系统弹出"Mastercam Simulator"对话框。

（2）在"Mastercam Simulator"对话框中单击  按钮，系统将开始进行实体切削仿真，仿真结果如图 4.6.8 所示，单击 X 按钮。

图 4.6.7　工件加工刀具路径　　　　　　　　图 4.6.8　仿真结果

Step3. 保存文件。选择下拉菜单 文件(F) ➡ 保存(S) 命令，即可保存文件。

4.7　精加工等高外形加工

精加工中的等高外形加工和粗加工中的等高外形加工大致相同，加工时生成沿加工工件曲面外形的刀具路径。此方法在实际生产中常用于具有一定陡峭角的曲面加工，对平缓曲面进行加工效果不很理想。下面通过图 4.7.1 所示的模型讲解其操作过程。

a）加工模型　　　　　　　b）加工工件　　　　　　　c）加工结果

图 4.7.1　精加工等高外形加工

Stage1. 进入加工环境

Step1. 打开文件 D:\mcdz7\work\ch04.07\FINISH_CONTOUR.MCX-7。

Step2. 隐藏刀具路径。在 刀具路径管理器 选项卡中单击 ✔ 按钮，再单击 ≋ 按钮，将已存的刀具路径隐藏。

Stage2. 选择加工类型

Step1. 选择加工方法。选择下拉菜单 刀具路径(T) ➡ 曲面精加工(F) ➡ 精加工等高外形(C)... 命令。

Step2. 选取加工面。在图形区中选取图 4.7.2 所示的曲面，然后按 Enter 键，系统弹出"刀具路径的曲面选取"对话框；其参数采用系统默认的设置值；单击 ✔ 按钮，系统弹出"曲面精加工等高外形"对话框。

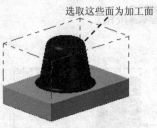

选取这些面为加工面

图 4.7.2　选取加工面

Stage3. 选择刀具

Step1. 选择刀具。

（1）确定刀具类型。在"曲面精加工等高外形"对话框中单击 刀具过虑 按钮，系统弹出"刀具过滤列表设置"对话框；单击 刀具类型 区域中的 无(N) 按钮后，在刀具类型按钮群中单击 （球刀）按钮；单击 ✓ 按钮，关闭"刀具过滤列表设置"对话框，系统返回至"曲面精加工等高外形"对话框。

（2）选择刀具。在"曲面精加工等高外形"对话框中单击 选择刀库 按钮，系统弹出图 4.7.3 所示的"选择刀具"对话框；在该对话框的列表框中选择图 4.7.3 所示的刀具；单击 ✓ 按钮，关闭"选择刀具"对话框，系统返回至"曲面精加工等高外形"对话框。

Step2. 设置刀具相关参数。

（1）在"曲面精加工等高外形"对话框 刀具路径参数 选项卡的列表框中显示出上一步选择的刀具，双击该刀具，系统弹出"定义刀具-机床群组-1"对话框。

（2）设置刀具号。在"定义刀具-机床群组-1"对话框的 刀具号码 文本框中将原有的数值改为 3。

（3）设置刀具参数。单击"定义刀具-机床群组-1"对话框的 参数 选项卡，在其中的 进给速率 文本框中输入值 200.0，在 下刀速率 文本框中输入值 1300.0，在 提刀速率 文本框中输入值 1300.0，在 主轴转速 文本框中输入值 1600.0。

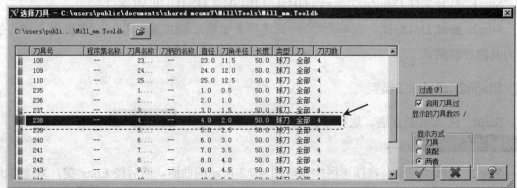

图 4.7.3　"选择刀具"对话框

（4）设置冷却方式。在 `参数` 选项卡中单击 `Coolant...` 按钮，系统弹出 "Coolant…" 对话框；在 `Flood`（切削液）下拉列表中选择 `On` 选项；单击该对话框的 ✓ 按钮，关闭 "Coolant…" 对话框。

（5）单击 "定义刀具-机床群组-1" 对话框中的 ✓ 按钮，完成刀具的设置。

Stage4．设置加工参数

Step1. 设置曲面加工参数。在 "曲面精加工等高外形" 对话框中单击 `曲面参数` 选项卡，其参数采用系统默认的设置值。

Step2. 设置精加工等高外形参数。

（1）在 "曲面精加工等高外形" 对话框中单击 `等高外形精加工参数` 选项卡，如图 4.7.4 所示。

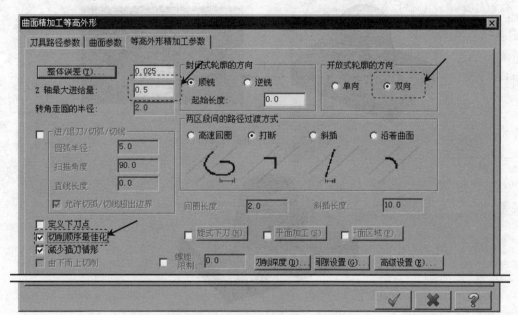

图 4.7.4　"等高外形精加工参数" 选项卡

（2）设置进给量。在 `等高外形粗加工参数` 选项卡的 `Z 轴最大进给量:` 文本框中输入值 0.5。

（3）设置切削方式。在 `等高外形粗加工参数` 选项卡中选中 ☑ `切削顺序最佳化` 复选框，在 `封闭式轮廓的方向` 区域中选中 ⦿ `顺铣` 单选项，在 `开放式轮廓的方向` 区域中选中 ⦿ `双向` 单选项。

（4）完成参数设置。对话框中的其他参数采用系统默认的设置值，单击 "曲面精加工等高外形" 对话框中的 ✓ 按钮，同时在图形区生成图 4.7.5 所示的刀路轨迹。

Stage5．加工仿真

Step1. 路径模拟。

（1）在 "操作管理器" 中单击 `刀具路径 - 1212.0K - 123.NC - 程序号码 0` 节点，系统弹出 "路径模拟"对话框及"路径模拟控制"操控板。

（2）在"路径模拟控制"操控板中单击 ▶ 按钮，系统将开始对刀具路径进行模拟，结果与图 4.7.5 所示的刀具路径相同；在"路径模拟"对话框中单击 ✓ 按钮。

Step2. 实体切削验证。

（1）在 刀具路径管理器 选项卡中单击 ✓ 按钮，然后单击"验证已选择的操作"按钮 ，系统弹出"Mastercam Simulator"对话框。

（2）在"Mastercam Simulator"对话框中单击 ▶ 按钮，系统将开始进行实体切削仿真，仿真结果如图 4.7.6 所示，单击 ✕ 按钮。

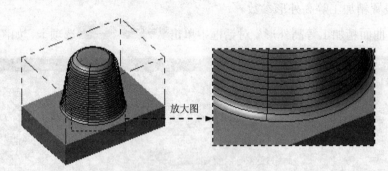

图 4.7.5　工件加工刀具路径

图 4.7.6　仿真结果

Step3. 保存文件。选择下拉菜单 文件(F) ➡ 保存(S) 命令，即可保存文件。

4.8　精加工残料加工

精加工残料加工是依据已有加工刀路数据进一步加工以清除残料的加工方法，该加工方法选择的刀具要比已有粗加工的刀具小，否则达不到预期效果，并且此方法生成刀路的时间较长，抬刀次数较多。下面以图 4.8.1 所示的模型为例讲解精加工残料加工的一般操作过程。

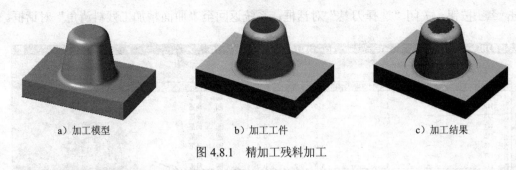

a）加工模型　　　　　　　b）加工工件　　　　　　　c）加工结果

图 4.8.1　精加工残料加工

Stage1. 进入加工环境

Step1. 打开文件 D:\ mcdz7\work\ch04.08\FINISH_RESTMILL.MCX-7。

Step2. 隐藏刀具路径。在 刀具路径管理器 选项卡中单击 按钮，再单击 按钮，将已存的刀具路径隐藏。

Stage2. 选择加工类型

Step1. 选择加工方法。选择下拉菜单 刀具路径(T) ➡ 曲面精加工(F) ➡ 精加工残料加工(L)...命令。

Step2. 选取加工面。在图形区中选取图 4.8.2 所示的曲面，然后按 Enter 键，系统弹出"刀具路径的曲面选取"对话框；其参数采用系统默认的设置值，单击 按钮，系统弹出"曲面精加工残料清角"对话框。

选取这些面为加工面

图 4.8.2　选取加工面

Stage3. 选择刀具

Step1. 选择刀具。

（1）确定刀具类型。在"曲面精加工残料清角"对话框中单击 刀具过滤 按钮，系统弹出"刀具过滤列表设置"对话框；单击 刀具类型 区域中的 无(N) 按钮后，在刀具类型按钮群中单击 （圆鼻刀）按钮；单击 按钮，关闭"刀具过滤列表设置"对话框，系统返回至"曲面精加工残料清角"对话框。

（2）选择刀具。在"曲面精加工残料清角"对话框中单击 选择刀库 按钮，系统弹出图 4.8.3 所示的"选择刀具"对话框；在该对话框的列表框中选择图 4.8.3 所示的刀具；

单击 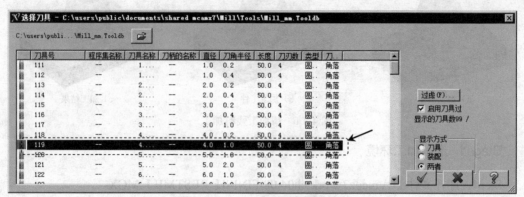 按钮，关闭"选择刀具"对话框，系统返回至"曲面精加工残料清角"对话框。

图 4.8.3 "选择刀具"对话框

Step2. 设置刀具相关参数。

（1）在"曲面精加工残料清角"对话框 刀具路径参数 选项卡的列表框中显示出上一步选择的刀具，双击该刀具，系统弹出"定义刀具-机床群组-1"对话框。

（2）设置刀具号。在"定义刀具-机床群组-1"对话框的 刀具号码 文本框中将原有的数值改为 4。

（3）设置刀具参数。单击"定义刀具-机床群组-1"对话框的 参数 选项卡，在其中的 进给速率 文本框中输入值 200.0，在 下刀速率 文本框中输入值 1300.0，在 提刀速率 文本框中输入值 1300.0，在 主轴转速 文本框中输入值 1600.0。

（4）设置冷却方式。在 参数 选项卡中单击 Coolant... 按钮，系统弹出"Coolant..."对话框；在 Flood （切削液）下拉列表中选择 On 选项；单击该对话框的 ✓ 按钮，关闭"Coolant..."对话框。

（5）单击"定义刀具-机床群组-1"对话框中的 ✓ 按钮，完成刀具的设置。

Stage4. 设置加工参数

Step1. 设置曲面加工参数。在"曲面精加工残料清角"对话框中单击 曲面参数 选项卡，其参数采用系统默认的设置值。

Step2. 设置残料清角精加工参数。

（1）在"曲面精加工残料清角"对话框中单击 残料清角精加工参数 选项卡，如图 4.8.4 所示。

（2）设置切削间距。在 残料清角精加工参数 选项卡的 大切削间距 (M) 文本框中输入值 0.5。

（3）设置切削方式。在 残料清角精加工参数 选项卡的 切削方式 下拉列表中选择 双向 选项。

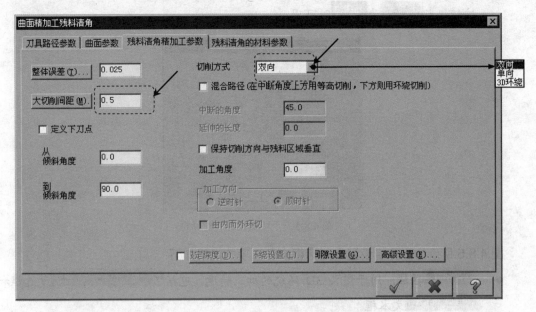

图 4.8.4　"残料清角精加工参数"选项卡

图 4.8.4 所示的"残料清角精加工参数"选项卡中部分选项的说明如下：

- 从倾斜角度文本框：此文本框可以设置开始加工曲面的斜率角度。
- 到倾斜角度文本框：此文本框可以设置终止加工曲面的斜率角度。
- 切削方式下拉列表：用于定义切削方式，包括双向选项、单向选项和3D环绕选项。

  ☑ 3D环绕选项：该选线表示采用螺旋切削方式。当选择此此项时加工方向文本框、☑ 由内而外环切复选框和环绕设置(L)...按钮被激活。

  ☑ ☑ 混合路径(在中断角度上方用等高切削，下方则用环绕切削)复选框：用于创建 2D 和 3D 混合的切削路径。当选中此复选框时，系统在中断角度以上采用 2D 和 3D 混合的切削路径，在中断角度以下采用 3D 的切削路径。当切削方式为3D环绕时，此复选框不可用。

  ☑ 中断的角度文本框：用于定义混合区域，中断角度常常被定义为 45°。当切削方式为3D环绕时，此文本框不可用。

  ☑ 延伸的长度文本框：用于定义混合区域的 2D 加工刀具路径的延伸距离。当切削方式为3D环绕时，此文本框不可用。

- ☑ 保持切削方向与残料区域垂直复选框：用于设置切削方向始终与残料区域垂直。选中此复选框，系统会自动改良精加工刀具路径，减小刀具磨损。当切削方式为3D环绕时，此复选框不可用。
- 环绕设置(L)...按钮：用于设置环绕设置的相关参数。单击此按钮，系统弹出"环绕设置"对话框，如图 4.8.5 所示。用户可以在此对话框中对环绕设置进行定义。该

按钮仅当 切削方式 为 3D环绕 时可用。

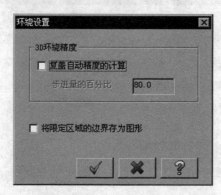

图 4.8.5　"环绕设置"对话框

图 4.8.5 所示的"环绕设置"对话框中各选项的说明如下：

- 3D环绕精度 区域：用于定义 3D 环绕的加工精度，包括 ☑ 复盖自动精度的计算 复选框和 步进量的百分比 文本框。

  - ☑　☑ 复盖自动精度的计算 复选框：用于自动根据刀具、步进量和切削公差计算加工精度。

  - ☑　步进量的百分比 文本框：用于定义允许改变的 3D 环绕精度为步进量的指定百分比。此值越小，加工精度越高，但是生成刀具路径时间长，并且 NC 程序较大。

- ☑ 将限定区域的边界存为图形 复选框：用于将 3D 环绕最外面的边界转换成实体图形。

（4）完成参数设置。对话框中的其他参数采用系统默认的设置值，单击"曲面精加工残料清角"对话框中的 ✓ 按钮，同时在图形区生成图 4.8.6 所示的刀路轨迹。

Stage5．加工仿真

Step1．路径模拟。

（1）在"操作管理器"中单击 ▨ 刀具路径 - 449.7K - 123.NC - 程序号码 0 节点，系统弹出"路径模拟"对话框及"路径模拟控制"操控板。

（2）在"路径模拟控制"操控板中单击 ▶ 按钮，系统将开始对刀具路径进行模拟，结果与图 4.8.6 所示的刀具路径相同；在"路径模拟"对话框中单击 ✓ 按钮。

Step2．实体切削验证。

（1）在 刀具路径 选项卡中单击 ✓ 按钮，然后单击"验证已选择的操作"按钮 ▨，系统弹出"Mastercam Simulator"对话框。

（2）在"Mastercam Simulator"对话框中单击 ▶ 按钮，系统将开始进行实体切削仿真，仿真结果如图 4.8.7 所示，单击 X 按钮。

图 4.8.6　工件加工刀具路径　　　　　　　　图 4.8.7　仿真结果

Step3. 保存文件。选择下拉菜单 文件(F) ➡ 保存(S) 命令，即可保存文件。

4.9　精加工浅平面加工

浅平面精加工是对加工后余留下来的浅薄材料进行加工的方法，加工的浅薄区域由曲面斜面确定。该加工方法还可以通过两角度间的斜率来定义加工范围。下面通过图 4.9.1 所示的实例讲解精加工浅平面加工的一般操作过程。

a)　加工模型　　　　　　　b)　加工工件　　　　　　　c)　加工结果

图 4.9.1　精加工浅平面加工

Stage1. 进入加工环境

Step1. 打开文件 D:\ mcdz7\work\ch04.09\FINISH_SHALLOW.MCX-7。

Step2. 隐藏刀具路径。在 刀具路径管理器 选项卡中单击 ✓ 按钮，再单击 ≈ 按钮，将已存的刀具路径隐藏。

Stage2. 选择加工类型

Step1. 选择加工方法。选择下拉菜单 刀具路径(T) ➡ 曲面精加工(F) ➡ 精加工浅平面加工(S)... 命令。

Step2. 选取加工面。在图形区中选取图 4.9.2 所示的曲面，然后按 Enter 键，系统弹出"刀具路径的曲面选取"对话框；单击 ✓ 按钮，完成加工面的选择，同时系统弹出"曲面精加工浅平面"对话框。

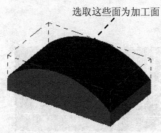

选取这些面为加工面

图 4.9.2   选取加工面

Stage3. 选择刀具

Step1. 选择刀具。

（1）确定刀具类型。在"曲面精加工浅平面"对话框中单击 刀具过滤 按钮，系统弹出"刀具过滤列表设置"对话框；单击 刀具类型 区域中的 无(N) 按钮后，在刀具类型按钮群中单击 （圆鼻刀）按钮；单击 ✓ 按钮，关闭"刀具过滤列表设置"对话框，系统返回至"曲面精加工浅平面"对话框。

（2）选择刀具。在"曲面精加工浅平面"对话框中单击 选择刀库 按钮，系统弹出图 4.9.3 所示的"选择刀具"对话框；在该对话框的列表框中选择图 4.9.3 所示的刀具；单击 ✓ 按钮，关闭"选择刀具"对话框，系统返回至"曲面精加工浅平面"对话框。

Step2. 设置刀具相关参数。

（1）在"曲面精加工浅平面"对话框 刀具路径参数 选项卡的列表框中显示出上一步选择的刀具，双击该刀具，系统弹出"定义刀具-机床群组-1"对话框。

（2）设置刀具号。在"定义刀具-机床群组-1"对话框中的 刀具号码 文本框中将原有的数值改为 2。

（3）设置刀具参数。单击"定义刀具-机床群组-1"对话框的 参数 选项卡，在其中的 进给速率 文本框中输入值 200.0，在 下刀速率 文本框中输入值 1600.0，在 提刀速率 文本框中输入值 1600.0，在 主轴转速 文本框中输入值 2000.0。

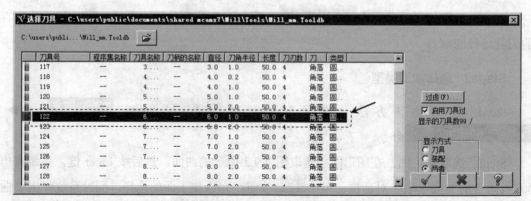

图 4.9.3   选择刀具

（4）设置冷却方式。在 参数 选项卡中单击 Coolant... 按钮，系统弹出 "Coolant..." 对话框；在 Flood （切削液）下拉列表中选择 On 选项；单击该对话框的 ✓ 按钮，关闭 "Coolant..." 对话框。

（5）单击 "定义刀具-机床群组-1" 对话框中的 ✓ 按钮，完成刀具的设置。

Stage4. 设置加工参数

Step1. 设置曲面加工参数。在 "曲面精加工浅平面" 对话框中单击 曲面参数 选项卡，其参数采用系统默认的设置值。

Step2. 设置浅平面精加工参数。

（1）在 "曲面精加工浅平面" 对话框中单击 浅平面精加工参数 选项卡，如图 4.9.4 所示。

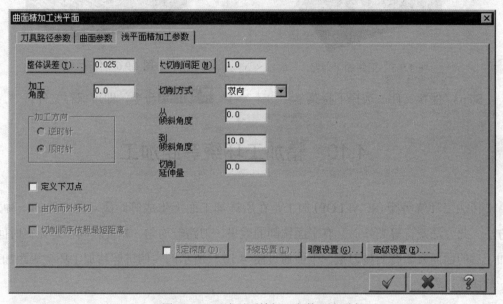

图 4.9.4　 "浅平面精加工参数" 选项卡

（2）设置切削方式。在 浅平面精加工参数 选项卡的 大切削间距(M) 文本框中输入值 1.0，在 切削方式 下拉列表中选择 双向 选项。

（3）完成参数设置。对话框中的其他参数采用系统默认的设置值，单击 "曲面精加工浅平面" 对话框中的 ✓ 按钮，同时在图形区生成图 4.9.5 所示的刀路轨迹。

Stage5. 加工仿真

Step1. 路径模拟。

（1）在 "操作管理器" 中单击 刀具路径 - 77.5K - FINISH_SHALLOW.NC - 程序号码 0 节点，系统弹出 "路径模拟" 对话框及 "路径模拟控制" 操控板。

（2）在 "路径模拟控制" 操控板中单击 ▶ 按钮，系统将开始对刀具路径进行模拟，结果与图 4.9.5 所示的刀具路径相同；在"路径模拟"对话框中单击 ✔ 按钮。

Step2. 实体切削验证。

（1）在 刀具路径管理器 选项卡中单击 ✔ 按钮，然后单击"验证已选择的操作"按钮 📦，系统弹出"Mastercam Simulator"对话框。

（2）在"Mastercam Simulator"对话框中单击 ▶ 按钮，系统将开始进行实体切削仿真，仿真结果如图 4.9.6 所示，单击 X 按钮。

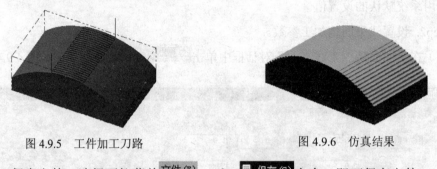

图 4.9.5　工件加工刀路　　　　　　　　图 4.9.6　仿真结果

Step3. 保存文件。选择下拉菜单 文件(F) ➡ 🖫 保存(S) 命令，即可保存文件。

4.10　精加工环绕等距加工

精加工环绕等距（SCALLOP）加工是在所选加工面上生成等距离环绕刀路的一种加工方法。此方法既有等高外形又有平面铣削的效果，刀路较均匀、精度较高但是计算时间长。加工后的曲面表面有明显刀痕。下面通过图 4.10.1 所示的实例讲解精加工环绕等距加工的一般操作过程。

Stage1. 进入加工环境

Step1. 打开文件 D:\mcdz7\work\ch04.10\FINISH_SCALLOP.MCX-7。

Step2. 隐藏刀具路径。在 刀具路径管理器 选项卡中单击 ✔ 按钮，再单击 ≋ 按钮，将已存的刀具路径隐藏。

a)　加工模型　　　　　　b)　加工工件　　　　　　c)　加工结果

图 4.10.1　精加工环绕等距加工

Stage2. 选择加工类型

Step1. 选 择 加 工 方 法 。 选 择 下 拉 菜 单 刀具路径(T) ➡ 曲面精加工(F) ➡
精加工环绕等距加工(O)... 命令。

Step2. 选取加工面。在图形区中选取图 4.10.2 所示的曲面，然后按 Enter 键，系统弹出
"刀具路径的曲面选取"对话框；单击 ✔ 按钮，系统弹出"曲面精加工环绕等距"对话框。

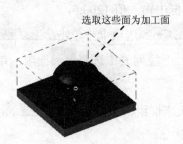

选取这些面为加工面

图 4.10.2　选取加工面

Stage3. 选择刀具

Step1. 选择刀具。

（1）确定刀具类型。在"曲面精加工环绕等距"对话框中单击 刀具过滤 按钮，系统
弹出"刀具过滤列表设置"对话框；单击 刀具类型 区域中的 无(N) 按钮后，在刀具类型
按钮群中单击 🖊（球刀）按钮；单击 ✔ 按钮，关闭"刀具过滤列表设置"对话框，系统
返回至"曲面精加工环绕等距"对话框。

（2）选择刀具。在"曲面精加工环绕等距"对话框中单击 选择刀库 按钮，系统弹
出图 4.10.3 所示的"选择刀具"对话框；在该对话框的列表框中选择图 4.10.3 所示的刀具；
单击 ✔ 按钮，关闭"选择刀具"对话框，系统返回至"曲面精加工环绕等距"对话框。

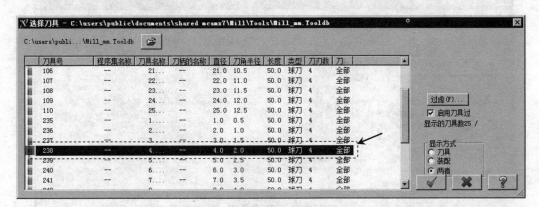

图 4.10.3　"选择刀具"对话框

Step2. 设置刀具相关参数。

（1）在"曲面精加工环绕等距"对话框 刀具路径参数 选项卡的列表框中显示出上一步选

择的刀具，双击该刀具，系统弹出"定义刀具-机床群组-1"对话框。

（2）设置刀具号。在"定义刀具-机床群组-1"对话框的 刀具号码 文本框中将原有的数值改为 2。

（3）设置刀具参数。单击"定义刀具-机床群组-1"对话框的 参数 选项卡，在其中的 进给速率 文本框中输入值 200.0，在 下刀速率 文本框中输入值 1500.0，在 提刀速率 文本框中输入值 1500.0，在 主轴转速 文本框中输入值 1200.0。

（4）设置冷却方式。在 参数 选项卡中单击 Coolant... 按钮，系统弹出"Coolant…"对话框；在 Flood （切削液）下拉列表中选择 On 选项；单击该对话框的 ✓ 按钮，关闭"Coolant…"对话框。

（5）单击"定义刀具-机床群组-1"对话框中的 ✓ 按钮，完成刀具的设置。

Step3. 设置加工参数。

（1）设置曲面加工参数。在"曲面精加工环绕等距"对话框中单击 曲面参数 选项卡，在 预留量 (此处翻译有误，应为"加工面预留量")文本框中输入值 0.0， 曲面参数 选项卡中的其他参数采用系统默认的设置值。

（2）设置环绕等距精加工参数。

① 在"曲面精加工环绕等距"对话框中单击 环绕等距精加工参数 选项卡，如图 4.10.4 所示。

② 设置切削方式。在 环绕等距精加工参数 选项卡的 大切削间距 (M) 文本框中输入值 0.5，并确认 加工方向 区域的 ⊙ 顺时针 单选项处于选中状态，取消选中 限定深度 (D)... 按钮前的复选框。

③ 完成参数设置。对话框中的其他参数采用系统默认的设置值，单击"曲面精加工环绕等距"对话框中的 ✓ 按钮，同时在图形区生成图 4.10.5 所示的刀路轨迹。

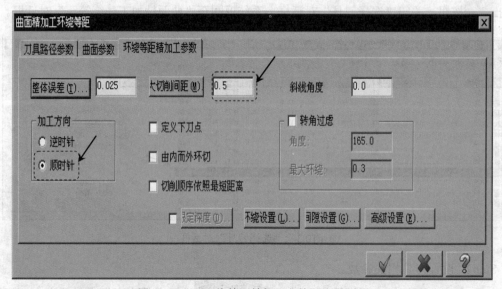

图 4.10.4   "环绕等距精加工参数"选项卡

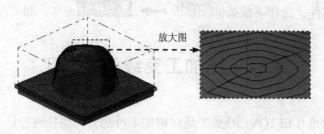

图 4.10.5　工件加工刀路

图 4.10.4 所示的"环绕等距精加工参数"选项卡中部分选项的说明如下：

● 斜线角度 文本框：该文本框用于定义刀具路径中斜线的角度，斜线的角度常常在 0°～45°。

● ☑ 转角过虑 区域：此区域可以通过设置偏转角度从而避免重要区域的切削。

　　☑ 角度 文本框：设置转角角度。较大的转角角度会使转角处更为光滑，但是会增加切削的时间。

　　☑ 最大环绕 文本框：用于定义最初计算的位置的刀具路径与平滑的刀具路径间的最大环绕距离（图 4.10.6），此值一般为最大切削间距的 25%。

Stage4. 加工仿真

Step1. 路径模拟。

（1）在"操作管理器"中单击 ≋ 刀具路径 - 1692.1K - FINISH_SCALLOP.NC - 程序号码 0 节点，系统弹出"路径模拟"对话框及"路径模拟控制"操控板。

（2）在"路径模拟控制"操控板中单击 ▶ 按钮，系统将开始对刀具路径进行模拟，结果与图 4.10.5 所示的刀具路径相同；在"路径模拟"对话框中单击 ✔ 按钮。

Step2. 实体切削验证。

（1）在 刀具路径管理器 选项卡中单击 ✔ 按钮，然后单击"验证已选择的操作"按钮 ⬛，系统弹出"Mastercam Simulator"对话框。

（2）在"Mastercam Simulator"对话框中单击 ● 按钮，系统将开始进行实体切削仿真，仿真结果如图 4.10.7 所示，单击 X 按钮。

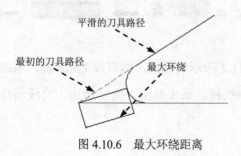

图 4.10.6　最大环绕距离

图 4.10.7　仿真结果

Step3. 保存文件。选择下拉菜单 文件(F) ➡ 保存(S) 命令，即可保存文件。

4.11　精加工交线清角加工

精加工交线清角(LEFTOVER)加工是对粗加工时的刀具路径进行计算，用小直径刀具清除粗加工时留下的残料。下面通过图 4.11.1 所示的实例讲解精加工交线清角加工的一般操作过程。

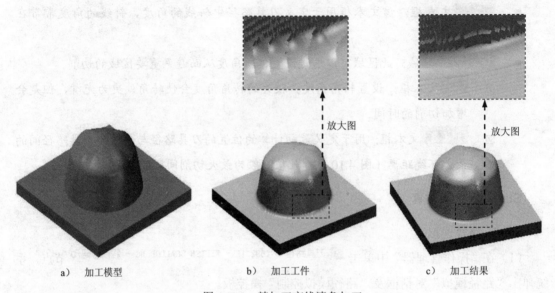

　　a)　加工模型　　　　　　b)　加工工件　　　　　　c)　加工结果

图 4.11.1　精加工交线清角加工

Stage1. 进入加工环境

Step1. 打开文件 D:\mcdz7\work\ch04.11\FINISH_LEFTOVER.MCX-7。

Step2. 隐藏刀具路径。在 刀具路径管理器 选项卡中单击 按钮，再单击 ≋ 按钮，将已存的刀具路径隐藏。

Stage2. 选择加工类型

Step1. 选择加工方法。选择下拉菜单 刀具路径(T) ➡ 曲面精加工(F) ➡ 精加工交线清角(E)... 命令。

Step2. 选取加工面。在图形区中选取图 4.11.2 所示的曲面，然后按 Enter 键，系统弹出"刀具路径的曲面选取"对话框；单击 ✓ 按钮，系统弹出"曲面精加工交线清角"对话框。

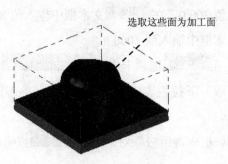

选取这些面为加工面

图 4.11.2　选取加工面

Stage3. 选择刀具

Step1. 选择刀具。

（1）确定刀具类型。在"曲面精加工交线清角"对话框中单击 刀具过虑 按钮，系统弹出"刀具过滤列表设置"对话框；单击 刀具类型 区域中的 无(N) 按钮后，在刀具类型按钮群中单击 (球刀) 按钮；单击 ✓ 按钮，关闭"刀具过滤列表设置"对话框，系统返回至"曲面精加工交线清角"对话框。

（2）选择刀具。在"曲面精加工交线清角"对话框中单击 选择刀库 按钮，系统弹出图 4.11.3 所示的"选择刀具"对话框；在该对话框的列表框中选择图 4.11.3 所示的刀具；单击 ✓ 按钮，关闭"选择刀具"对话框，系统返回至"曲面精加工交线清角"对话框。

Step2. 设置刀具相关参数。

（1）在"曲面精加工交线清角"对话框 刀具路径参数 选项卡的列表框中显示出上一步选取的刀具；双击该刀具，系统弹出"定义刀具-机床群组-1"对话框。

（2）设置刀具号。在"定义刀具-机床群组-1"对话框的 刀具号码 文本框中将原有的数值改为 3。

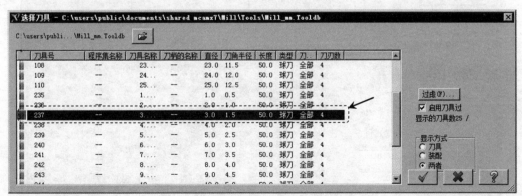

图 4.11.3　"选择刀具"对话框

（3）设置刀具参数。单击"定义刀具-机床群组-1"对话框的 参数 选项卡，在其中

的 文本框中输入值 300.0，在 文本框中输入值 800.0，在 文本框中输入值 800.0，在 文本框中输入值 1000.0。

（4）设置冷却方式。在 选项卡中单击 按钮，系统弹出"Coolant…"对话框；在 （切削液）下拉列表中选择 选项；单击该对话框的 按钮，关闭"Coolant…"对话框。

（5）单击"定义刀具-机床群组-1"对话框中的 按钮，完成刀具的设置。

Stage4．设置加工参数

Step1. 设置曲面加工参数。在"曲面精加工交线清角"对话框中单击 选项卡，在 (此处翻译有误，应为"加工面预留量")文本框中输入值 0.0， 选项卡中的其他参数采用系统默认的设置值。

Step2. 设置交线清角精加工参数。

（1）在"曲面精加工交线清角"对话框中单击 选项卡，如图 4.11.4 所示。

（2）设置切削方式。在 文本框中输入值 0.02。

（3）设置间隙参数。单击 按钮，系统弹出"刀具路径的间隙设置"对话框；在 文本框中输入值 5.0，在 文本框中输入值 90.0，其他参数采用系统默认的设置值；单击 按钮，系统返回到"曲面精加工交线清角"对话框，取消选中 复选框。

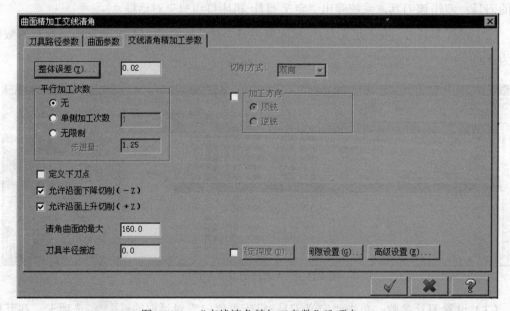

图 4.11.4　"交线清角精加工参数"选项卡

图 4.11.4 所示的"交线清角精加工参数"选项卡中部分选项的说明如下：

● 平行加工次数 区域：用于设置加工过程中平行加工的次数，有 ⊙无 、 ⊙单侧加工次数 和 ⊙无限制(U) 三个单选项。

　☑ ⊙无 单选项：选中此单选项即表示加工没有平行加工，一次加工到位。

　☑ ⊙单侧加工次数 单选项：选择此单选项，在其后的文本框中可以输入交线中心线一侧的平行轨迹数目。

　☑ ⊙无限制(U) 单选项：选中此单选项即表示加工过程中依据几何图素从交线中心按切削距离向外延伸，直到加工边界。

　☑ 步进量: 文本框：在此文本框中可输入加工轨迹之间的切削距离。

（4）单击 ✓ 按钮，同时在图形区生成图 4.11.5 所示的刀路轨迹。

Stage5. 加工仿真

Step1. 路径模拟。

（1）在"操作管理器"中单击 刀具路径 - 28.3K - FINISH_SCALLOP.NC - 程序号码 0 节点，系统弹出"路径模拟"对话框及"路径模拟控制"操控板。

（2）在"路径模拟控制"操控板中单击 ▶ 按钮，系统将开始对刀具路径进行模拟，结果与图 4.11.5 所示的刀具路径相同；在"路径模拟"对话框中单击 ✓ 按钮。

Step2. 实体切削验证。

（1）在 刀具路径管理器 选项卡中单击 ✓ 按钮，然后单击"验证已选择的操作"按钮 ⬛ ，系统弹出"Mastercam Simulator"对话框。

（2）在"Mastercam Simulator"对话框中单击 ▶ 按钮，系统将开始进行实体切削仿真，仿真结果如图 4.11.6 所示，单击 ✗ 按钮。

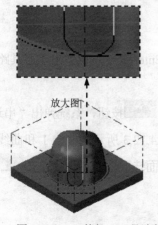

图 4.11.5　工件加工刀具路径

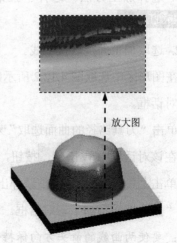

图 4.11.6　仿真结果

Step3. 保存文件。选择下拉菜单 文件(F) ➡️ 🖫 保存(S) 命令，即可保存文件。

4.12   精加工熔接加工

精加工熔接加工是指刀具路径沿指定的熔接曲线以点对点连接的方式，沿曲面表面生成刀具轨迹的加工方法。下面通过图 4.12.1 所示的实例讲解精加工熔接加工的一般操作过程。

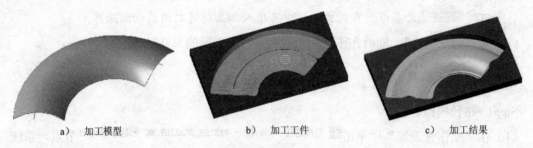

a)   加工模型   b)   加工工件   c)   加工结果

图 4.12.1   精加工熔接加工

Stage1. 进入加工环境

Step1. 打开文件 D:\mcdz7\work\ch04.12\FINISH_BLEND.MCX-7。

Step2. 隐藏刀具路径。在 刀具路径管理器 选项卡中单击 ✅ 按钮，再单击 ≋ 按钮，将已存的刀具路径隐藏。

Stage2. 选择加工类型

Step1. 选择加工方法。选择下拉菜单 刀具路径(T) ➡️ 曲面精加工(F) ➡️
▓ 精加工熔接加工(B)... 命令。

Step2. 选取加工面及熔接曲线。

（1）在图形区中选取图 4.12.2 所示的曲面，然后按 Enter 键，系统弹出"刀具路径的曲面选取"对话框。

（2）单击"刀具路径的曲面选取"对话框 熔接 区域的 ▒ 按钮，系统弹出"串连选项"对话框；在该对话框中单击 ╱ 按钮，在图形区选取图 4.12.3 所示的曲线 1 和曲线 2 为熔接曲线；单击 ✔ 按钮，系统重新弹出"刀具路径的曲面选取"对话框；单击 ✔ 按钮，系统弹出"曲面熔接精加工"对话框。

注意：要使两曲线的箭头方向保持一致。

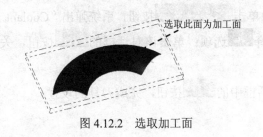

图 4.12.2　选取加工面　　　　　　　图 4.12.3　选取熔接曲线

Stage3. 选择刀具

Step1. 选择刀具。

（1）确定刀具类型。在"曲面熔接精加工"对话框中单击 刀具过滤 按钮，系统弹出 "刀具过滤列表设置"对话框；单击 刀具类型 区域中的 无(N) 按钮后，在刀具类型按钮群 中单击 （球刀）按钮；单击 √ 按钮，关闭"刀具过滤列表设置"对话框，系统返回至 "曲面熔接精加工"对话框。

（2）选择刀具。在"曲面熔接精加工"对话框中单击 选择刀库 按钮，系统弹出图 4.12.4 所示的"选择刀具"对话框；在该对话框的列表框中选择图 4.12.4 所示的刀具；单击 √ 按钮，关闭"选择刀具"对话框，系统返回至"曲面熔接精加工"对话框。

Step2. 设置刀具相关参数。

（1）在"曲面熔接精加工"对话框 刀具路径参数 选项卡的列表框中显示出上一步选择的 刀具，双击该刀具，系统弹出"定义刀具-机床群组-1"对话框。

（2）设置刀具号。在"定义刀具-机床群组-1"对话框的 刀具号码 文本框中将原有的数值 改为 2。

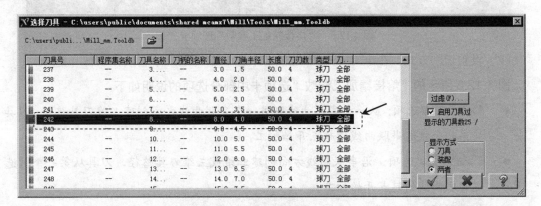

图 4.12.4　"选择刀具"对话框

（3）设置刀具参数。单击"定义刀具-机床群组-1"对话框的 参数 选项卡，在其中 的 进给速率 文本框中输入值 300.0，在 下刀速率 文本框中输入值 800.0，在 提刀速率 文本框中输 入值 800.0，在 主轴转速 文本框中输入值 1000.0。

（4）设置冷却方式。在 参数 选项卡中单击 Coolant... 按钮，系统弹出 "Coolant…" 对话框；在 Flood （切削液）下拉列表中选择 On 选项；单击该对话框的 ✓ 按钮，关闭 "Coolant…" 对话框。

（5）单击"定义刀具-机床群组-1"对话框中的 ✓ 按钮，完成刀具的设置。

Stage4. 设置加工参数

Step1. 设置曲面加工参数。在"曲面熔接精加工"对话框中单击 曲面参数 选项卡，在 预留量 (此处翻译有误，应为"加工面预留量")文本框中输入值 0.0，曲面参数 选项卡中的其他 参数采用系统默认的设置值。

Step2. 设置熔接精加工参数。

（1）在"曲面熔接精加工"对话框中单击 熔接精加工参数 选项卡，如图 4.12.5 所示，在 最大步进量: 的文本框中输入值 0.8。

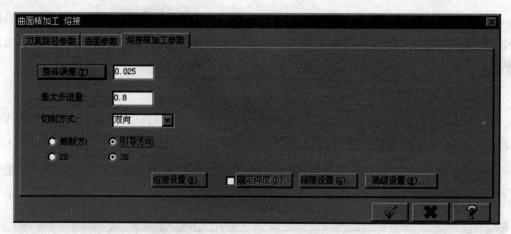

图 4.12.5　"熔接精加工参数"选项卡

（2）设置切削方式。在 熔接精加工参数 选项卡中选中 ◉ 引导方向 单选项和 ◉ 3D 单选项。

图 4.12.5 所示的"熔接精加工参数"选项卡中部分选项的说明如下：

- ◉ 截断方 单选项：从一个串联曲线到另一个串联曲线之间创建二维刀具路径，刀具从第一个被串联曲线的起点开始加工。

- ◉ 引导方向 单选项：沿串联曲线方向创建二维或三维刀具路径，刀具从第一个被选定串联曲线的起点开始加工。

- ◉ 2D 单选项：该单选项用于创建一个二维平面的引导方向。

- ◉ 3D 单选项：该单选项用于创建一个三维空间的引导方向。

注意：只有在"引导方向"单选项被选中的情况下，◉ 2D 、◉ 3D 单选项才是有效的。

- 熔接设置(B)... 按钮：单击此按钮，系统弹出"引导方向熔接设置"对话框，如图 4.12.6

所示。

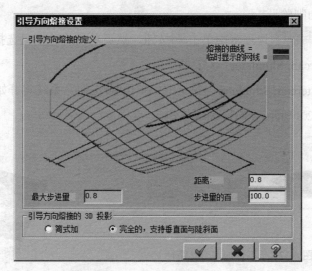

图 4.12.6　"引导方向熔接设置"对话框

图 4.12.6 所示的"引导方向熔接设置"对话框中部分选项的说明如下：

- 引导方向熔接的定义 区域：用于定义假想熔接网格的参数，包括 最大步进量 文本框、距离：
  文本框和 步进量的百 文本框。
  - ☑ 距离：文本框：用于定义假想网格每一小格的长度。
  - ☑ 步进量的百 文本框：用于定义临时交叉的刀具路径间隔，此时定义的刀具路径并
    不包括在最后的刀具路径中。
- 引导方向熔接的 3D 投影 区域：用于设置创建引导方向熔接的 3D 投影方式，包括 ◉ 简式加
  单选项和 ◉ 完全的，支持垂直面与陡斜面 单选项。此区域仅当 ◉ 引导方向 选中 ◉ 3D 单选项
  时才可用。
  - ☑ ◯ 简式加 单选项：该单选项用于减少创建最终熔接刀具路径的时间。
  - ☑ ◉ 完全的，支持垂直面与陡斜面 单选项：该单选项用于设置确保在垂直面上和陡斜
    面上切削时有正确的刀具运动，但是创建最终熔接刀具路径的时间将增长。

（3）完成参数设置。对话框中的其他参数采用系统默认的设置值，单击"曲面熔接精
加工"对话框中的 ✓ 按钮，同时在图形区生成图 4.12.7 所示的刀路轨迹。

Stage5. 加工仿真

Step1. 路径模拟。

（1）在"操作管理器"中单击 ≋ 刀具路径 - 1710.6K - FINISH_BLEND.NC - 程序号码 0 节点，系统
弹出"路径模拟"对话框及"路径模拟控制"操控板。

（2）在"路径模拟控制"操控板中单击 ▶ 按钮，系统将开始对刀具路径进行模拟，结

果与图 4.12.7 所示的刀具路径相同；在"路径模拟"对话框中单击 ✔ 按钮。

Step2. 实体切削验证。

（1）在 刀具路径管理器 选项卡中单击 ✔ 按钮，然后单击"验证已选择的操作"按钮 📄，系统弹出"Mastercam Simulator"对话框。

（2）在"Mastercam Simulator"对话框中单击 ▶ 按钮，系统将开始进行实体切削仿真，仿真结果如图 4.12.8 所示，单击 ✖ 按钮。

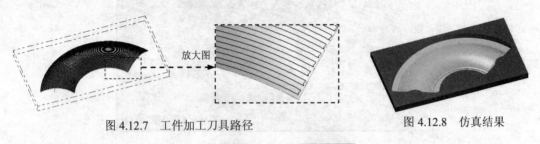

图 4.12.7　工件加工刀具路径　　　　　　　图 4.12.8　仿真结果

Step3. 保存文件。选择下拉菜单 文件(F) ➡ 📁 保存(S) 命令，即可保存文件。

4.13　习　　　题

一、填空题

1. 曲面精加工的刀具路径包括平行铣削、平行陡斜面、（　　　　　　）、（　　　　　　）、流线加工、（　　　　）、（　　　　　　）、浅平面加工、（　　　　　　）、（　　　　　　）和熔接加工 11 种类型。

2. 在定义陡斜面精加工参数时，切削延伸量: 参数表示（　　　　　　　　　　　），从倾斜角度 参数表示（　　　　　　　　　　），到倾斜角度 参数表示（　　　　　　　　　　）。

3. 在定义放射状精加工参数时，如果在 起始角度 文本框中输入值 60，在 扫描角度 文本框中输入值 90，则实际生成刀具路径的对应圆心角为（　　　　）。

4. 在定义曲面流线精加工参数时，截断方向的控制 区域中的 ⦿ 环绕高度 文本框的含义是（　　　　　　　　　　），⦿ 距离 文本框的含义是（　　　　　　　　　　）。

5. 在定义曲面流线精加工参数时，只有将路径过渡方式设为（　　　　　），才能设置转角走圆的半径: 和 回圈长度: 的数值。

6. 在定义环绕等距精加工参数时，通过设置（　　　　　）参数，可以使得刀具路径中的转角处更为光滑。

7. 在选取熔接曲线时，应注意选取的顺序，并使得各条曲线上的箭头方向（　　　）。

二、操作题

1. 打开练习模型 1，如图 4.13.1 所示，采用合理的加工工序，在粗加工的基础上完成模型中曲面部分的精加工。

a)　　　　　　　　　　　　　　　　b)

图 4.13.1　练习模型 1

2. 打开练习模型 2，如图 4.13.2 所示，采用合理的加工工序，在粗加工的基础上完成模型中曲面部分的精加工。

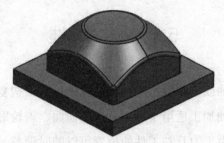

图 4.13.2　练习模型 2

3. 打开练习模型 3，如图 4.13.3 所示，采用合理的加工工序，在粗加工的基础上完成模型中曲面部分的精加工。

图 4.13.3　练习模型 3

4. 打开练习模型 4，如图 4.13.4 所示，采用合理的加工工序，在粗加工的基础上完成模型中曲面部分的精加工。

a)　　　　　　　　　　　　　　　　b)

图 4.13.4　练习模型 4

第5章 多轴加工

本章提要　多轴加工也称可变轴加工，是在切削加工中，加工轴在不断变化的一种加工方式。本章通过几个典型的范例讲解了 MasterCAM X7 中多轴加工的一般流程及操作方法，读者从中不仅可以领会到 MasterCAM X7 的多轴加工方法，还可以了解多轴加工的基本概念。

5.1　概　　述

多轴加工是指使用四轴或五轴以上坐标系的机床加工结构复杂、控制精度高、加工程序复杂的工件的加工。多轴加工适用于加工复杂的曲面、斜轮廓以及分布在不同平面上的孔系等。在加工过程中，由于刀具与工件的位置可以随时调整，使刀具与工件达到最佳的切削状态，因而可以提高机床的加工效率。多轴加工能够提高复杂机械零件的加工精度，因此它在制造业中发挥着重要作用。在多轴加工中，五轴加工应用范围最为广泛。所谓五轴加工是指在一台机床上至少有五个坐标轴（三个直线坐标轴和两个旋转坐标轴），它们在计算机数控系统（CNC）的控制下协调运动进行加工。五轴联动数控技术对工业制造特别是对航空航天、军事工业有重要贡献，鉴于其地位的特殊性，国际上把五轴联动数控技术作为衡量一个国家生产设备自动化水平的标志。

5.2　曲线五轴加工

曲线五轴加工，主要应用于加工三维（3D）曲线或可变曲面的边界，其刀具定位在一条轮廓线上。采用此种加工方式也可以根据机床刀具轴的不同控制方式，生成四轴或者三轴的曲线加工刀具路径。下面以图 5.2.1 所示的模型为例来说明曲线五轴加工的过程，其操作步骤如下：

Stage1. 打开原始模型

Step1. 打开文件 D:\ mcdz7\work\ch05.02\LINE_5.MCX-7，系统进入加工环境，此时零

件模型如图 5.2.2 所示。

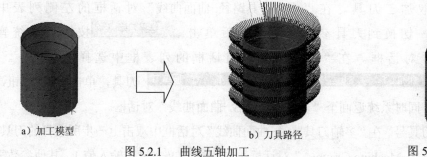

a）加工模型　　　　　　　　　　b）刀具路径

图 5.2.1　曲线五轴加工　　　　　　　　　　　　　　　图 5.2.2　零件模型

Stage2. 选择加工类型

选择加工类型。选择下拉菜单 刀具路径(T) ➡ 多轴刀具路径(M)... 命令，系统弹出"输入新的 NC 名称"对话框；采用系统默认的 NC 名称；单击 ✔ 按钮；系统弹出图 5.2.3 所示的"多轴刀具路径-曲面曲线"对话框。

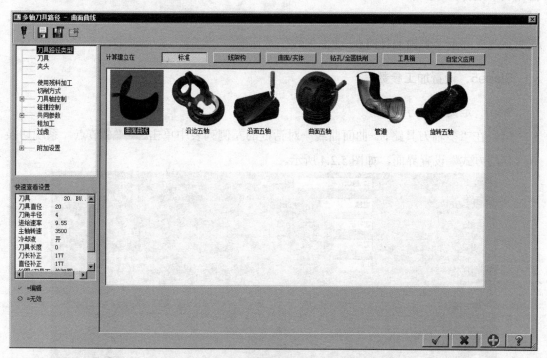

图 5.2.3　"多轴刀具路径-曲面曲线"对话框

Stage3. 选择刀具路径类型

在"多轴刀具路径-曲面曲线"对话框的左侧列表中单击 刀具路径类型 节点，切换到刀具路径类型参数设置界面，然后采用系统默认的 曲面曲线 选项。

Stage4. 选择刀具

Step1. 选取加工刀具。在"多轴刀具路径-曲面曲线"对话框的左侧列表中单击 刀具 节点,切换到刀具参数界面,然后单击 选择刀库 按钮,系统弹出"选择刀具"对话框。在"选择刀具"对话框的列表框中选择
122   6. BULL ENDMILL 1. ...   6.0   1.0   50.0   4   圆鼻刀 刀具,单击 ✓ 按钮,完成刀具的选择,同时系统返回至"多轴刀具路径-曲面曲线"对话框。

Step2. 设置刀具号。在"多轴刀具路径-曲面曲线"对话框中双击上一步所选择的刀具,系统弹出"定义刀具-Machine Group-1"对话框。在 刀具号码 文本框中输入值 1,其他参数采用系统默认的设置值,完成刀具号的设置。

Step3. 定义刀具参数。单击 参数 选项卡,在 进给速率 文本框中输入值 200.0,在 下刀速率 文本框中输入值 200.0,在 提刀速率 文本框中输入值 200.0,在 主轴转速 文本框中输入值 500.0;单击"冷却液"按钮 Coolant... ,系统弹出"Coolant…"对话框;在 Flood 下拉列表中选择 On 选项,单击"Coolant…"对话框中的 ✓ 按钮;其他参数采用系统默认的设置值。单击"定义刀具-Machine Group-1"对话框中的 ✓ 按钮,完成定义刀具参数,同时系统返回至"多轴刀具路径-曲面曲线"对话框。

Stage5. 设置加工参数

Step1. 定义切削方式。

(1) 在"多轴刀具路径-曲面曲线"对话框的左侧列表中单击 切削方式 节点,系统切换到"切削方式"设置界面,如图 5.2.4 所示。

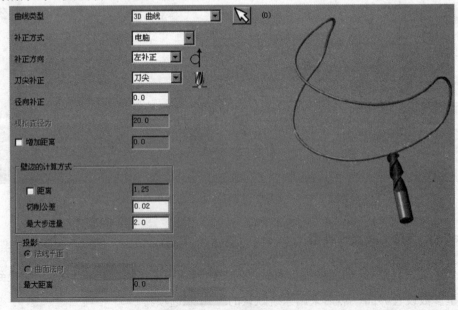

图 5.2.4   "切削方式"设置界面

图 5.2.4 所示的"切削方式"设置界面中部分选项的说明如下：

- 曲线类型 下拉列表：用于定义加工曲线的类型，包括 3D 曲线 、 所有曲面边界 和
  单一曲面边界 三个选项。
  - ☑ 3D 曲线 选项：用于根据选取的 3D 曲线创建刀具路径。选择该选项，单击其
    后的 按钮，在绘图区选取所需要的 3D 曲线。
  - ☑ 所有曲面边界 选项：用于根据选取的曲面的全部边界创建刀具路径。选择该选项，
    单击其后的 按钮，在绘图区选取所需要的曲面。
  - ☑ 单一曲面边界 选项：用于根据选取的曲面的某条边界创建刀具路径。选择该选项，
    单击其后的 按钮，在绘图区选取所需要的曲面。
- 补正方式 下拉列表：包括 电脑 、 控制器 、 磨损 、 反向磨损 和 关 五个选项。
- 补正方向 下拉列表：包括 左补正 和 右补正 两个选项。
- 刀尖补正 下拉列表：包括 中心 和 刀尖 两个选项。
  - ☑ 径向补正 文本框：用于定义刀具中心的补正距离，默认为刀具半径值。
  - ☑ 模拟直径为 文本框：当补正方式选择 控制器 、 磨损 和 反向磨损 选项时，此文本框被
    激活，用于定义刀具的模拟直径数值。
  - ☑ ☑ 增加距离 复选框：用于设置刀具沿曲线上测量的刀具路径的距离。
- 壁边的计算方式 区域：用于设置拟合刀具路径的曲线计算方式。
  - ☑ ☑ 距离 复选框：用于设置每一刀具位置的间距。当选中此复选框时，其后的文
    本框被激活，用户可以在此文本框中指定刀具位置的间距。
  - ☑ 切削公差 文本框：用于定义刀具路径的切削误差值。切削的误差值越小，刀具
    路径越精确。
  - ☑ 最大步进量 文本框：用于指定刀具移动时的最大距离。
- 投影 区域：用于设置投影方向。
  - ☑ ⊙ 法线平面 单选项：用于设置投影方向为沿当前刀具平面的法线方向进行投影。
  - ☑ ⊙ 曲面法向 单选项：用于设置投影方向为沿当前曲面的法线方向进行投影。
  - ☑ 最大距离 文本框：用来设置投影的最大距离，仅在 ⊙ 法线平面 单选项被选中时
    有效。

（2）定义 3D 曲线。在 曲线类型 下拉列表中选择 3D 曲线 选项，单击其后的 按钮，系统弹出"串连管理"对话框，在对话框内空白处右击鼠标选择 增加串连(A) ，系统弹出"串连选项"对话框；在图形区中选取图 5.2.5 所示的加工曲线，单击"串连选项"对话框中的 按钮，系统返回到"串连管理"对话框，单击"串连管理"对话框中的 按钮，完成加工曲线的选择；系统返回至"多轴刀具路径-曲面曲线"对话框。

（3）定义切削参数。在 `壁边的计算方式` 区域的 `切削公差` 文本框中输入值 0.02；在 `最大步进量` 文本框中输入值 2.0；其他参数采用系统默认的设置值，完成切削方式的设置。

— 螺旋线

图 5.2.5　选取加工曲线

Step2. 设置刀具轴控制参数。

（1）在"多轴刀具路径-曲面曲线"对话框的左侧列表中单击 `刀具轴控制` 节点，切换到"刀具轴"控制参数设置界面，如图 5.2.6 所示。

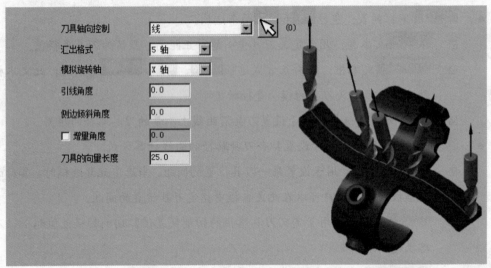

图 5.2.6　"刀具轴控制"参数设置界面

图 5.2.6 所示的"刀具轴控制"参数设置界面对话框中部分选项的说明如下：

● `刀具轴向控制` 下拉列表：用于控制刀具轴的方向，包括 `线`、`曲面`、`平面`、`从...点`、`到...点` 和 `串连` 选项。

　☑ `线` 选项：选择该选项，单击其后的 🔦 按钮，在绘图区域选取一条直线来控制刀具轴向的方向。

　☑ `曲面` 选项：选择该选项，单击其后的 🔦 按钮，在绘图区域选取一个曲面，系统会自动设置该曲面的法向方向来控制刀具轴向的方向。

　☑ `平面` 选项：选择该选项，单击其后的 🔦 按钮，在绘图区域选取一平面，系统会自动设置该平面的法向方向来控制刀具轴向的方向。

　☑ `从...点` 选项：用于指定刀具轴线反向延伸通过的定义点。选择该选项，单击其

后的 按钮，可在绘图区域选取一个基准点来指定刀具轴线反向延伸通过的
定义点。

☑ 到...点 选项：用于指定刀具轴线延伸通过的定义点。选择该选项，单击其后的
按钮，可在绘图区域选取一个基准点来指定刀具轴线延伸通过的定义点。

☑ 串连 选项：选择该选项，单击其后的 按钮，用户在绘图区域选取一直线、
圆弧或样条曲线来控制刀具轴向的方向。

- 汇出格式 下拉列表：用于定义加工输出的方式，主要包括 3轴 、 4轴 和 5轴 三个
选项。

  ☑ 3轴 选项：选择该选项，系统将不会改变刀具的轴向角度。

  ☑ 4轴 选项：选择该选项，需要在其下的 模拟旋转轴 下拉列表中选择 X 轴 、Y 轴、
  Z 轴其中任意一个轴为第四轴。

  ☑ 5 轴 选项：选择该选项，系统会以直线段的形式来表示 5 轴刀具路径，其直
  线方向便是刀具的轴向。

- 模拟旋转轴 下拉列表：分别对应 5轴 和 4轴 方式下，用来指定旋转轴。

- 引线角度 文本框：用于定义刀具前倾角度或后倾角度。

- 侧边倾斜角度 文本框：用于定义刀具侧倾角度。

- ☑ 增量角度 复选框：用于定义相邻刀具路径间的角度增量。

- 刀具的向量长度 文本框：用于指定刀具向量的长度，系统会在每一刀的位置通过此长
  度控制刀具路径的显示。

（2）选取投影曲面。在 刀具轴向控制 下拉列表中选中 曲面 选项，单击其后的 按钮，在
图形区中选取图 5.2.7 所示的投影曲面，然后按 Enter 键，完成加工曲面的选择；在 侧边倾斜角度
文本框中输入值 45。

------- 投影曲面

图 5.2.7　投影曲面

（3）设置其他参数。在"多轴刀具路径-曲面曲线"对话框的左侧列表中单击 切削方式 节
点，切换到切削方式设置界面；在 投影 区域选中 ⊙ 曲面法向 单选项，在 最大距离 文本框中输
入值 50.0，完成设置。

Step3. 设置轴的"限制"参数。在"多轴刀具路径-曲面曲线"对话框的左侧节点树中

单击 刀具轴控制 节点下的 限制 节点，切换到轴的"限制"参数设置界面，如图 5.2.8 所示；在 限制方式 区域中选中 ⊙ 删除超过限制的位移 单选项，完成"限制"参数的设置。

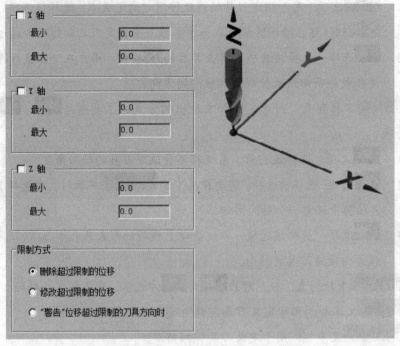

图 5.2.8　"限制"参数设置界面

图 5.2.8 所示的"限制"参数设置界面中部分选项的说明如下：

- **X轴** 区域：用于设置 X 轴的旋转角度限制范围，包括 最小 文本框和 最大 文本框。
  - ☑ 最小 文本框：用于设置 X 轴的最小旋转角度。
  - ☑ 最大 文本框：用于设置 X 轴的最大旋转角度。

说明：Y轴 和 Z轴 与 X轴 的设置是完全一致的，这里就不再赘述了。

- **限制方式** 区域：用于设置刀具的偏置参数。
  - ☑ ⊙ 删除超过限制的位移 单选项：选中该单选项，系统在计算刀路时会自动将设置角度极限以外的刀具路径删除。
  - ☑ ⊙ 修改超过限制的位移 单选项：选中该单选项，系统在计算刀路时将以锁定刀具轴线方向的方式修改设置角度极限以外的刀具路径。
  - ☑ ⊙ "警告"位移超过限制的刀具方向时 单选项：选中该单选项，系统在计算刀路时将设置角度极限以外的刀具路径用红色标记出来，以便用户对刀具路径进行编辑。

Step4. 设置"碰撞控制"参数。在"多轴刀具路径-曲面曲线"对话框的左侧节点树中单击 碰撞控制 节点，切换到"碰撞控制"参数设置界面，如图 5.2.9 所示；在 刀尖控制 区域中选中 ⊙ 在投影曲面上 单选项，完成碰撞控制的设置。

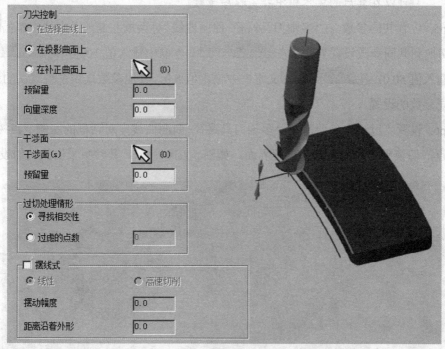

图 5.2.9　"碰撞控制"参数设置界面

图 5.2.9 所示的"碰撞控制"参数设置界面中部分选项的说明如下:

- 刀尖控制 区域: 用于设置刀尖顶点的控制位置, 包括 在选择曲线上 单选项、 在投影曲面上 单选项和 在补正曲面上 单选项。
  - ☑ 在选择曲线上 单选项: 选中该单选项, 刀尖的位置将沿选取曲线进行加工。
  - ☑ 在投影曲面上 单选项: 选中该单选项, 刀尖的位置将沿选取曲线的投影进行加工。
  - ☑ 在补正曲面上 单选项: 用于调整刀尖始终与指定的曲面接触。单击其后的 按钮, 系统弹出"刀具路径的曲面选取"对话框, 用户可以通过此对话框选择一个曲面作为刀尖的补正对象。
- 干涉面 区域: 用于检测刀具路径的曲面干涉。
  - ☑ 干涉面(s): 单击其后的 按钮, 系统弹出"刀具路径的曲面选取"对话框, 用户可以利用该对话框中的按钮来选取要检测的曲面, 并将干涉显示出来。
  - ☑ 预留量 文本框: 用来指定刀具与干涉面之间的间隙量。
- 过切处理情形 区域: 用于设置产生过切时的处理方式, 包括 寻找相交性 单选项和 过滤的点数 单选项。
  - ☑ 寻找相交性 单选项: 该单选项表示在整个刀具路径进行过切检查。
  - ☑ 过滤的点数 单选项: 该单选项表示在指定的程序节数中进行过滤检查, 用户可以在其后的文本框中指定程序节数。

Step5. 设置共同参数。在"多轴刀具路径-曲面曲线"对话框左侧的节点树中单击 共同参数 节点，切换到共同参数设置界面；在 安全高度... 文本框中输入值 100.0，在 提刀速率... 文本框中输入值 50.0；在 下刀位置... 文本框中输入值 5.0，其他参数采用系统默认的设置值；完成共同参数的设置。

Step6. 设置"过滤"参数。在"多轴刀具路径-曲面曲线"对话框的左侧节点树中单击 过滤 节点，切换到"过滤"参数设置界面，如图 5.2.10 所示，其参数采用默认的设置值。

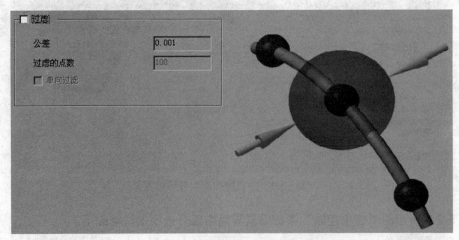

图 5.2.10　"过滤"参数设置界面

Step7. 单击"多轴刀具路径-曲面曲线"对话框中的 ✔ 按钮，完成五轴曲线参数的设置，此时系统将自动生成图 5.2.11 所示的刀具路径。

图 5.2.11　刀具路径

Stage6. 路径模拟

Step1. 在"操作管理器"中单击 ≋ 刀具路径 - 76.9K - LINE_5.NC - 程序号码 0 节点，系统弹出"路径模拟"对话框及"路径模拟控制"操控板。

Step2. 在"路径模拟控制"操控板中单击 ▶ 按钮，系统将开始对刀具路径进行模拟，结果与图 5.2.11 所示的刀具路径相同；单击"路径模拟"对话框中的 ✓ 按钮，关闭"路径模拟控制"操控板。

Step3. 保存文件模型。选择下拉菜单 文件(F) ➡️ 📄 保存(S) 命令，保存模型。

5.3　沿边五轴加工

沿边五轴加工可以控制刀具的侧面沿曲面进行切削，从而产生平滑且精确的精加工刀具路径，系统通常以相对于曲面切线方向来设定刀具轴向。下面以图 5.3.1 所示的模型为例来说明沿边五轴加工的操作过程。

Stage1. 打开原始模型

打开文件 D:\mcdz7\work\ch05.03\SWARF_MILL.MCX-7，系统进入加工环境，此时零件模型如图 5.3.2 所示。

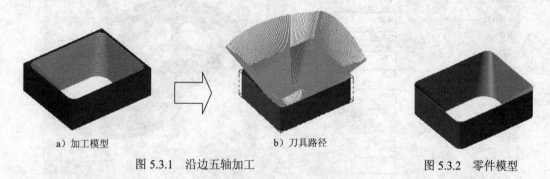

　　　a）加工模型　　　　　　　　　　　　b）刀具路径

图 5.3.1　沿边五轴加工　　　　　　　　　　　图 5.3.2　零件模型

Stage2. 选择加工类型

选择加工类型。选择下拉菜单 刀具路径(T) ➡️ 🔧 多轴刀具路径(M)... 命令，系统弹出"多轴刀具路径-曲面曲线"对话框，选择 沿边五轴 选项。

Stage3. 选择刀具

Step1. 选择加工刀具。在"多轴刀具路径-沿边五轴"对话框的左侧节点树中单击 刀具 节点，切换到刀具参数设置界面，单击 选择刀库 按钮，系统弹出"选择刀具"对话框。在"选择刀具"对话框的列表框中选择 `215    6. FLAT ENDMILL    6.0    0.0    50.0    4    平底刀    无` 刀具；在"选择刀具"对话框中单击 ✓ 按钮；完成刀具的选择，同时系统返回至"多轴刀具路径-沿边五轴"对话框。

Step2. 设置刀具号。在"多轴刀具路径-沿边五轴"对话框中双击上一步所选择的刀具，系统弹出"定义刀具-机床群组-1"对话框。在 刀具号码 文本框中输入值 2，其他参数采用系统默认的设置值，完成刀号的设置。

    Step3. 定义刀具参数。单击 参数 选项卡，在 进给速率 文本框中输入值 200.0，在 下刀速率 文本框中输入值 100.0，在 提刀速率 文本框中输入值 500.0，在 主轴转速 文本框中输入值 1500.0；单击 Coolant... 按钮，系统弹出"Coolant..."对话框；在 Flood 下拉列表中选择 On 选项，单击"Coolant..."对话框中的 ✔ 按钮；单击"定义刀具-机床群组-1"对话框中的 ✔ 按钮，完成定义刀具参数，同时系统返回至"多轴刀具路径-沿边五轴"对话框。

Stage4．设置加工参数

    Step1. 设置切削方式。在"多轴刀具路径-沿边五轴"对话框的左侧列表中单击 切削方式 节点，系统切换到"切削方式"设置界面，如图 5.3.3 所示。

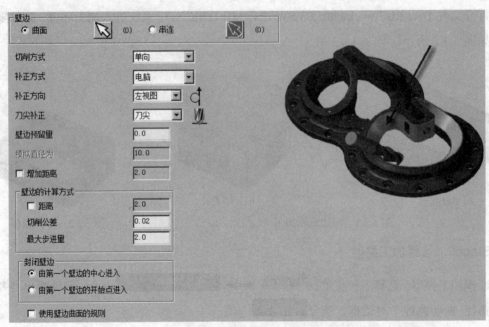

图 5.3.3　"切削方式"设置界面

图 5.3.3 所示的"切削方式"设置界面中部分选项的说明如下：

- 壁边 区域：用于设置壁边的定义参数，包括 ⦿ 曲面 单选项和 ⦿ 串连 单选项。
  - ☑ ⦿ 曲面 单选项：用于设置壁边的曲面。当选中此选项时，单击其后的 ▨ 按钮，用户可以选择依次代表壁边的曲面。
  - ☑ ⦿ 串连 单选项：用于设置壁边的底部和顶部曲线。当选中此选项时，单击其后的 ▨ 按钮，用户可以选择依次代表壁边的底部和顶部曲线。
- 壁边的计算方式 区域：用于设置壁边的计算方式参数。

☑　▣ **距离** 复选框：用于定义沿壁边的切削间距。当选中此复选框时，其后的文本框被激活，用户可以在此文本框中指定切削间距。

☑　**切削公差** 文本框：用于设置切削路径的偏离公差。

☑　**最大步进量**：用于定义沿壁边的最大切削间距。当 ▣ **距离** 复选框被选中时，此文本框不能被设置。

● **封闭壁边** 区域：用于设置切削壁边的进入点。

☑　◉ **由第一个壁边的中心进入**：从组成壁边的第一个边的中心进刀。

☑　◉ **由第一个壁边的开始点进入**：从组成壁边的第一个边的一个端点进刀。

Step2. 选取壁边曲线。在"多轴刀具路径-沿边五轴"对话框中选择 ◉ **串连** 单选项，单击其后的 ⏏按钮，系统弹出"串连选项"对话框并提示"沿面 5 轴：定义底部外形"，在图形区中选取图 5.3.4 所示的曲线串；此时系统提示"沿面 5 轴：定义顶部外形"，在图形区中选取图 5.3.5 所示的曲线串；单击 ✔ 按钮，系统返回至"多轴刀具路径-沿边五轴"对话框。

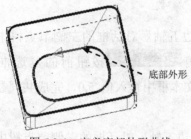
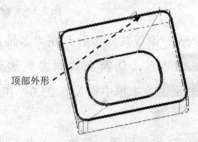

底部外形　　　　　　　　　　　　　　　　顶部外形

图 5.3.4　定义底部外形曲线　　　　　　图 5.3.5　定义顶部外形曲线

Step3. 定义其他参数。在 **切削方式** 下拉列表中选择 **双向** 选项；在 **壁边的计算方式** 区域的 **切削公差** 文本框中输入值 0.01；在 **最大步进量** 文本框中输入值 1，其他参数采用系统默认的设置值。

Step4. 设置刀具轴控制。在"多轴刀具路径-沿边五轴"对话框的左侧列表中单击 **刀具轴控制** 节点，设置图 5.3.6 所示的参数。

图 5.3.6 所示的"刀具轴控制"设置界面中部分选项的说明如下：

● ☑ **扇形切削方式** 区域：用于设置壁边的扇形切削参数。

☑　**扇形距离** 文本框：用于设置扇形切削时的最小扇形距离。

☑　**扇形进给率** 文本框：用于设置扇形切削时的进给率。

● ☑ **增量角度** 文本框：用于设置相邻刀具轴之间的增量角度数值。

● **刀具的向量长度** 文本框：用于设置刀具切削刃沿刀轴方向的长度数值。

● ☑ **将刀具路径的转角减至最少** 复选框：选中该复选框，可减少刀具路径的转角动作。

Step5. 设置碰撞控制参数。在"多轴刀具路径-沿边五轴"对话框的左侧节点树中单击 碰撞控制 节点，切换到碰撞控制参数设置界面；在 刀尖控制 区域选中 ⊙ 底部轨迹(L) 单选项，在 刀中心与轨迹的距离 文本框中输入数值-5，其他参数采用系统默认的设置值。

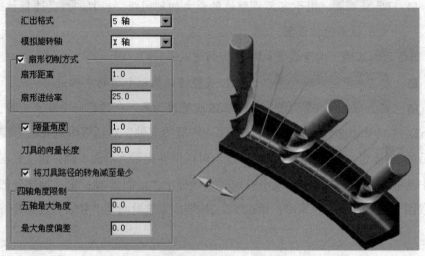

图 5.3.6　设置"刀具轴控制"参数

Step6. 设置共同参数。在"多轴刀具路径-沿边五轴"对话框的左侧节点树中单击 共同参数 节点，切换到共同参数设置界面；取消 安全高度... 按钮前的复选框；在 提刀速率... 文本框中输入值 25.0；在 下刀位置... 文本框中输入值 5.0，完成共同参数的设置。

Step7. 设置进退刀参数。在"多轴刀具路径-沿边五轴"对话框的左侧节点树中单击 共同参数 节点下的 引进/引出 节点，切换到"进退刀"参数设置界面，设置图 5.3.7 所示的参数。

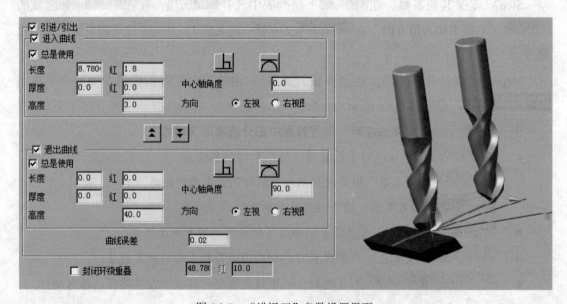

图 5.3.7　"进退刀"参数设置界面

Step8. 设置粗加工参数。在"多轴刀具路径-沿边五轴"对话框的左侧节点树中单击 **粗加工** 节点，切换到粗加工参数设置界面，设置图 5.3.8 所示的深度切削参数。

Step9. 单击"多轴刀具路径-沿边五轴"对话框中的 ✓ 按钮，此时系统将自动生成图 5.3.9 所示的刀具路径。

图 5.3.8　设置深度切削参数

图 5.3.9　刀具路径

Stage5. 路径模拟

Step1. 在"操作管理器"中单击 刀具路径 - 486.2K - YAN BIAN.NC - 程序号码 0 节点，系统弹出"路径模拟"对话框及"路径模拟控制"操控板。

Step2. 在"路径模拟控制"操控板中单击 ▶ 按钮，系统将开始对刀具路径进行模拟，结果与图 5.3.9 所示的刀具路径相同；单击"路径模拟"对话框中的 ✓ 按钮，关闭"路径模拟控制"操控板。

Step3. 保存文件模型。选择下拉菜单 文件(F) ➡ 保存(S) 命令，保存模型。

5.4　沿面五轴加工

沿面五轴加工可以用来控制球刀所产生的残脊高度，从而产生平滑且精确的精加工刀具路径，系统以相对于曲面法线方向来设定刀具轴向。下面以图 5.4.1 所示的模型为例来说明沿面五轴加工的操作过程。

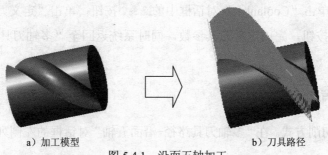

a）加工模型　　　　b）刀具路径

图 5.4.1　沿面五轴加工

Stage1. 打开原始模型

打开文件 D:\mcdz7\work\ch05.04\5_AXIS_FLOW.MCX-7，系统进入加工环境，此时零件模型如图 5.4.2 所示。

图 5.4.2　零件模型

Stage2. 选择加工类型

选择下拉菜单 刀具路径(T) ➡ 多轴刀具路径(M)... 命令，系统弹出"输入新的 NC 名称"对话框，采用系统默认的 NC 名称；单击 ✓ 按钮；在系统弹出的对话框中选择 沿面五轴 选项。

Stage3. 选择刀具

Step1. 选择加工刀具。在"多轴刀具路径-沿面五轴"对话框的左侧节点树中单击 刀具 节点，切换到刀具参数设置界面；在"多轴刀具路径-沿面五轴"对话框中单击 选择刀库 按钮，系统弹出"选择刀具"对话框；在"选择刀具"对话框的列表框中选择 ✓ 238　　 4. BALL ENDMILL　　4.0　　2.0　　50.0　　4　　球刀　　全部 刀具；在"选择刀具"对话框中单击 ✓ 按钮，完成刀具的选择，同时系统返回至"多轴刀具路径 - 沿面五轴"对话框。

Step2. 设置刀具号。在"多轴刀具路径-沿面五轴"对话框中双击上一步所选择的刀具，系统弹出"定义刀具-机床群组-1"对话框。在 刀具号码 文本框中输入值 1，其他参数采用系统默认的设置值，完成刀具号的设置。

Step3. 定义刀具参数。单击 参数 选项卡，在 进给速率 文本框中输入值 1000.0，在 下刀速率 文本框中输入值 500.0，在 提刀速率 文本框中输入值 1500.0，在 主轴转速 文本框中输入值 2200.0；单击 Coolant... 按钮，系统弹出"Coolant..."对话框；在 Flood 下拉列表中选择 On 选项，单击"Coolant..."对话框中的 ✓ 按钮；单击"定义刀具-机床群组-1"对话框中的 ✓ 按钮，完成定义刀具参数，同时系统返回至"多轴刀具路径-沿面五轴"对话框。

Stage4. 设置加工参数

Step1. 设置切削方式。在"多轴刀具路径-沿面五轴"对话框的左侧列表中单击 切削方式节点，切换到"切削方式"设置界面，如图 5.4.3 所示。

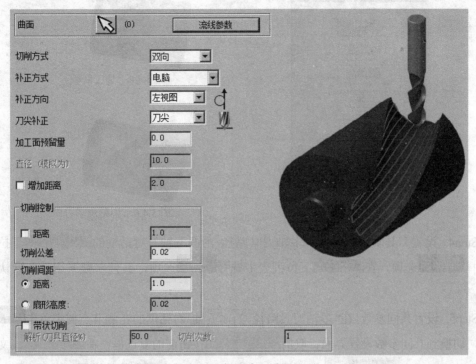

图 5.4.3 "切削方式"设置界面

图 5.4.3 所示的"切削方式"设置界面中部分选项的说明如下：

- 切削间距 区域：用于设置切削方向的相关参数，包括 ⊙ 距离：单选项和 ⊙ 扇形高度：单选项。
  - ☑ ⊙ 距离：单选项：用于定义切削间距。当选中此单选项时，其后的文本框被激活，用户可以在此文本框中指定切削间距。
  - ☑ ⊙ 扇形高度：单选项：用于设置切削路径间残留材料高度。当选中此单选项时，其后的文本框被激活，用户可以在此文本框中指定残留材料的高度。

Step2. 选取加工曲面。在"多轴刀具路径-沿面五轴"对话框中单击 ⬚ 按钮，在图形区中选取图 5.4.4 所示的曲面；然后在图形区空白处双击，系统弹出图 5.4.5 所示的"流线设置"对话框，调整加工方向如图 5.4.6 所示；单击 ✓ 按钮，系统返回至"多轴刀具路径-沿面五轴"对话框。

说明： 在该对话框的 方向切换 区域中单击 切削方向 和 步进方向 按钮可调整加工方向。

Step3. 在 切削方式 下拉列表中选择 双向 选项；在 切削控制 区域的 切削公差 文本框中输入值 0.001；在 切削间距 区域选择 ⊙ 距离 复选框，然后在其后面的文本框中输入值 0.5，其他参数采用系统默认的设置值。

图 5.4.5　"流线设置"对话框

图 5.4.4　加工区域

图 5.4.6　调整加工方向

Step4. 设置刀具轴控制。在"多轴刀具路径-沿面五轴"对话框的 刀具轴向控制 下拉列表中选择 曲面模式 选项，在 汇出格式 下拉列表中选择 4 轴 选项，其他参数采用系统默认的设置值。

Step5. 设置共同参数。在"多轴刀具路径-沿面五轴"对话框的左侧节点树中单击 共同参数 节点，切换到共同参数设置界面，取消 安全高度... 按钮前的复选框；在 提刀速率... 文本框中输入值 25.0；在 下刀位置... 文本框中输入值 5.0，完成共同参数的设置。

Step6. 单击"多轴刀具路径-沿面五轴"对话框中的 ✓ 按钮，完成多轴刀具路径-沿面五轴加工参数的设置，此时系统将自动生成图 5.4.7 所示的刀具路径。

图 5.4.7　刀具路径

Stage5. 路径模拟

Step1. 在"操作管理器"中单击 ≋ 刀具路径 - 1003.6K - 5_AXIS_FLOW_OK.NC - 程序号码 0 节点，系统弹出"路径模拟"对话框及"路径模拟控制"操控板。

Step2. 在"路径模拟控制"操控板中单击 ▶ 按钮，系统将开始对刀具路径进行模拟，结果与图 5.4.7 所示的刀具路径相同；单击"路径模拟"对话框中的 ✓ 按钮，关闭"路径模拟控制"操控板。

Step3. 保存文件模型。选择下拉菜单 文件(F) ➡ 🖫 保存(S) 命令，保存模型。

5.5　曲面五轴加工

曲面五轴加工可以用于曲面的粗精加工，系统以相对曲面的法线方向来设定刀具轴线方向。曲面五轴加工的参数设置与曲线五轴的参数设置相似，下面以图 5.5.1 所示的模型为例来说明曲面五轴加工的过程，其操作步骤如下：

Stage1. 打开原始模型

打开文件 D:\ mcdz7\work\ch05.05\5_AXIS_FACE.MCX-7，系统进入加工环境，此时零件模型如图 5.5.2 所示。

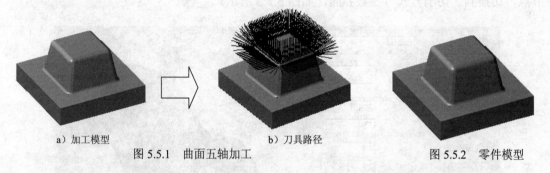

a）加工模型　　　　　　　　　　　b）刀具路径

图 5.5.1　曲面五轴加工　　　　　　　　　　　　图 5.5.2　零件模型

Stage2. 选择加工类型

Step1. 选择加工类型。选择下拉菜单 刀具路径(T) ➡ ⬧多轴刀具路径(M)... 命令，系统弹出"输入新的 NC 名称"对话框；采用系统默认的 NC 名称，单击 ✓ 按钮；系统弹出"多轴刀具路径-曲面曲线"对话框。

Step2. 选择刀具路径类型。在"多轴刀具路径-曲面曲线"对话框的左侧列表中单击 刀具路径类型 节点，然后选择 曲面五轴 选项。

Stage3. 选择刀具

Step1. 选择加工刀具。在"多轴刀具路径-曲面五轴"对话框的左侧列表中单击 刀具 节点，切换到刀具参数设置界面；单击 选择刀库 按钮，系统弹出"选择刀具"对话框；在"选择刀具"对话框的列表框中选择 ⬧ 122　6. BULL ENDMILL 1. ...　6.0　1.0　50.0　4　圆角刀 刀具，单击 ✓ 按钮，完成刀具的选择，同时系统返回至"多轴刀具路径-曲面五轴"对话框。

Step2. 设置刀具号。在"多轴刀具路径-曲面五轴"对话框中双击上一步所选择的刀具，系统弹出"定义刀具- Machine Group-1"对话框；在 刀具号码 文本框中输入值 1，其他参数采用系统默认的设置值，完成刀具号的设置。

Step3. 定义刀具参数。单击 参数 选项卡，在 进给速率 文本框中输入值 200.0，在 下刀速率 文本框中输入值 200.0，在 提刀速率 文本框中输入值 200.0，在 主轴转速 文本框中输入值 500.0；单击 Coolant... 按钮，系统弹出"Coolant..."对话框；在 Flood 下拉列表中选择 On 选项，单击"Coolant..."对话框中的 ✓ 按钮；其他设置采用默认的设置值；单击"定义刀具- Machine Group-1"对话框中的 ✓ 按钮，完成定义刀具参数，同时系统返回至"多轴刀具路径-曲面五轴"对话框。

Stage4. 设置切削方式

Step1. 设置切削方式。在"多轴刀具路径-曲面五轴"对话框的左侧列表中单击 切削方式 节点，切换到"切削方式"参数界面，如图 5.5.3 所示。

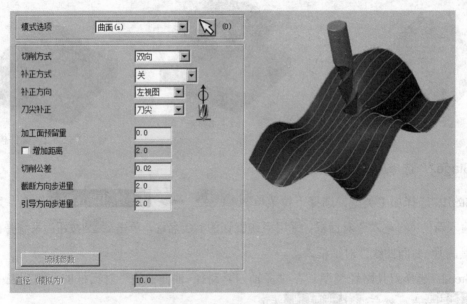

图 5.5.3　"切削方式"参数界面

图 5.5.3 所示的"切削方式"参数界面对话框中部分选项的说明如下：

- 模式选项 区域：用于定义加工区域，包括 曲面(s) 选项、圆柱 选项、圆球 选项和 方块 选项。

  ☑ 曲面(s) 选项：用于定义加工曲面。选择此选项后单击 按钮，用户可以在绘图区选择要加工的曲面。选择曲面后，系统会自动弹出"流线设置"对话框，用户可进一步设置方向参数。

  ☑ 圆柱 选项：用于根据指定的位置和尺寸创建简单的圆柱作为加工面。选择此

选项后单击 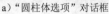 按钮，系统弹出图 5.5.4a 所示的"圆柱体选项"对话框，用户可输入相关参数定义一个图 5.5.4b 所示的圆柱面作为加工区域。

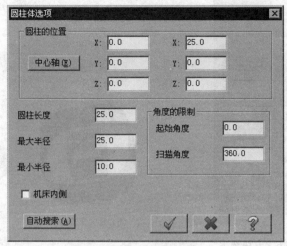

a)"圆柱体选项"对话框

b）定义圆柱面

图 5.5.4　圆柱体选项

☑ **圆球** 选项：用于根据指定的位置和尺寸创建简单的球作为加工面。选择此选项后单击 按钮，系统弹出图 5.5.5a 所示的"球型选项"对话框，用户可输入相关参数定义一个图 5.5.5b 所示的球面作为加工区域。

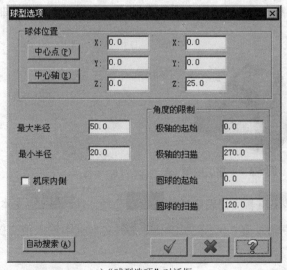

a)"球型选项"对话框

b）定义球面

图 5.5.5　圆球选项

☑ **方块** 选项：用于根据指定的位置和尺寸创建简单的立方体作为加工面。选择此选项后单击 按钮，系统弹出图 5.5.6a 所示的"立方体的选项"对话框，用户可输入相关参数定义一个图 5.5.6b 所示的立方体作为加工区域。

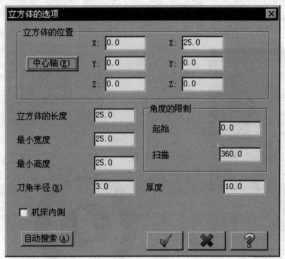

a)"立方体的选项"对话框　　　　　　b)定义立方体

图 5.5.6　方块选项

☑　流线参数　按钮：单击此按钮，系统弹出"流线设置"对话框，用户可以定义刀具运动的切削方向、步进方向、起始位置和补正方向。

Step2. 选取加工区域。在"多轴刀具路径-曲面五轴"对话框的 模式选项 下拉列表中选择 曲面(s)选项；单击其后的 按钮，在图形区中选取图 5.5.7 所示的曲面，然后单击"结束选择"按钮；单击"流线设置"对话框的 按钮，系统返回至"多轴刀具路径-曲面五轴"对话框。

加工区域面

图 5.5.7　加工区域

Step3. 设置切削方式参数。在 切削方式 下拉列表中选择 双向 选项；在 切削公差 文本框中输入值 0.02，在 截断方向步进量 文本框中输入值 2.0，在 引导方向步进量 文本框中输入值 2.0，其他参数采用系统默认的设置值。

Step4. 设置刀具轴控制参数。在"多轴刀具路径-曲线五轴"对话框的左侧列表中单击 刀具轴控制 节点，切换到图 5.5.8 所示的"刀具轴控制"参数设置界面。在 刀具轴向控制 下拉列表中选择 曲面模式 选项，在 刀具的向量长度 文本框中输入值 25.0，其他参数采用系统默认的设置值。

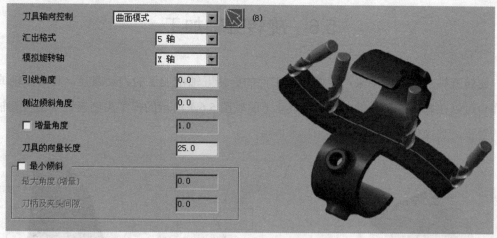

图 5.5.8 设置"刀具轴控制"参数

Step5. 设置共同参数。在"多轴刀具路径-曲面五轴"对话框的左侧节点树中单击 共同参数 节点，切换到共同参数设置界面；在 安全高度... 文本框中输入值 100.0，在 提刀速率... 文本框中输入值 50.0，在 下刀位置... 文本框中输入值 5.0，其他参数采用系统默认的设置值，完成共同参数的设置。

Step6. 单击"多曲面五轴"对话框中的 ✓ 按钮，完成曲面五轴参数的设置，此时系统生成图 5.5.9 所示的刀具路径。

图 5.5.9 刀具路径

Stage5. 路径模拟

Step1. 在"操作管理器"中单击 ≋ 刀具路径 - 64.6K - 5_AXIS_FACE.NC - 程序号码 0 节点，系统弹出"路径模拟"对话框及"路径模拟控制"操控板。

Step2. 在"路径模拟控制"操控板中单击 ▶ 按钮，系统将开始对刀具路径进行模拟，结果与图 5.5.9 所示的刀具路径相同；单击"路径模拟"对话框中的 ✓ 按钮，关闭"路径模拟控制"操控板。

Step3. 保存文件模型。选择下拉菜单 文件(F) ➡ 🖫 保存(S) 命令，保存模型。

5.6　旋转五轴加工

　　旋转五轴加工主要用来产生圆柱类工件的旋转五轴精加工的刀具路径，其刀具轴或者工作台可以在垂直于 Z 轴的方向上旋转。下面以图 5.6.1 所示的模型为例来说明旋转五轴加工的过程，其操作步骤如下：

a）加工模型　　　　　　　　　　　　图 5.6.1　旋转五轴加工　　　　　　　　　　b）刀具路径

Stage1．打开原始模型

　　打开文件 D:\ mcdz7\work\ch05.06\4_AXIS_ROTARY.MCX-7，系统进入加工环境，此时零件模型如图 5.6.2 所示。

图 5.6.2　零件模型

Stage2．选择加工类型

　　选择下拉菜单 **刀具路径(T)** ➡ **多轴刀具路径(M)...** 命令，系统弹出"输入新的 NC 名称"对话框；采用系统默认的 NC 名称，单击 ✓ 按钮；在系统弹出的对话框中选择 **旋转五轴** 选项。

Stage3．选择刀具

　　Step1．选择加工刀具。在"多轴刀具路径-旋转五轴"对话框的左侧节点树中单击 **刀具** 节点，切换到刀具参数设置界面；在"多轴刀具路径-旋转五轴"对话框中单击 **选择刀库** 按钮，系统弹出"选择刀具"对话框；在"选择刀具"对话框的列表框中选择 **243　　9. B..　9.0　4.5　50.0　4　　球刀　全部** 刀具；单击 ✓ 按钮，完成刀具的选择，系统返回至"多轴刀具路径-旋转五轴"对话框。

Step2. 定义刀具参数。在"多轴刀具路径-旋转五轴"对话框中双击上一步所选择的刀具，系统弹出"定义刀具-Machine Group-1"对话框；在 刀具号码 文本框中输入值 1，其他参数采用系统默认的设置值，完成刀具号的设置。

Step3. 定义刀具参数。单击 参数 选项卡，在 XY粗铣步进 [%] 文本框中输入值 50.0，在 进给速率 文本框中输入值 300.0，在 下刀速率 文本框中输入值 1200.0，在 提刀速率 文本框中输入值 1200.0，在 主轴转速 文本框中输入值 800.0；单击 Coolant... 按钮，系统弹出"Coolant…"对话框；在 Flood 下拉列表中选择 On 选项，单击"Coolant…"对话框中的 ✓ 按钮；其他参数采用系统默认的设置值；单击"定义刀具-Machine Group-1"对话框中的 ✓ 按钮，完成定义刀具参数，同时系统返回至"多轴刀具路径-旋转五轴"对话框。

Stage4. 设置加工参数

Step1. 设置切削方式。在"多轴刀具路径-旋转五轴"对话框的左侧列表中单击 切削方式 节点，切换到"切削方式"设置界面，如图 5.6.3 所示。

图 5.6.3 所示的"切削方式"设置界面中部分选项的说明如下：

- ⊙ 绕着旋转轴切削 单选项：用于设置绕着旋转轴进行切削。
- ⊙ 沿着旋转轴切削 单选项：用于设置沿着旋转轴进行切削。

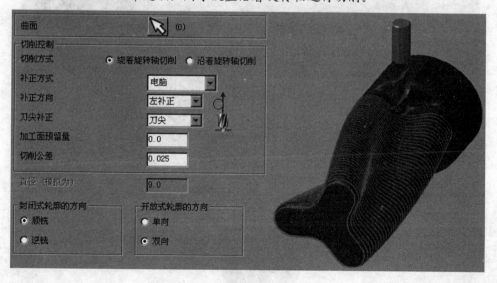

图 5.6.3　"切削方式"设置界面

Step2. 选取加工区域。单击"曲面"后的 ▨ 按钮，在图形区中选取图 5.6.4 所示的曲面，然后单击"结束选择"按钮 ⬤，完成加工区域的选择，系统返回至"多轴刀具路径-旋转五轴"对话框；在 切削公差 文本框中输入值 0.02。其他参数采用系统默认的设置值。

图 5.6.4　加工区域

Step3. 设置刀具轴控制参数。在"多轴刀具路径－旋转五轴"对话框的左侧列表中单击 刀具轴控制 节点，切换到图 5.6.5 所示的"刀具轴控制"参数设置界面；单击 按钮，选取图 5.6.6 所示的点作为 4 轴点；在 旋转轴 下拉列表中选择 Z 轴 选项，其他参数设置如图 5.6.5 所示。

Step4. 设置共同参数。在"多轴刀具路径－旋转五轴"对话框的左侧节点树中单击 共同参数 节点，切换到共同参数设置界面；选中 安全高度... 按钮前的复选框，并在其后的文本框中输入值 100.0，在 提刀速率... 文本框中输入值 10.0，在 下刀位置... 文本框中输入值 5.0，完成共同参数的设置。

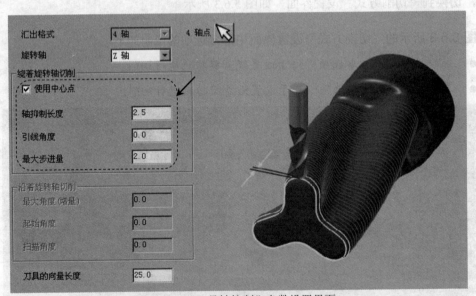

图 5.6.5　"刀具轴控制"参数设置界面

图 5.6.6　定义 4 轴点

Step5. 单击"多轴刀具路径-旋转五轴"对话框中的 按钮，完成多轴刀具路径-旋转五轴参数的设置，此时系统将自动生成图 5.6.7 所示的刀具路径。

图 5.6.7　刀具路径

Stage5. 路径模拟

Step1. 在"操作管理器"中单击 **刀具路径 – 15162.6K – 4_AXIS_ROTARY.NC – 程序号码** 0 节点，系统弹出"路径模拟"对话框及"路径模拟控制"操控板。

Step2. 在"路径模拟控制"操控板中单击 ▶ 按钮，系统将开始对刀具路径进行模拟，结果与图 5.6.7 所示的刀具路径相同；单击"路径模拟"对话框中的 ✔ 按钮，关闭"路径模拟控制"操控板。

Step3. 保存文件模型。选择下拉菜单 **文件(F)** ➡ **保存(S)** 命令，保存模型。

5.7 习　题

一、填空题

1. 多轴加工适用于加工（　　　　）、（　　　　）以及分布在不同平面上的（　）等。

2. 曲线五轴加工，主要应用于加工（　　　　）和（　　　　），其刀具定位在一条轮廓线上，可以生成四轴或者五轴的曲线加工刀具路径。

3. 在定义刀具轴控制参数时，如果选择" **从…点** "选项，则表示刀具轴线（　　　　　　　　　　　　　　）；如果选择" **曲面** "选项，则表示刀具轴线（　　　　　　　　　　　　　　）；如果选择" **串连** "选项，则表示刀具轴线（　　　　　　　　）。

4. 在定义刀具轴控制参数时， **引线角度** 文本框的含义是（　　　　　　　　　　），**侧面倾斜角度** 文本框的含义是（　　　　　　　　　　）。

5. 在定义多轴加工参数时，通常的汇出格式包括（　　　）、（　　　）和（　　　）。

6. 由于机床旋转轴的角度限制，系统在计算刀路时会自动对超出角度极限以外的刀具路径进行必要的处理，可以选择的操作类型有（　　　）、（　　　）和（　　　）。

7. 沿边 5 轴加工是利用刀具的（　　）加工工件侧壁的刀具路径，其侧壁的定义方式为（　　）和（　　　）两种类型。

8. 在沿面 5 轴加工或曲面 5 轴加工中可以选取（　　　　　　　）来使得生成的刀具路径沿刀具轴方向偏移到所选取的曲面上。

二、操作题

1. 打开练习模型 1，如图 5.7.1 所示，在粗加工的基础上，采用沿面 5 轴加工方法，完成模型中凸台侧壁曲面部分的精加工。

a)　　　　　　　　　　　　　　　　　　b)

图 5.7.1　练习模型 1

2. 打开练习模型 2，如图 5.7.2 所示，设置合适的毛坯几何体，采用合适的多轴加工方法，完成模型中弧形槽的粗、精加工。

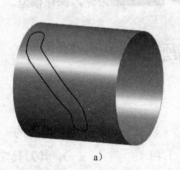 

a)　　　　　　　　　　　　　　　　　　b)

图 5.7.2　练习模型 2

3. 打开练习模型 3，如图 5.7.3 所示，设置合适的毛坯几何体，采用合适的多轴加工方法，完成模型的粗、精加工。

图 5.7.3　练习模型 3

第 6 章　MasterCAM X7 车削加工

本章提要　　MasterCAM X7 的车削加工模块为我们提供了多种车削加工方法,包括粗车、精车、车螺纹、径向车削、车削钻孔、快速车削等。通过本章的学习,希望读者能够清楚地了解数控车削加工的一般流程及操作方法,并了解其中的原理。

6.1　概　　述

车削加工主要应用于轴类和盘类零件的加工,是工厂中应用最广泛的一种加工方式。车床为二轴联动,相对于铣削加工,车削加工要简单得多。在工厂中多数数控车床都采用手工编程,但随着科学技术的进步,也开始有人使用软件编程。

使用 MasterCAM X7 可以快速生成车削加工刀具轨迹和 NC 文件,在绘图时,只需绘制零件图形的一半即可以用软件进行加工仿真。

6.2　粗　车　加　工

粗车加工用于大量切除工件中多余的材料,使工件接近于最终的尺寸和形状,为精车加工做准备。粗车加工一次性去除材料多,加工精度不高。下面以图 6.2.1 所示的模型为例讲解粗车加工的一般过程,其操作步骤如下:

a) 2D 图形　　　　　　　b) 加工工件　　　　　　　c) 加工结果

图 6.2.1　粗车加工

Stage1. 进入加工环境

Step1. 打开文件 D:\mcdz7\work\ch06.02\ROUGH_LATHE.MCX-7。

Step2. 进入加工环境。选择下拉菜单 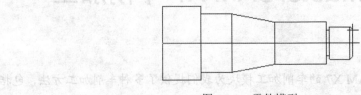 命令，系统进入加工环境，此时零件模型如图 6.2.2 所示。

图 6.2.2　零件模型

Stage2. 设置工件和夹爪

Step1. 在"操作管理器"中单击山 属性 - Lathe Default 节点前的"+"号，将该节点展开，然后单击◆ 素材设置 节点，系统弹出图 6.2.3 所示的"机器群组属性"对话框。

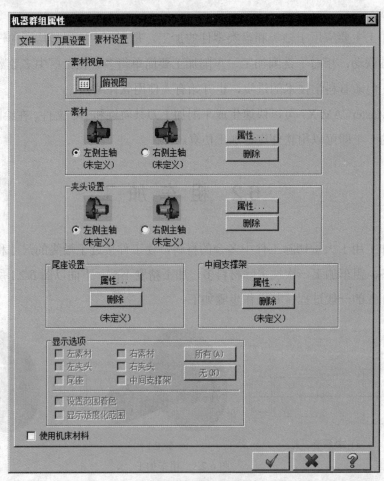

图 6.2.3　"机器群组属性"对话框

图 6.2.3 所示的"机器群组属性"对话框中部分选项的说明如下：

● 素材视角 区域：用于定义素材的视角方位。单击 按钮，在系统弹出的"视角选择"

对话框中可以更改素材的视角。

- **素材** 区域：用于定义工件的形状和大小，包括 **左侧主轴** 单选项、 **右侧主轴** 单选
项、 **属性...** 按钮和 **删除** 按钮。
  - ☑ **左侧主轴** 单选项：用于定义主轴在机床左侧。
  - ☑ **右侧主轴** 单选项：用于定义主轴在机床右侧。
  - ☑ **属性...** 按钮：单击此按钮，系统弹出"机床组件管理-素材"对话框，此
时可以详细定义工件的形状、大小和位置。
  - ☑ **删除** 按钮：单击此按钮，系统将删除已经定义的工件等信息。
- **夹头设置** 区域：用于定义夹爪的形状和大小，包括 **左侧主轴** 单选项、 **右侧主轴** 单
选项、 **属性...** 按钮和 **删除** 按钮。
  - ☑ **左侧主轴** 单选项：用于定义夹爪在机床左侧。
  - ☑ **右侧主轴** 单选项：用于定义夹爪在机床右侧。
  - ☑ **属性...** 按钮：单击此按钮，系统弹出"机床组件夹爪的设定"对话框，
此时可以详细定义夹爪的信息。
  - ☑ **删除** 按钮：单击此按钮，系统将删除已经定义的夹爪等信息。
- **尾座设置** 区域：用于定义尾座的大小。定义方法同夹爪类似。
- **中间支撑架** 区域：用于定义中间支撑架的大小。定义方法同夹爪类似。
- **显示选项** 区域：通过选中或取消选中不同的复选框来控制各素材的显示或隐藏。
- **刀具移位的安全间隙** 区域：用于设置刀具的安全距离，包括 **快速移位** 文本框和 **进入/退出**
文本框。
  - ☑ **快速移位** 文本框：用于设置刀具在快速移动时与工件、卡盘和尾座间的最小
距离。
  - ☑ **进入/退出** 文本框：用于设置刀具和工件、卡盘、尾座产生进给的进刀/退刀的
最小距离。

Step2. 设置工件的形状。在"机器群组属性"对话框的 **素材** 区域中单击 **属性...** 按
钮，系统弹出"机床组件管理-素材"对话框，如图 6.2.4 所示。

图 6.2.4 所示的"机床组件管理-素材"对话框中各选项的说明如下：

- **图形:** 下拉列表：用来设置工件的形状。
- **由两点产生(2)...** 按钮：通过选择两个点来定义工件的大小。
- **外径:** 文本框：通过输入数值定义工件的外径大小或通过单击其后的 **选择...** 按
钮，在绘图区选取点定义工件的外径大小。

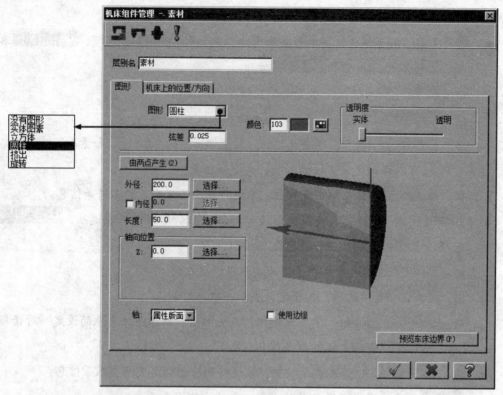

图 6.2.4 "机床组件管理-素材"对话框

- ☑ 内径 文本框：通过输入数值定义工件的内孔大小或通过单击其后的 选择.. 按钮，在绘图区选取点定义工件的内孔大小。

- 长度 文本框：通过输入数值定义工件的长度或通过单击其后的 选择.. 按钮，在绘图区选取点定义工件的长度。

- 轴向位置 区域：可用于设置 Z 坐标或通过单击其后的 选择.. 按钮，在绘图区选取点定义毛坯一端的位置。

- ☑ 使用边缘 复选框：选中此复选框可以通过输入沿零件各边缘的延伸量来定义工件。

Step3. 设置工件的尺寸。在"机床组件管理-素材"对话框中单击 由两点产生(2)... 按钮，然后在图形区选取图 6.2.5 所示的两点（点 1 为最右段上边竖直直线的下端点，点 2 的位置大致如图所示即可），系统返回到"机床组件管理-素材"对话框；在 外径: 文本框中输入值 50.0，在 长度 文本框中输入值 150.0，在 轴向位置 区域的 Z: 文本框中输入值 2.0，其他参数采用系统默认的设置值；单击 预览车床边界 按钮预览工件，如图 6.2.6 所示；按 Enter 键，然后在"机床组件管理-素材"对话框中单击 ✓ 按钮，系统返回到"机器群组属性"对话框。

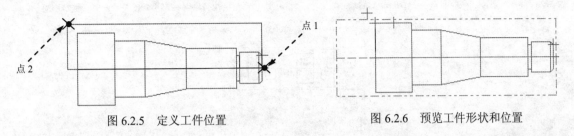

图 6.2.5　定义工件位置　　　　图 6.2.6　预览工件形状和位置

Step4. 设置夹爪的形状。在"机器群组属性"对话框的 夹头设置 区域中单击 属性… 按钮，系统弹出"机床组件管理-夹头设置"对话框。

Step5. 设置夹爪的尺寸。在"机床组件管理-夹头设置"对话框中单击 由两点产生(2) 按钮，然后在图形区选取图 6.2.7 所示的两点（两点的位置大致如图所示即可），系统返回到"机床组件管理-夹头设置"对话框。

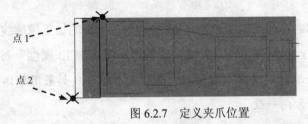

图 6.2.7　定义夹爪位置

Step6. 设置图 6.2.8 所示的参数，单击 预览车床边界 按钮预览夹爪，结果如图 6.2.9 所示；按 Enter 键，然后在"机床组件管理-夹头设置"对话框中单击 ✓ 按钮，系统返回到"机器群组属性"对话框。

Step7. 在"机器群组属性"对话框中单击 ✓ 按钮，完成工件和夹爪的设置。

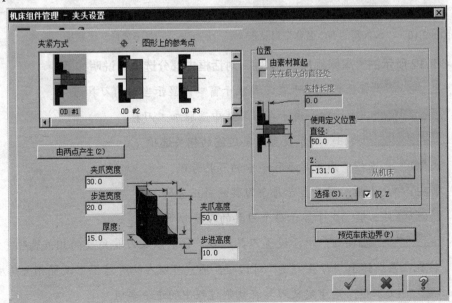

图 6.2.8　"机床组件管理-夹头设置"对话框

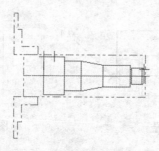

图 6.2.9　　预览夹爪形状和位置

Stage3. 选择加工类型

Step1. 选择下拉菜单 刀具路径(T) ➡ 粗车(R) 命令，系统弹出图 6.2.10 所示的"输入新的 NC 名称"对话框；采用系统默认的 NC 名称；单击 ✔ 按钮，系统弹出"串连选项"对话框。

Step2. 定义加工轮廓。在图形区中依次选取图 6.2.11 所示的加工轮廓线（中心线以上的部分）；单击 ✔ 按钮，系统弹出图 6.2.12 所示的"车床粗加工 属性"对话框。

说明： 在选取加工轮廓时建议用串连的方式选取加工轮廓，如果用单体的方式选择加工轮廓应保证所选轮廓的方向一致。

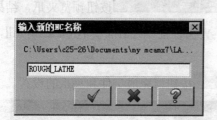

图 6.2.10　　"输入新的 NC 名称"对话框

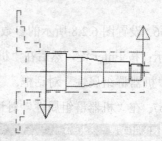

图 6.2.11　　选取加工轮廓

图 6.2.12 所示的"车床粗加工 属性"对话框中部分选项的说明如下：

- ☑显示刀具库 复选框：用于在刀具显示窗口内显示当前的刀具组。
- 选择刀库 按钮：用于在刀具库中选取加工刀具。
- 刀具过滤(F)... 按钮：用于设置刀具过滤的相关选项。
- 刀具号码 文本框：用于显示程序中的刀具号码。
- 补正号码 文本框：用于显示每个刀具的补正号码。
- 刀座号码 文本框：用于显示每个刀具的刀座号码。
- 刀具角度(G)... 按钮：用于设置刀具进刀、切削以及刀具角度的相关选项。单击此按钮，系统弹出"刀具角度"对话框，用户可以在此对话框中设置相关角度选项。
- 进给率 文本框：用于定义刀具在切削过程中的进给率值。
- 下刀速率 文本框：用于定义下刀的速率值。当此文本框前的复选框被选中时，下刀速率文本框及其后的单位设置单选项方可使用；否则下刀速率的相关设置为不可用状态。

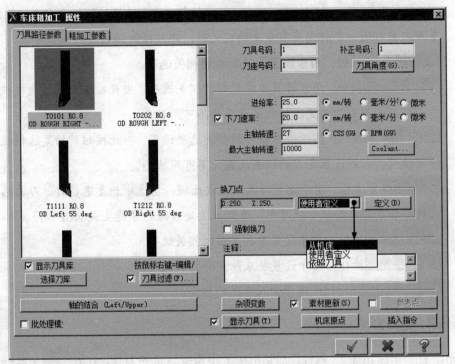

图 6.2.12 "车床粗加工 属性"对话框

- **主轴转速** 文本框：用于定义主轴的转速值。
- **最大主轴转速** 文本框：用于定义用户允许的最大主轴转速值。
- **Coolant...** 按钮：用于选择加工过程中的冷却方式。单击此按钮，系统弹出 "Coolant..." 对话框，用户可以在此对话框中选择冷却方式。
- **换刀点** 区域：该区域包括换刀点的坐标 **D:250. Z:250.** 、 **从机床** 下拉列表和 **定义(D)** 按钮。
  - ☑ **从机床** ：用于选取换刀点的位置，包括 **从机床** 选项、 **使用者定义** 选项和 **依照刀具** 选项： **从机床** 选项：用于设置换刀点的位置来自车床，此位置根据定义的轴结合方式的不同而有所差异； **使用者定义** 选项：用于设置任意的换刀点； **依照刀具** 选项：用于设置换刀点的位置来自刀具。
  - ☑ **定义(D)** 按钮：用于定义换刀点的位置。当选择 **使用者定义** 选项时，此按钮为激活状态，否则为不可用状态。
- ☑ **强制换刀** 复选框：用于设置强制换刀的代码。例如：当使用同一把刀具进行连续的加工时，可将无效的刀具代码（1000）改为1002，并写入 NCI，同时建立新的连接。

- 注释: 文本框: 用于添加刀具路径注释。

- 轴的结合 (Left/Upper) 按钮: 用于选择轴的结合方式。在加工时，车床刀具对同一个轴向具有多重的定义时，即可以选择相应的结合方式。

- 杂项变数 按钮: 用于设置杂项变数的相关选项。

- 素材更新(S) 按钮: 用于设置工件更新的相关选项。当此按钮前的复选框被选中时方可使用，否则杂项变数的相关设置为不可用状态。

- 参考点 按钮: 用于设置备刀的相关选项设置。当此按钮前的复选框被选中时方可使用，否则设置备刀的相关设置为不可用状态。

- ☑ 批处理模: 复选框: 用于设置刀具成批次处理。当选中此复选框时，刀具路径会自动的添加到刀具路径管理器中，直到批次处理运行才能生成 NCI 程序。

- 显示刀具(T) 按钮: 用于设置刀具显示的相关选项。

- 机床原点 按钮: 用于设置机床原点的相关选项。

- 插入指令... 按钮: 用于输入有关的指令。

Stage4. 选择刀具

Step1. 在"车床粗加工 属性"对话框中采用系统默认的刀具，在 进给率: 文本框中输入值 200.0，在 主轴转速: 文本框中输入值 800.0，并选中 ⊙ RPM 单选项，在 换刀点 下拉列表中选择 使用者定义 选项；单击 定义(D) 按钮，在系统弹出的"原点位置−使用者定义"对话框的 X: 文本框中输入值 25.0，在 Z: 文本框中输入值 25.0；单击该对话框的 ✓ 按钮，系统返回至"车床粗加工 属性"对话框，其他参数采用系统默认的设置值。

Step2. 设置冷却方式。单击 Coolant... 按钮，系统弹出"Coolant..."对话框；在 Flood（切削液）下拉列表中选择 On 选项；单击该对话框的 ✓ 按钮，关闭"Coolant..."对话框。

Stage5. 设置加工参数

Step1. 设置粗车参数。在"车床粗加工 属性"对话框中单击 粗加工参数 选项卡，设置图 6.2.13 所示的参数。

图 6.2.13 所示的"粗加工参数"选项卡中部分选项的说明如下:

- 重叠量(O) 按钮: 当该按钮前的复选框处于选中状态时，该按钮可用。单击此按钮，系统会弹出图 6.2.14 所示的"粗车重叠量参数"对话框，用户可以通过此对话框设置相邻两次粗车之间的重叠距离。

- 粗车步进量:文本框: 用于设置每一次切削的深度, 若选中 ☑ 等距 复选框则表示将步进量设置为刀具允许的最大切削深度。
- 最后削深度:文本框: 用于定义最小切削量。
- X方向预留量:文本框: 用于定义粗车结束时工件在 X 方向的剩余量。
- Z方向预留量:文本框: 用于定义粗车结束时工件在 Z 方向的剩余量。

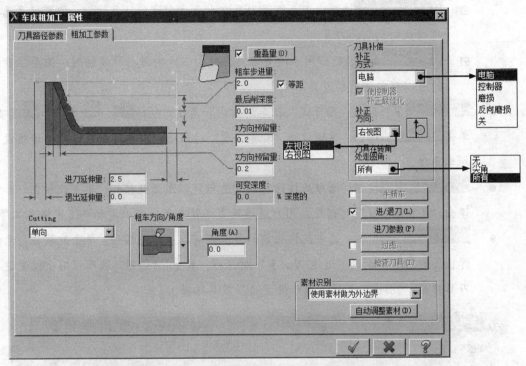

图 6.2.13　"粗加工参数" 选项卡

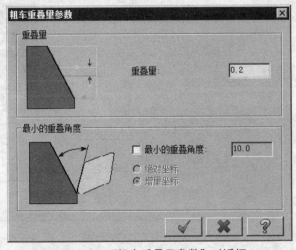

图 6.2.14　"粗车重叠量参数" 对话框

- 可变深度:文本框: 用于定义粗车切削深度为比例值。

- 进刀延伸里 文本框：用于定义开始进刀时刀具与工件之间的距离。
- 退出延伸里 文本框：用于定义退刀时刀具与工件之间的距离。
- Cutting 区域：用于定义切削方法，包括 ◉单向 单选项 Zig zag straight 和 Zig zag downward 两个选项。
  - ☑ ◉单向 单选项：用于设置刀具只在一个方向进行切削。
  - ☑ Zig zag straight 选项：用于设置刀具在水平方向进行往复切削，但要注意选择可以双向切削的刀具。
  - ☑ Zig zag downward 选项：用于设置刀具在斜向下方向进行往复切削，但要注意选择可以双向切削的刀具。
- 粗车方向/角度 下拉列表：用于定义粗车的方向和角度，包括　、　、　和　选项。单击 角度(A) 按钮，系统弹出"粗车角度"对话框。用户可以通过此对话框设置粗车角度。
- 半精车 按钮：选中此按钮前的复选框可以激活此按钮。单击此按钮，系统弹出"半精车参数"对话框。用户通过设置半精车参数可以增加一道半精车工序。
- 进退/刀(L) 按钮：选中此按钮前的复选框可以激活此按钮。单击此按钮，系统弹出图 6.2.15 所示的"进退/刀设置"对话框。其中，"进刀"选项卡用于设置进刀刀具路径，"引出"选项卡用于设置退刀刀具路径。

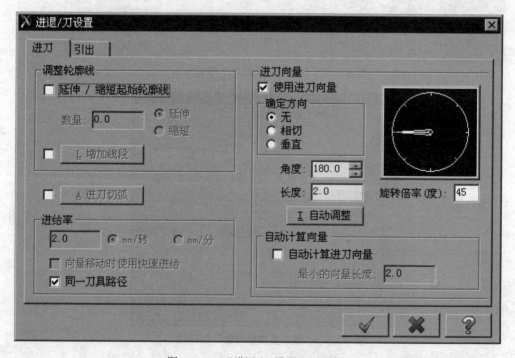

图 6.2.15　"进退/刀设置"对话框

- 进刀参数(P) 按钮：单击此按钮，系统弹出图 6.2.16 所示的 "进刀的车削参数" 对话框。用户可以通过此对话框对进刀的切削参数进行设置。

- 过虑… 按钮：用于设置除去加工中不必要的刀具路径。当该按钮前的复选框被选中时方可使用，否则此按钮为不可用状态。单击此按钮，系统弹出 "Filter settings"（过滤设置）对话框。用户可以在此对话框中对过滤设置的相关选项进行设置。

- 素材识别 下拉列表：用于定义调整工件去除部分的方式，包括残留材料选项、使用素材做为外边界选项、延伸素材到单一外形选项和无法识别素材选项。

  - ☑ 残留材料选项：用于设置工件是上一个加工操作后的剩余部分。

  - ☑ 使用素材做为外边界选项：用于定义工件的边界为外边界。

  - ☑ 延伸素材到单一外形选项：用于把串连的轮廓线延伸至工件边界。

  - ☑ 无法识别素材选项：用于设置不使用上述选项。

- 自动调整素材(D) 按钮：用于调整粗加工时的去除部分。

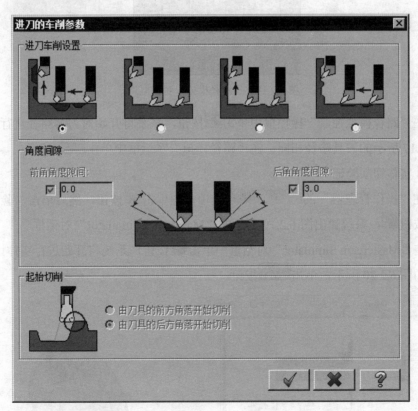

图 6.2.16　"进刀的车削参数" 对话框

Step2. 单击 "车床粗加工　属性" 对话框中的 ✔ 按钮，完成参数的设置，此时系统将自动生成图 6.2.17 所示的刀具路径。

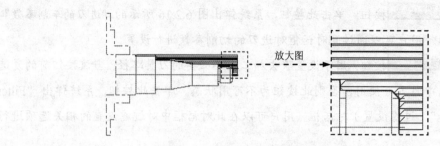

图 6.2.17　刀具路径

Stage6. 加工仿真

Step1. 路径模拟。

（1）在"操作管理器"中单击 ≋ **刀具路径 - 11.6K - ROUGH_LATHE.NC - 程序号码 0** 节点，系统弹出图 6.2.18 所示的"路径模拟"对话框及"路径模拟控制"操控板。

图 6.2.18　"路径模拟"对话框

（2）在"路径模拟控制"操控板中单击 ▶ 按钮，系统将开始对刀具路径进行模拟，结果与图 6.2.17 所示的刀具路径相同；在"路径模拟"对话框中单击 ✓ 按钮。

Step2. 实体切削验证。

（1）在"操作管理器"的 **刀具路径管理器** 选项卡中单击 ✓ 按钮，然后单击"验证已选择的操作"按钮 📦，系统弹出图 6.2.19 所示的"Mastercam Simulator"对话框。

（2）在"Mastercam Simulator"对话框中单击 ▶ 按钮，系统将开始进行实体切削仿真，仿真结果如图 6.2.20 所示，单击 X 按钮。

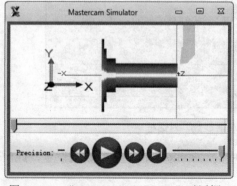

图 6.2.19　"Mastercam Simulator"对话框

图 6.2.20　仿真结果

Step3. 保存加工结果。选择下拉菜单 文件(F) ➡ 保存(S) 命令，即可保存加工结果。

6.3　精 车 加 工

精车加工与粗车加工基本相同，也是用于切除工件外形外侧、内侧或端面的粗加工留下来的多余材料。精车加工与其他车削加工方法相同，也要在绘图区域选择线串来定义加工边界。下面以图 6.3.1 所示的模型为例讲解精车加工的一般操作过程。

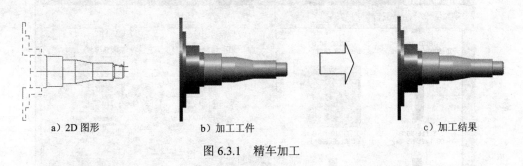

a）2D 图形　　　　　　　b）加工工件　　　　　　　c）加工结果

图 6.3.1　精车加工

Stage1．进入加工环境

Step1. 打开文件 D:\mcdz7\work\ch06.03\FINISH_LATHE.MCX-7，工件模型如图 6.3.2 所示。

Step2. 隐藏刀具路径。在 刀具路径管理器 选项卡中单击 ✔ 按钮，再单击 ≋ 按钮，将已存的刀具路径隐藏。

Stage2．选择加工类型

Step1. 选择下拉菜单 刀具路径(T) ➡ 精车(F) 命令，系统弹出"串连选项"对话框。

Step2. 定义加工轮廓。在该对话框中单击 ∞ 按钮，然后在图形区中依次选取图 6.3.3 所示的加工轮廓线（中心线以上的部分）；单击 ✔ 按钮，系统弹出图 6.3.4 所示的"车床-精车 属性"对话框。

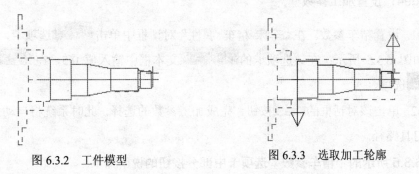

图 6.3.2　工件模型　　　　　　　　　　　图 6.3.3　选取加工轮廓

Stage3. 选择刀具

Step1. 在"车床-精车 属性"对话框中选择"T1212 R0.8 OD RIGHT"刀具，在 进给率: 文本框中输入值 2.0，在 主轴转速: 文本框中输入值 1200，并选中 ⦿ RPM 单选项；在 换刀点 下拉列表中选择 使用者定义 选项；单击 定义(D) 按钮，在系统弹出的"换刀点-使用者定义"对话框的 X: 文本框中输入值 25.0，在 Z: 文本框中输入值 25.0；单击该对话框的 ✓ 按钮，系统返回到"车床-精车 属性"对话框，其他参数采用系统默认的设置值。

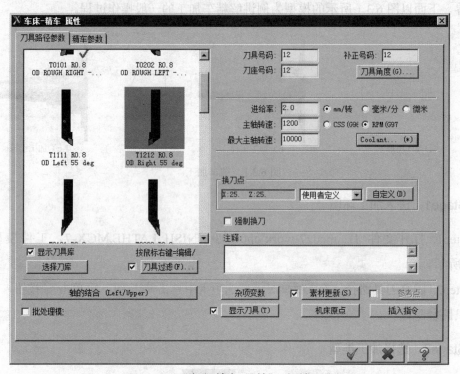

图 6.3.4　　"车床-精车 属性"对话框

Step2. 设置冷却方式。单击 Coolant... 按钮，系统弹出"Coolant…"对话框；在 Flood （切削液）下拉列表中选择 On 选项；单击该对话框的 ✓ 按钮，关闭"Coolant…"对话框。

Stage4. 设置加工参数

Step1. 设置精车参数。在"车床-精车 属性"对话框中单击 精车参数 选项卡，"精车参数"选项卡如图 6.3.5 所示；在该选项卡的 精修步进量: 文本框中输入值 0.5，在 刀具在转角处走圆角 下拉列表中选择 无 选项。

Step2. 单击该对话框的 ✓ 按钮，完成加工参数的选择，此时系统将自动生成图 6.3.6 所示的刀具路径。

图 6.3.5 所示的"精车参数"选项卡中部分按钮的说明如下：

- 精车次数 文本框: 用于定义精修的次数。如果精修大于 1, 并且 方式补正为电脑, 则系统将根据电脑的刀具补偿参数来决定补正方向; 如果 方式补正为控制器, 则系统将根据控制器来决定补正方向; 如果 方式补正为关, 则 方向补正为未知的, 且每次精修刀路将为同一个路径。

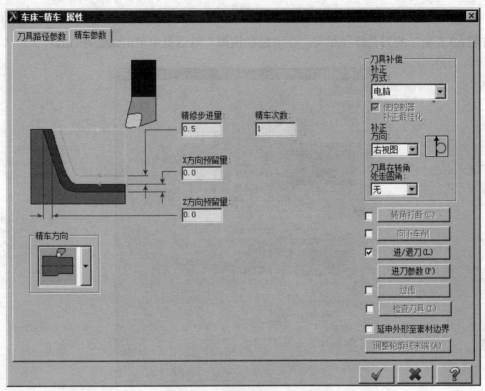

图 6.3.5 "精车参数"选项卡

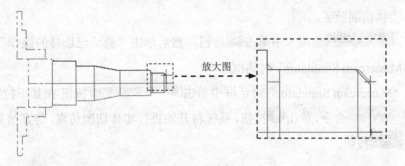

图 6.3.6 刀具路径

- 转角打断(C) 按钮: 用于设置在外部所有转角处打断原有的刀具路径, 并自动创建圆弧或斜角过渡。当该按钮前的复选框处于选中状态时, 该按钮可用。单击该按钮后, 系统弹出图 6.3.7 所示的"角落打断的参数"对话框。用户可以对角落打断的参数进行设置。

Stage5.加工仿真

Step1.路径模拟。

（1）在"操作管理器"中单击 ≋ 刀具路径 - 5.6K - ROUGH_LATHE.NC - 程序号码 O 节点，系统弹出"路径模拟"对话框及"路径模拟控制"操控板。

（2）在"路径模拟控制"操控板中单击 ▶ 按钮，系统将开始对刀具路径进行模拟，结果与图 6.3.6 所示的刀具路径相同；在"路径模拟"对话框中单击 ✓ 按钮。

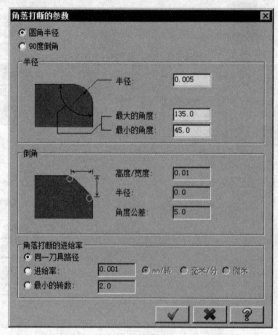

图 6.3.7　"角落打断的参数"对话框

Step2.实体切削验证。

（1）在 刀具路径管理器 选项卡中单击 ✓ 按钮，然后单击"验证已选择的操作"按钮 💹，系统弹出"Mastercam Simulator"对话框。

（2）在"Mastercam Simulator"对话框中单击 ● Stop Conditions ▾ 按钮,在其下拉菜单中选择 ☑ Collision 命令，单击 ▶ 按钮，系统将开始进行实体切削仿真，仿真结果如图 6.3.8 所示，单击 ✗ 按钮。

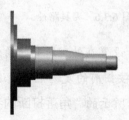

图 6.3.8　仿真结果

Step3. 保存加工结果。选择下拉菜单 文件(F) ➡️ 🖫 保存(S) 命令，即可保存加工结果。

6.4　径向车削

径向车削用于加工垂直于车床主轴方向或者端面方向的凹槽。在径向加工命令中，其加工几何模型的选择以及参数设置均与前面介绍的有所不同。下面以图 6.4.1 所示的模型为例讲解径向车削加工的一般操作过程。

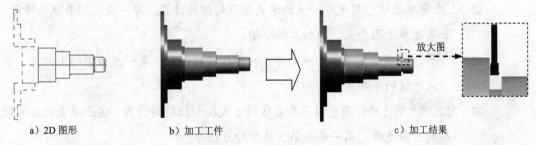

　　a）2D 图形　　　　　　b）加工工件　　　　　　　　c）加工结果

图 6.4.1　径向车削

Stage1. 进入加工环境

Step1. 打开文件 D:\mcdz7\work\ch06.04\GROOVE_LATHE.MCX-7，工件模型如图 6.4.2 所示。

Step2. 隐藏刀具路径。在 刀具路径管理器 选项卡中单击 ✔️ 按钮，再单击 ≋ 按钮，将已存的刀具路径隐藏。

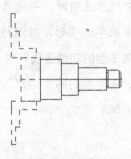

图 6.4.2　工件模型

Stage2. 选择加工类型

Step1. 选择下拉菜单 刀具路径(T) ➡️ ⬜径向车(G) 命令，系统弹出图 6.4.3 所示的"径向车削的切槽选项"对话框。

图 6.4.3 所示的"径向车削的切槽选项"对话框的说明如下：

● 切槽的定义方式 区域：用于定义切槽的方式，包括 🔘 1 点 单选项、🔘 2点 单选项、

● 3 直线 单选项、串连 单选项和 多个串连 单选项。

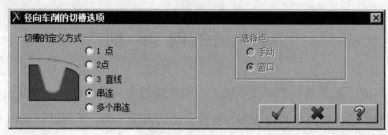

图 6.4.3 "径向车削的切槽选项"对话框

☑ 1点 单选项：用于以一点的方式控制切槽的位置，每一点控制单独的槽角。如果选取了两个点，则加工两个槽。

☑ 2点 单选项：用于以两点的方式控制切槽的位置。第一点为槽的上部角，第二点为槽的下部角。

☑ 3 直线 单选项：用于以三条直线的方式控制切槽的位置。这三条直线应为矩形的三条边线，第一条和第三条平行且相等。

☑ 串连 单选项：用于以内/外边界的方式控制切槽的位置及形状。当选中此单选项时，定义的外边界必须延伸并经过内边界的两个端点，否则将产生错误的信息。

☑ 多个串连 单选项：用于以多条串连的边界控制切槽的位置。

● 选择点 区域：用于定义选择点的方式，包括 手动 单选项和 窗口 单选项。此区域仅当 切槽的定义方式 为 一点 时可用。

☑ 手动 单选项：当选中此单选项时，一次只能选择一点。

☑ 窗口 单选项：当选中此单选项时，可以框选在定义的矩形边界以内的点。

Step2. 定义加工轮廓。在"径向车削的切槽选项"对话框中选中 2点 单选项，单击 按钮；在图形区依次选择图 6.4.4 所示的两个端点，然后按 Enter 键，系统弹出图 6.4.5 所示的"车床-径向粗车 属性"对话框。

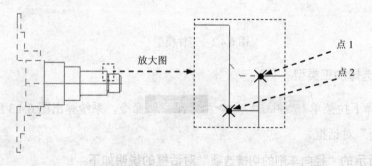

图 6.4.4 定义加工轮廓

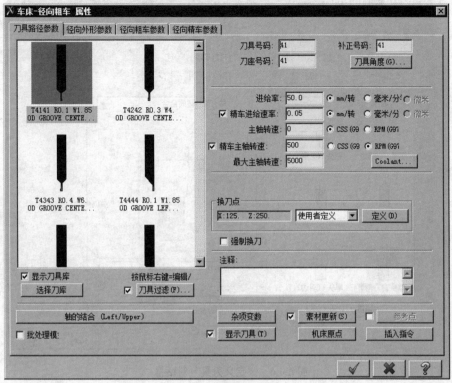

图 6.4.5　"车床-径向粗车 属性"对话框

Stage3．选择刀具

Step1．在"车床-径向粗车 属性"对话框中双击系统默认选中的刀具，系统弹出"定义刀具"对话框，设置 刀片 参数如图 6.4.6 所示。

图 6.4.6 所示的"定义刀具"对话框中各按钮的说明如下：

- 选择目录(E) 按钮：通过指定目录选择已存在的刀具。
- 取得刀片(G) 按钮：单击此按钮，系统弹出"径向车削/截断的刀把"对话框，在其列表框中可以选择不同序号来指定刀片。
- 保存刀片(S) 按钮：单击此按钮，可以保存当前的刀片类型。
- 删除刀片(D) 按钮：单击此按钮，系统弹出"径向车削/截断的刀把"对话框，可以选中其列表框中的刀把进行删除。
- 刀片名称 文本框：用于定义刀片的名称。
- 刀片材质 下拉列表：用于选择刀片的材质，系统提供了 硬质合金 、 金属陶瓷 、 陶瓷 、 金刚石 、 钻石 和 未知 六个选项。
- 刀片厚度 文本框：用于指定刀片的厚度。
- 将保存到刀库... 按钮：将当前设定的刀具保存在指定的刀具库中。

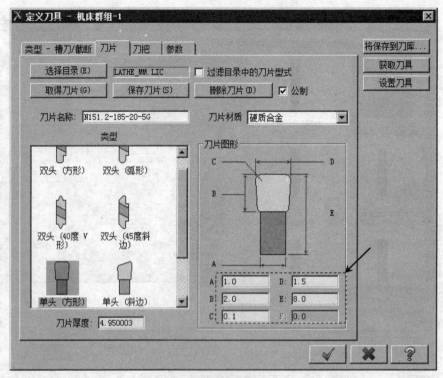

图 6.4.6 "定义刀具"对话框

- 获取刀具 按钮：单击此按钮，在图形区显示刀具形状。
- 设置刀具 按钮：单击此按钮，系统弹出图 6.4.7 所示的"车床刀具设置"对话框，用于设定刀具的物理方位和方向等。

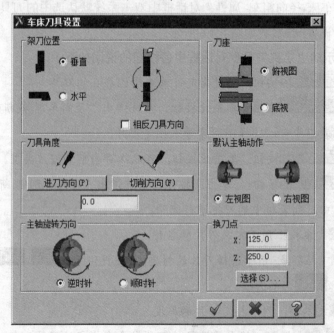

图 6.4.7 "车床刀具设置"对话框

Step2. 在"定义刀具"对话框中单击 刀把 选项卡，设置参数如图 6.4.8 所示。

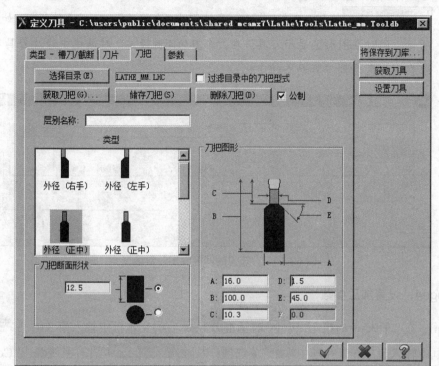

图 6.4.8　"刀把"选项卡

Step3. 在"定义刀具"对话框中单击 参数 选项卡，如图 6.4.9 所示；在 主轴转速 文本框中输入值 500.0，并选中 RPM 单选项，单击 按钮，系统返回至"车床-径向粗车 属性"对话框。

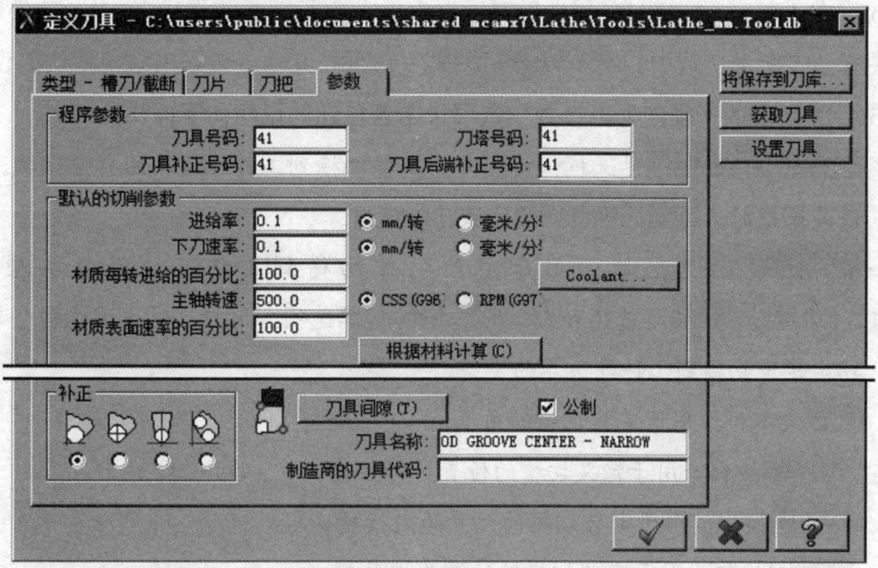

图 6.4.9　"参数"选项卡

图 6.4.9 所示的"参数"选项卡中部分按钮的说明如下:

- 刀具间隙(T) 按钮: 单击此按钮, 系统弹出"车刀的间隙设定"对话框, 如图 6.4.10 所示, 同时在图形区显示刀具; 在"车刀的间隙设定"对话框中修改刀具参数, 可以在图形区看到刀具动态的变化。

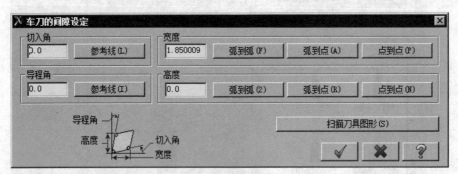

图 6.4.10　"车刀的间隙设定"对话框

Stage4. 设置加工参数

Step1. 在"车床-径向粗车 属性"对话框 进给率: 后的文本框中输入值 3.0; 在 主轴转速: 后的文本框中输入值 700.0, 并选中 ⊙ RPM 单选项; 单击 Coolant... 按钮, 系统弹出"Coolant…"对话框; 在 Flood 下拉列表中选择 On 选项; 单击该对话框的 ✓ 按钮, 关闭"Coolant…"对话框; 在 换刀点 下拉列表中选择 使用者定义 选项; 单击 定义(D) 按钮, 在系统弹出的"换刀点-使用者定义"对话框的 X: 文本框中输入值 25.0, 在 Z: 文本框中输入值 25.0, 单击 ✓ 按钮。

Step2. 在"车床-径向粗车 属性"对话框中单击 径向外形参数 选项卡,"径向外形参数"界面如图 6.4.11 所示; 选中 ☑ 使用素材做为外边界 复选框, 其他参数采用系统默认的设置值。

图 6.4.11 所示的"径向外形参数"选项卡中各按钮的说明如下:

- ☑ 使用素材做为外边界 复选框: 用于开启延伸切槽到工件外边界的类型区域。当选中该复选框时, 延伸切槽到素材边界 区域可以使用。
- 延伸切槽到素材边界 区域: 用于定义延伸切槽到工件外边界的类型, 包括 ⊙ 与切槽的角度平径 单选项和 ⊙ 与切槽的壁边相切 单选项。用户可以通过这两个单选项来指定延伸切槽到工件外边界的类型。
- 角度: 文本框: 用于定义切槽的角度。
- 外径(O) 按钮: 用于定义切槽的位置为外径槽。
- 内径(I) 按钮: 用于定义切槽的位置为内径槽。
- 平面铣(A) 按钮: 用于定义切槽的位置为端面槽。
- 后视(B) 按钮: 用于定义切槽的位置为背面槽。

- **进刀方向(P)** 按钮：用于定义进刀方向。单击此按钮，然后在图形区选取一条直线为切槽的进刀方向。

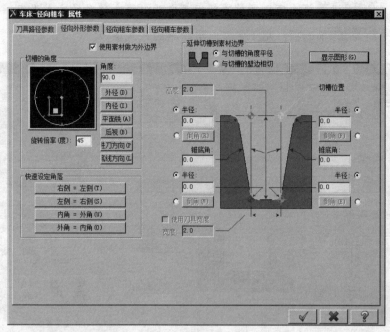

图 6.4.11　"径向外形参数"选项卡

- **底线方向(L)** 按钮：用于定义切槽的底线方向。单击此按钮，然后在图形区选择一条直线为切槽的底线方向。
- **旋转倍率(度)** 文本框：用于定义每次旋转倍率基数的角度值。用户可以在文本框中输入某个数值，然后通过点击此文本框上方的角度盘上的位置来定义切槽的角度，系统会以定义的数值的倍数来确定相应的角度。
- **右侧 = 左侧(T)** 按钮：用于指定切槽右边的参数与左边相同。
- **左侧 = 右侧(S)** 按钮：用于定义指定切槽左边的参数与右边相同。
- **内角 = 外角(U)** 按钮：用于指定切槽内角的参数与外角相同。
- **外角 = 内角(O)** 按钮：用于指定切槽外角的参数与内角相同。

Step3. 在"车床-径向粗车 属性"对话框中单击 **径向粗车参数** 选项卡，切换到"径向粗车参数"界面，其参数设置如图 6.4.12 所示。

图 6.4.12 所示的"径向粗车参数"选项卡中各按钮的说明如下：

- **☑ 粗车** 复选框：用于创建粗车切槽的刀具路径。
- **素材的安全间隙** 文本框：用于定义每次切削时刀具退刀位置与槽之间的高度。
- **粗切量** 下拉列表：用于定义进刀量的方式，包括 **切削次数** 选项、**步近量** 选项和 **刀具宽度的百分比** 选项。用户可以在其下的文本框中输入粗切量的值。

- 提刀偏移(粗车量%文本框: 用于定义退刀前刀具离开槽壁的距离。
- 退刀移位方式区域: 用于定义退刀的方式, 包括 快速进给 单选项和 进给率 单选项。

  ☑ 快速进给 单选项: 该单选项用于定义以快速移动的方式退刀。

  ☑ 进给率 单选项: 用于定义以进给率的方式退刀。

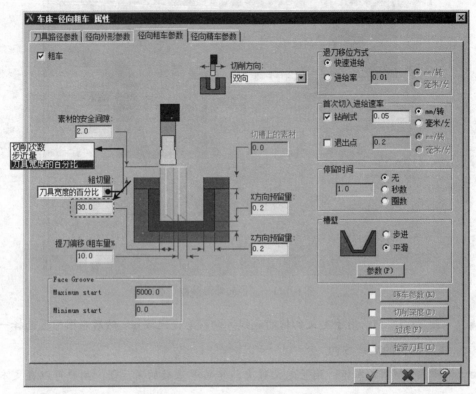

图 6.4.12 "径向粗车参数" 选项卡

- 停留时间区域: 用于定义刀具在凹槽底部的停留时间, 包括 无 、 秒数 和 圈数 三个选项。

  ☑ 无单选项: 用于定义刀具在凹槽底部不停留直接退刀。

  ☑ 秒数 单选项: 用于定义刀具以时间为单位的停留方式。用户可以在 停留时间 区域的文本框中输入相应的值来定义停留的时间。

  ☑ 圈数 单选项: 用于定义刀具以转数为单位的停留方式。用户可以在 停留时间 区域的文本框中输入相应的值来定义停留的转数。

- 槽壁区域: 用于设置当切槽方式为斜壁时的加工方式, 包括 步进 和 平滑 两个选项。

  ☑ 步进 单选项: 用于设置以台阶的方式加工侧壁。

  ☑ 平滑 单选项: 用于设置以平滑的方式加工侧壁。

☑　　参数(P)　按钮：用于设置平滑加工侧壁的相关参数。当选中 ⊙ 平滑 单选项时激活该按钮。单击此按钮，系统弹出图 6.4.13 所示的"槽壁的平滑设定"对话框，用户可以对该对话框中的参数进行设置。

● 　啄车参数(K)　按钮：用于设置啄车的相关参数。当选中此按钮前的复选框时，该按钮被激活。单击此按钮，系统弹出图 6.4.14 所示的"啄车参数"对话框，用户可以在"啄车参数"对话框中对啄车的相关参数进行设置。

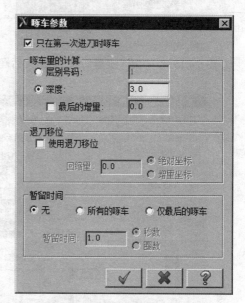

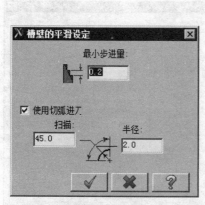

图 6.4.13　"槽壁的平滑设定"对话框　　　　图 6.4.14　"啄车参数"对话框

● 　切削深度(D)　按钮：当切削的厚度较大，并需要得到光滑的表面时，用户需要采用分层切削的方法进行加工。选中 　切削深度(D)　前的复选框，单击此按钮，系统弹出图 6.4.15 所示的"切槽的分层切深设定"对话框。用户可以通过该对话框对分层加工进行设置。

● 　过滤(F)...　按钮：用于设置除去精加工时不必要的刀具路径。除去精加工时不必要的刀具路径的相关设置。选中 　过滤(F)...　前的复选框，单击此按钮，系统弹出图 6.4.16 所示的"过滤设置"对话框。用户可以通过该对话框对程式过滤的相关参数进行设置。

Step4. 在"车床-径向粗车 属性"对话框中单击 径向精车参数 选项卡，系统切换到"径向精车参数"界面，如图 6.4.17 所示；单击 　进刀(L)　 按钮，系统弹出"进刀"对话框，如图 6.4.18 所示；在 第一个路径引入 选项卡的 固定方向 区域选中 ⊙ 相切 单选项；单击 第二个路径引入 选项卡，在 固定方向 区域选中 ⊙ 垂直 单选项，单击"进刀"对话框中的 ✓ 按钮，关闭"进刀"对话框。

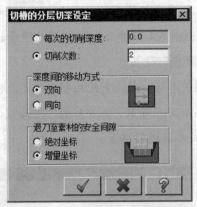

图 6.4.15 "切槽的分层切深设定"对话框

图 6.4.16 "过滤设置"对话框

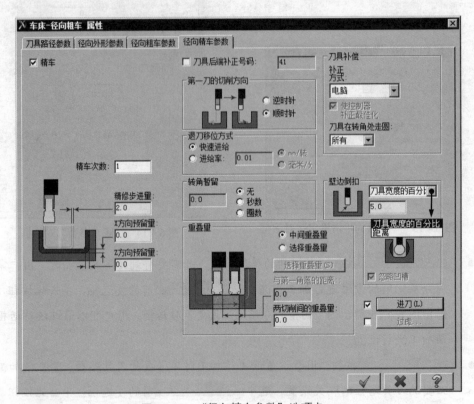

图 6.4.17 "径向精车参数"选项卡

图 6.4.17 所示的"径向精车参数"选项卡中部分按钮的说明如下：

- ☑ 精车复选框：用于创建精车切槽的刀具路径。

- ☑ 刀具后端补正号码复选框：用于设置刀背补正号码。当在切槽的精加工过程中出现了用刀背切削的时候，就需要选中此复选框并设置刀具补偿的号码。

- 第一刀的切削方向区域：用于定义第一刀的切削方向，包括 ⊙ 顺时针 和 ⊙ 逆时针 两个单选项。

- 重叠量 区域：用于定义切削时的重叠量，包括 选择重叠里(S) 按钮、与第一角落的距离：文本框和 两切削间的重叠量：文本框。

   ☑ 选择重叠里(S) 按钮：用于在绘图区直接定义第一次精加工终止的刀具位置和第二次精加工终止的刀具位置，系统将自动计算出刀具与第一角落的距离值和两切削间的重叠量。

   ☑ 与第一角落的距离：文本框：用于定义第一次精加工终止的刀具位置与第一角落的距离值。

   ☑ 两切削间的重叠量：文本框：用于定义两次精加工的刀具重叠量值。

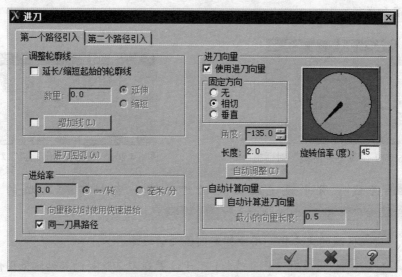

图 6.4.18　"进刀"对话框

- 壁边倒扣 区域的下拉列表：用于设置退刀前离开槽壁的距离方式。

   ☑ 刀具宽度的百分比 选项：该选项表示以刀具宽度的定义百分比的方式确定退刀的距离，可以通过其下的文本框指定退刀距离。

   ☑ 距离 选项：该选项表示以值的方式确定退刀的距离，可以通过其下的文本框指定退刀距离。

图 6.4.18 所示的"进刀"对话框中部分选项的说明如下：

- 调整轮廓线 区域：用于设置起始端的轮廓线，包括☑延长/缩短起始的轮廓线 复选框、数量：文本框、● 延伸 单选项、● 缩短 单选项和 增加线(L) 按钮。

   ☑ ☑延长/缩短起始的轮廓线 复选框：用于设置延长/缩短现有的起始轮廓线刀具路径。

   ☑ ● 延伸 单选项：用于设置起始端轮廓线的类型为延伸现有的起始端刀具路径。

   ☑ ● 缩短 单选项：用于设置起始端轮廓线的类型为缩短现有的起始端刀具路径。

   ☑ 数量：文本框：用于定义延伸或缩短的起始端刀具路径长度值。

☑ 　增加线(L) 　按钮: 用于在现有的刀具路径的起始端前创建一段进刀路径。当
此按钮前的复选框处于选中状态时，该按钮可用。单击此按钮，系统弹出图
6.4.19 所示的"新建轮廓线"对话框。用户可以通过此对话框来设置新轮廓线
的长度和角度，或者通过单击"新建轮廓线"对话框中的 自定义(D) 按钮选取
起始端的新轮廓线。

● 　进刀圆弧(A) 　按钮: 用于在每次刀具路径的开始位置添加一段进刀圆弧。当此按钮
前的复选框处于选中状态时，该按钮可用。单击此按钮，系统弹出图 6.4.20 所示
的"进刀/退出圆弧"对话框。用户可以通过此对话框来设置进刀/退出圆弧的扫描
角度和半径。

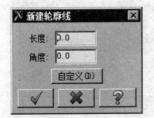
图 6.4.19 "新建轮廓线"对话框

图 6.4.20 "进刀/退出圆弧"对话框

● 　进给率 区域: 用于设置圆弧处的进给率，包括 进给率 区域的文本框、
☑ 向量移动时使用快速进给 复选框和 ☑ 同一刀具路径 复选框。

☑ 　进给率区域的文本框: 用于指定圆弧处的进给率。

☑ ☑ 向量移动时使用快速进给 复选框: 用于设置在刀具路径的起始端采用快速移动的
进刀方式。如果原有的进刀向量分别由 X 轴和 Z 轴的向量组成，则刀具路径
不会改变，保持原有的刀具路径。

☑ ☑ 同一刀具路径 复选框: 用于设置在刀具路径的起始端采用与现有的刀具路径
进给率相同的进刀方式。

● 　进刀向量区域: 用于对进刀向量的相关参数进行设置，包括 ☑ 使用进刀向量 复选框、
固定方向 区域、 角度 文本框、 长度 文本框、 自动调整(I) 按钮和 自动计算向量 区域。

☑ ☑ 使用进刀向量 复选框: 用于在进刀圆弧前创建一个进刀向量，进刀向量是由长
度和角度控制的。

☑ 　固定方向 区域: 用于设置进刀向量的方向，包括 ⊙ 无 单选项、 ⊙ 相切 单选项和
⊙ 垂直 单选项。

☑ 　角度 文本框: 用于定义进刀向量的角度。当进刀向量方向为 ⊙ 无 的时候，此
文本框为可用状态。用户可以在其后的文本框中输入值来定义进刀方向的
角度。

☑ 长度 文本框：用于定义进刀向量的长度。用户可以在其后的文本框中输入值来定义进刀方向的长度。

☑ 自动调整(I) 按钮：用于根据现有的进刀路径自动调整进刀向量的参数。当进刀向量方向为 ◉无 的时候，此文本框为可用状态。

☑ 自动计算向量 区域：用于自动计算进刀向量的长度，该长度将根据工件、夹爪和模型的相关参数进行计算。此区域包括 ☑自动计算进刀向量 复选框和 最小的向量长度 文本框。当选中 ☑自动计算进刀向量 复选框时，最小的向量长度 文本框处于激活状态，用户可以在其文本框中输入一个最小的进刀向量长度值。

Step5. 在"车床-径向粗车 属性"对话框中单击 ✓ 按钮，完成加工参数的选择，此时系统将自动生成图 6.4.21 所示的刀具路径。

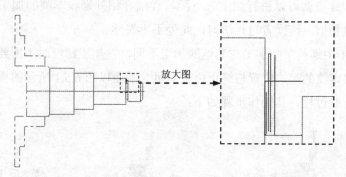

图 6.4.21　刀具路径

Stage5. 加工仿真

Step1. 路径模拟。

（1）在"操作管理器"中单击 ≋ 刀具路径 - 15.2K - GROOVE_LATHE.NC - 程序号码 0 节点，系统弹出"路径模拟"对话框及"路径模拟控制"操控板。

（2）在"路径模拟控制"操控板中单击 ▶ 按钮，系统将开始对刀具路径进行模拟，在"路径模拟"对话框中单击 ✓ 按钮。

Step2. 实体切削验证。

（1）在 刀具路径管理器 选项卡中单击 ✓ 按钮，然后单击"验证已选择的操作"按钮 🖉，系统弹出"Mastercam Simulator"对话框。

（2）在"Mastercam Simulator"对话框中单击 ● Stop Conditions ▾ 按钮，在其下拉菜单中选择 ☑ Collision 命令，单击 ● 按钮，系统将开始进行实体切削仿真，仿真结果如图 6.4.22 所示，单击 X 按钮。

Step3. 保存加工结果。选择下拉菜单 文件(F) ➡ 🖫 保存(S) 命令，即可保存加工结果。

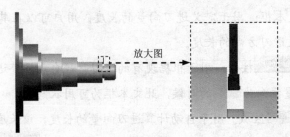

图 6.4.22　仿真结果

6.5　车螺纹刀具路径

车螺纹刀具路径包括车削外螺纹、内螺纹和螺旋槽等。在设置加工参数时，只要指定了螺纹的起点和终点就可以进行加工。下面将详细介绍外螺纹车削的加工过程，而螺旋槽车削与车削螺纹相似，请读者自行学习，此处不再赘述。

MasterCAM 中螺纹车削加工与其他的加工不同，在加工螺纹时不需要选取加工的几何模型，只需定义螺纹的起始位置与终止位置即可。下面以图 6.5.1 所示的模型为例讲解外螺纹切削加工的一般过程，其操作步骤如下：

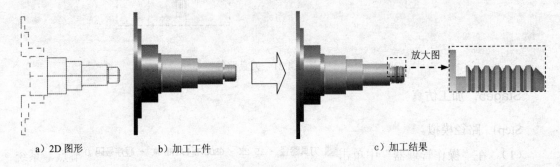

a）2D 图形　　　　b）加工工件　　　　　　　　　c）加工结果

图 6.5.1　外螺纹切削加工

Stage1．进入加工环境

Step1．打开文件 D:\mcdz7\work\ch06.05.01\THREAD_OD_LATHE.MCX-7，工件模型如图 6.5.2 所示。

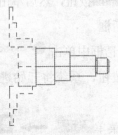

图 6.5.2　工件模型

Step2. 隐藏刀具路径。在 刀具路径管理器 选项卡中单击 ✓ 按钮，再单击 ≋ 按钮，将已存的刀具路径隐藏。

Stage2. 选择加工类型

选择下拉菜单 刀具路径(T) ➡ 🔧 车螺纹(T) 命令，系统弹出图 6.5.3 所示的"车床-车螺纹 属性"对话框。

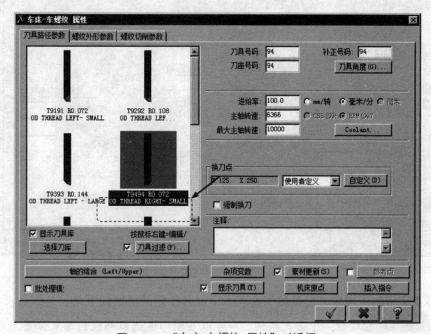

图 6.5.3　"车床-车螺纹 属性"对话框

Stage3. 选择刀具

Step1. 设置刀具参数。选取图 6.5.3 所示"T9494 R0.072 OD THREAD RIGHT-SMALL"刀具，在"车床-车螺纹 属性"对话框的 进给率: 文本框中输入值 100.0。

Step2. 设置冷却方式。单击 Coolant... 按钮，系统弹出"Coolant…"对话框；在 Flood 下拉列表中选择 On 选项；单击该对话框的 ✓ 按钮，关闭"Coolant…"对话框。

Step3. 设置刀具路径参数。在 换刀点 下拉列表中选择 使用者定义 选项，单击 自定义(D) 按钮，在系统弹出的"换刀点-使用者定义"对话框的 X: 文本框中输入值 25.0，在 Z: 文本框中输入值 25.0；单击该对话框的 ✓ 按钮，系统返回至"车床-车螺纹 属性"对话框，其他参数采用系统默认的设置值。

Stage4. 设置加工参数

Step1. 在"车床-车螺纹 属性"对话框中单击 螺纹外形参数 选项卡，系统切换到图 6.5.4

所示的"螺纹外形参数"界面。

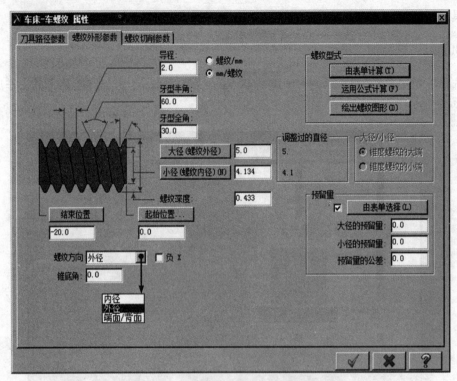

图 6.5.4　"螺纹外形参数"选项卡

图 6.5.4 所示的"螺纹外形参数"选项卡中部分按钮的说明如下：

- 结束位置 按钮：单击此按钮，即可以在图形区选取螺纹的结束位置。
- 起始位置 按钮：单击此按钮，即可以在图形区选取螺纹的起始位置。
- 螺纹方向 下拉列表：用于定义螺纹的所在位置，包括 内径 、外径 和 端面/背面 三个选项。
- □负X 复选框：用于设置当在 X 轴负向车削时，显示螺纹。
- 锥底角 文本框：用于定义螺纹的圆锥角度。如果指定的值为正值，则从螺纹开始到螺纹尾部，螺纹的直径将逐渐增加；如果指定的值为负值，则从螺纹的开始到螺纹的尾部，螺纹的直径将逐渐减小；如果用户直接在绘图区选取了螺纹的起始位置和结束位置，则系统会自动计算角度并显示在此文本框中。
- 由表单计算(T) 按钮：单击此按钮，系统弹出"螺纹表格"对话框。用户通过此对话框可以选择螺纹的类型和规格。
- 运用公式计算(F) 按钮：单击此按钮，系统弹出"运用公式计算螺纹"对话框，如图 6.5.5 所示。用户可以通过此对话框对计算螺纹公式及相关设置进行定义。
- 绘出螺纹图形(D) 按钮：单击此按钮后可以在图形区绘制所需的螺纹。

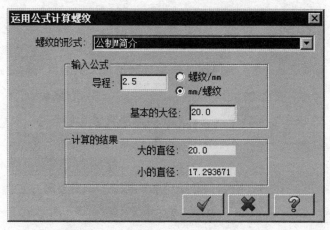

图 6.5.5　"运用公式计算螺纹"对话框

- ●　预留量 区域：用于定义切削的预留量，包括 由表单选择(L) 按钮、大径的预留量:文本框、小径的预留量 文本框和 预留量的容差 文本框。
  - ☑　由表单选择(L) 按钮：单击此按钮，系统弹出 "Allowance Table" 对话框。用户通过此对话框可以选择不同螺纹类型的预留量。当选中此按钮前的复选框时，该按钮可用。
  - ☑　大径的预留量:文本框：用于定义螺纹外径的加工预留量。当 螺纹的方向:为 端面/背面 时，此文本框不可用。
  - ☑　小径的预留量:文本框：用于定义螺纹内径的加工预留量。当 螺纹的方向:为 端面/背面 时，此文本框不可用。
  - ☑　预留量的容差:文本框：用于定义螺纹外径和内径的加工公差。当 螺纹的方向:为 端面/背面 时，此文本框不可用。

Step2. 设置螺纹型式的参数选项卡。在"螺纹外形参数"界面中单击 起始位置 按钮，然后在图形中选取图 6.5.6 所示的点 1（最右端竖直线的上端点）作为起始位置；单击 结束位置 按钮，然后在图形区选取图 6.5.6 所示的点 2（水平直线的右端点）作为结束位置；单击 大径(螺纹外径) 按钮，然后在图形区选取图 6.5.6 所示的边线的中点作为大的直径参考；单击 小径(螺纹内径)(N) 按钮，然后选取图 6.5.6 所示的边线的中点作为牙底直径参考；在 螺纹方向:下拉列表中选择 外径 选项，在 导程:文本框中输入值 2.0，其他参数采用系统默认的设置值。

Step3. 设置螺纹切削参数选项卡。在"车床-车螺纹 属性"对话框中单击 螺纹切削参数 选项卡，结果如图 6.5.7 所示；在 退刀延伸量:文本框中输入值 1.0，其他参数采用系统默认的设置值。

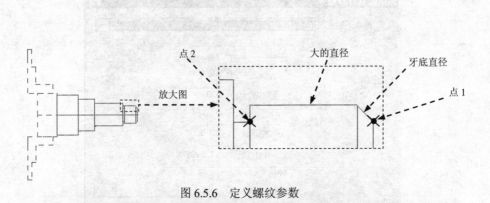

图 6.5.6 定义螺纹参数

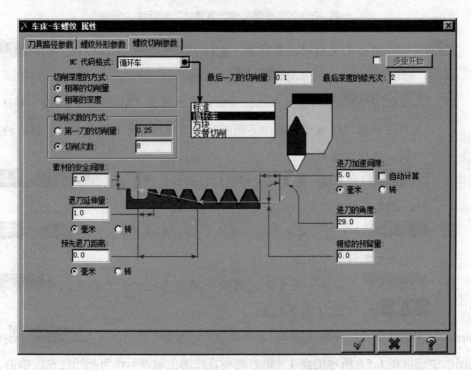

图 6.5.7 "螺纹切削参数"选项卡

图 6.5.7 所示的"螺纹切削参数"选项卡中部分选项的说明如下：

● NC代码格式：下拉列表：该下拉列表中包含 标准 选项、循环车 选项、方块 选项和 交替切削 选项。

● 切削深度的方式：区域：用于定义切削深度的决定因素。

  ☑ ◉ 相等的切削量 单选项：选中此单选项，系统按相同的切削材料量进行加工。

  ☑ ◉ 相等的深度 单选项：选中此单选项，系统按相同的切削深度进行加工。

● 切削次数的方式：区域：用于选择定义切削次数的方式，包括 ◉ 第一刀的切削量：单选项和

- ⦿ 切削次数：单选项。

- ☑　⦿ 第一刀的切削量：单选项：选择此单选项，系统根据第一刀的切削量、最后一刀的切削量和螺纹深度计算切削次数。

- ☑　⦿ 切削次数：单选项：选中此单选项，直接输入切削次数即可。

- 素材的安全间隙：文本框：用于定义刀具每次切削前与工件间的距离。

- 退刀延伸量：文本框：用于定义最后一次切削时的刀具位置与退刀槽的径向中心线间的距离。

- 预先退刀距离：文本框：用于定义开始退刀时的刀具位置与退刀槽的径向中心线间的距离。

- 进刀加速间隙：文本框：用于定义刀具切削前与加速到切削速度时在 Z 轴方向上的距离。

- ☑ 自动计算：复选框：用于自动计算进刀加速间隙。

- 最后一刀的切削量：文本框：用于定义最后一次切削的材料去除量。

- 最后深度的修光次：文本框：用于定义螺纹精加工的次数。当精加工无材料去除时，所有的刀具路径将为相同的加工深度。

Step4. 在"车床-车螺纹 属性"对话框中单击 ✓ 按钮，完成加工参数的设置，此时系统将自动生成图 6.5.8 所示的刀具路径。

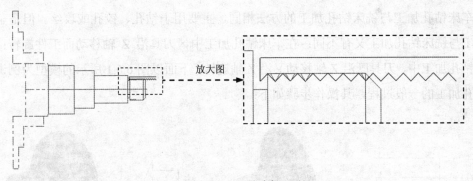

图 6.5.8　刀具路径

Stage5. 加工仿真

Step1. 路径模拟。

（1）在"操作管理器"中单击 ≋ 刀具路径 - 4.9K - GROOVE_LATHE.NC - 程序号码 0 节点，系统弹出"路径模拟"对话框及"路径模拟控制"操控板。

（2）在"路径模拟控制"操控板中单击 ▶ 按钮，系统将开始对刀具路径进行模拟，结果与图 6.5.8 所示的刀具路径相同；在"路径模拟"对话框中单击 ✓ 按钮。

Step2. 实体切削验证。

（1）在 刀具路径管理器 选项卡中单击 按钮，然后单击"验证已选择的操作"按钮 ，系统弹出"Mastercam Simulator"对话框。

（2）在"Mastercam Simulator"对话框中单击 Stop Conditions 按钮，在其下拉菜单中选择 Collision 命令，单击 按钮，系统将开始进行实体切削仿真，仿真结果如图 6.5.9 所示，单击 按钮。

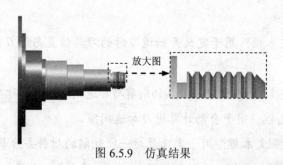

放大图

图 6.5.9　仿真结果

Step3. 保存加工结果。选择下拉菜单 文件(F) ➡ 保存(S) 命令，即可保存加工结果。

6.6　车削钻孔

车床钻孔加工与铣床钻孔加工的方法相同，主要用于钻孔、铰孔或攻丝。但是车床钻孔加工与铣床钻孔加工又有不同：在车床钻孔加工中，刀具沿 Z 轴移动而工件旋转；而在铣床钻孔加工中，刀具既沿 Z 轴移动又沿 Z 轴旋转。下面以图 6.6.1 所示的模型为例讲解车削钻孔加工的一般过程，其操作步骤如下：

a）2D 图形　　　　　　　b）加工工件　　　　　　　c）加工结果

图 6.6.1　车削钻孔

Stage1.　进入加工环境

Step1. 打开文件 D:\mcdz7\work\ch06.06\LATHE_DRILL.MCX-7，工件模型如图 6.6.2 所示。

Step2. 隐藏刀具路径。在 刀具路径管理器 选项卡中单击 按钮，再单击 按钮，将已存的刀具路径隐藏。

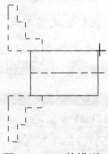

图 6.6.2   工件模型

Stage2. 选择加工类型

选择下拉菜单 刀具路径(T) ➡️ 钻孔(D)... 命令。

Stage3. 选择刀具

Step1. 在"车床-钻孔 属性"对话框中选择"T126126 20. Dia. DRILL 20. DIA."刀具，在 进给率 文本框中输入值 10.0，并选中 ⊙ mm/转 单选项；在 主轴转速 文本框中输入值 1200.0，并选中 ⊙ RPM 单选项；在 换刀点 下拉列表中选择 使用者定义 选项；单击 自定义(D) 按钮，在系统弹出的"换刀点-使用者定义"对话框 X: 后的文本框中输入值 25.0，在 Z: 文本框中输入值 25.0；单击该对话框中的 ✓ 按钮，系统返回至"车床-钻孔 属性"对话框，其他参数采用系统默认的设置值。

Step2. 设置冷却方式。单击 Coolant... 按钮，系统弹出"Coolant..."对话框；在 Flood 下拉列表中选择 On 选项；单击该对话框的 ✓ 按钮，关闭"Coolant..."对话框。

Stage4. 设置加工参数

在"车床-钻孔 属性"对话框中单击 深孔钻-无啄孔 选项卡，如图 6.6.3 所示；在 深度... 后的文本框中输入值-35.0；单击 钻孔位置(P) 按钮，在图形区选取图 6.6.4 所示的点（最右端竖线与轴中心线的交点处），其他参数采用系统默认的设置值；单击该对话框的 ✓ 按钮，完成钻孔参数的设置，此时系统将自动生成图 6.6.5 所示的刀具路径。

图 6.6.3 所示的"深孔钻-无啄孔"选项卡中部分选项的说明如下：

- 深度... 按钮：单击此按钮可以在图形区选取一个点定义孔的深度，也可以在其后的文本框中直接输入孔深，通常为负值。
- ▦ 按钮：用于设置精加工时刀具的有关参数。单击此按钮，系统弹出"深度的计算"对话框，通过此对话框用户可以对深度的计算的相关参数进行修改。

- 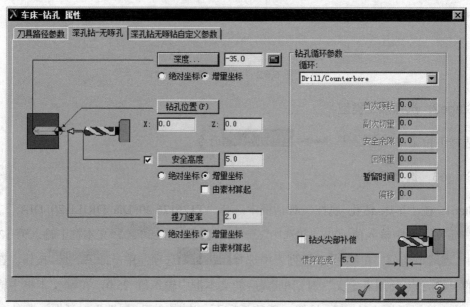 按钮：用于定义钻孔开始的位置，单击此按钮可以在图形区选取一个点，也可以在其下的两个坐标文本框中输入点的坐标值。

- 安全高度 按钮：用于定义在钻孔之前刀具与工件之间的距离，当此按钮前的复选框处于选中状态时可用。单击此按钮可以选择一个点，或直接在其后的文本框中输入安全高度值，包括 ◉ 绝对坐标 、◉ 增量坐标 和 ☐ 由素材算起 三个附属选项。

图 6.6.3   "深孔钻-无啄孔"选项卡

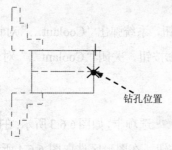

图 6.6.4   定义钻孔位置

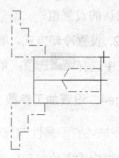

图 6.6.5   刀具路径

- 提刀速率 按钮：用于定义刀具进刀点，单击此按钮可以在图形区选取一个点，也可以在其后的文本框中直接输入进刀点与工件端面之间的距离值。

- ☑ 钻头尖部补偿 复选框：用于计算孔的深度，以便确定钻孔的贯穿距离。

- 惯穿距离 文本框：当钻孔为通孔时，指定刀尖与工件末端的距离。当选中 ☑ 钻头尖部补偿 复选框时，此文本框可用。

Stage5. 加工仿真

Step1. 路径模拟。

（1）在"操作管理器"中单击 ≋ 刀具路径 – 5.1K – LATHE_FACE_DRILL.NC – 程序号码 0 节点，系统弹出"路径模拟"对话框及"路径模拟控制"操控板。

（2）在"路径模拟控制"操控板中单击 ▶ 按钮，系统将开始对刀具路径进行模拟，在"路径模拟"对话框中单击 ✓ 按钮。

Step2. 实体切削验证。

（1）在"操作管理器"中确认 ☑ 2 – 车床-钻孔 – [WCS: TOP] – [刀具平面: 车床 顶部 左边 [TOP] 1] 节点被选中，然后单击"验证已选择的操作"按钮 🔲，系统弹出"Mastercam Simulator"对话框。

（2）在"Mastercam Simulator"对话框中单击 ● Stop Conditions ▾ 按钮，在其下拉菜单中选择 ☑ √ Collision 命令，单击 ▶ 按钮，系统将开始进行实体切削仿真，仿真结果如图 6.6.6 所示，单击 ✕ 按钮。

图 6.6.6　仿真结果

Step3. 保存加工结果。选择下拉菜单 文件(F) ➡ 🖫 保存(S) 命令，即可保存加工结果。

6.7　车　内　径

车内径与粗/精车加工基本相同，只是在选取加工边界时有所区别。粗/精车加工选取的是外部线串，而车内径选取的是内部线串。下面以图 6.7.1 所示的模型为例讲解车内径加工的一般过程，其操作步骤如下：

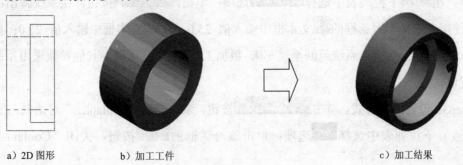

a）2D 图形　　　　　b）加工工件　　　　　c）加工结果

图 6.7.1　车内径

Stage1. 进入加工环境

打开文件 D:\mcdz7\work\ch06.07\ROUGH_ID_LATHE.MCX-7，工件模型如图 6.7.2 所示。

Stage2. 选择加工类型

Step1. 选择下拉菜单 刀具路径(T) ➡ 粗车(R) 命令，系统弹出"输入新的 NC 名称"对话框；采用系统默认的 NC 名称，单击 ✓ 按钮，系统弹出"串连选项"对话框。

Step2. 定义加工轮廓。在图形区中选取图 6.7.3 所示的轮廓，单击 ✓ 按钮，系统弹出"车床 粗加工 属性"对话框。

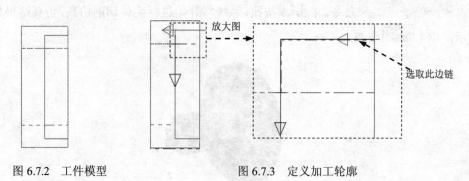

图 6.7.2　工件模型　　　　　　　图 6.7.3　定义加工轮廓

Stage3. 选择刀具

Step1. 在"车床 粗加工 属性"对话框中选择"T0909 R0.4 ID FINSH 16.DIA.-55 DEG"刀具并双击，系统弹出"定义刀具-机床群组-1"对话框；设置刀片参数如图 6.7.4 所示；在"定义刀具-机床群组-1"对话框中单击 搪杆 选项卡，在 刀把图形 区域的 A: 文本框中输入值 15.0，在 C: 文本框中输入值 10.0；单击该对话框中的 ✓ 按钮，系统返回至"车床 粗加工 属性"对话框。

Step2. 在"车床 粗加工 属性"对话框的 主轴转速: 文本框中输入值 500.0，并选中 ⦿ RPM 单选项；在 换刀点 下拉列表中选择 使用者定义 选项；单击 定义(D) 按钮，在系统弹出的"换刀点-使用者定义"对话框的 X: 文本框中输入值 25.0，在 Z: 文本框中输入值 25.0；单击该对话框中的 ✓ 按钮，系统返回至"车床 粗加工 属性"对话框，其他参数采用系统默认的设置值。

Step3. 设置冷却方式。单击 Coolant... 按钮，系统弹出"Coolant..."对话框；在 Flood（切削液）下拉列表中选择 On 选项；单击该对话框的 ✓ 按钮，关闭"Coolant..."对话框。

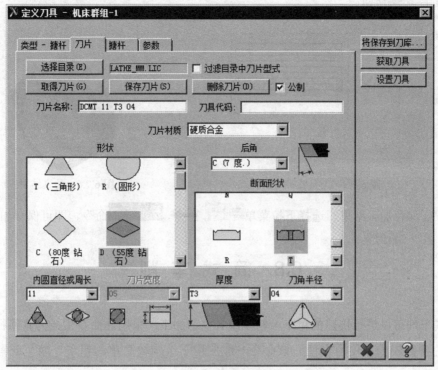

图 6.7.4　"定义刀具-机床群组-1"对话框

Stage4. 设置加工参数

在"车床 粗加工 属性"对话框中单击 粗加工参数 选项卡，在 粗车方向/角度 后的下拉列表中选择 ⬚ 选项，其他参数采用系统默认的设置值；单击该对话框的 ✔ 按钮，完成粗车内径参数的设置，此时系统将自动生成图 6.7.5 所示的刀具路径。

Stage5. 加工仿真

Step1. 路径模拟。

（1）在"操作管理器"中单击 ≋ 刀具路径 - 8.2K - ROUGH_ID_LATHE.NC - 程序号码 0 节点，系统弹出"路径模拟"对话框及"路径模拟控制"操控板。

（2）在"路径模拟控制"操控板中单击 ▶ 按钮，系统将开始对刀具路径进行模拟，结果与图 6.7.5 所示的刀具路径相同；在"路径模拟"对话框中单击 ✔ 按钮。

Step2. 实体切削验证。

（1）在 刀具路径管理器 选项卡中单击 ✔ 按钮，然后单击"验证已选择的操作"按钮 🗇，系统弹出"Mastercam Simulator"对话框。

（2）在"Mastercam Simulator"对话框中单击 ⏺ Stop Conditions ▾ 按钮，在其下拉菜单中选择 ☑ Collision 命令，单击 ▶ 按钮，系统将开始进行实体切削仿真，仿真结果如图 6.7.6

所示，单击 X 按钮。

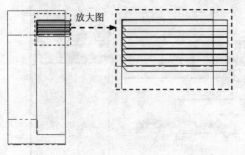

图 6.7.5　刀具路径　　　　　　　　　图 6.7.6　仿真结果

Step3. 保存加工结果。选择下拉菜单 文件(F) ➡ 保存(S) 命令，即可保存加工结果。

6.8　简　式　车　削

简式车削可以进行快捷的粗车、精车或者挖槽加工。采用此命令生成刀具路径时，需要设置的参数较少，使用方便。该命令一般应用于结构较简单的粗车、精车或者挖槽加工中。

6.8.1　简式粗车

简式粗车与粗车的边界选择相同，但是具体的参数设置比粗车参数简单。下面以图 6.8.1 所示的模型为例讲解简式粗车加工的一般过程，其操作步骤如下：

a）2D 图形　　　　　　　b）加工工件　　　　　　　c）加工结果

图 6.8.1　简式粗车

Stage1. 进入加工环境

打开文件 D:\mcdz7\work\ch06.08\LATHE_QUIK.MCX-7，工件模型如图 6.8.2 所示。

Stage2. 选择加工类型

Step1. 选择下拉菜单 刀具路径(T) ➡ 简式加工(Q) ➡ 粗车(R) 命令，系统弹出"输入新的 NC 名称"对话框；采用系统默认的 NC 名称，单击 ✓ 按钮，系统弹出"串连选项"

对话框。

Step2. 定义加工轮廓。在该对话框中单击 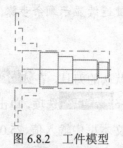 按钮，然后在图形区中选取图 6.8.3 所示的加工轮廓线（中心线以上的部分，具体操作可参见随书光盘中的视频录像），然后单击 按钮，系统弹出图 6.8.4 所示的"车床 简式粗车 属性"对话框。

图 6.8.2　工件模型

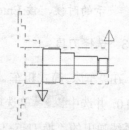
图 6.8.3　定义加工轮廓

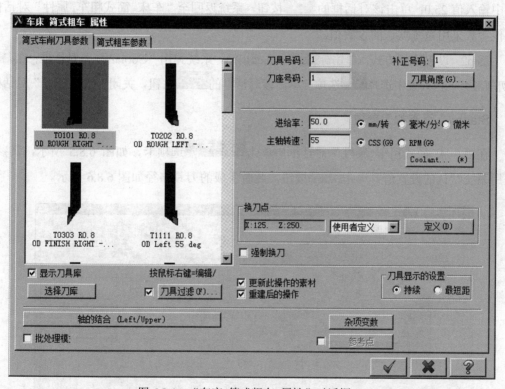
图 6.8.4　"车床 简式粗车 属性"对话框

图 6.8.4 所示的"车床 简式粗车 属性"对话框中部分选项的说明如下：

- ☑ 更新此操作的素材 复选框：当选中此复选框时，系统会自动更新工件的材料去除量。当用户在刀具路径中添加了进/退刀向量时，此复选框应处于选中状态。

- ☑ 重建后的操作 复选框：当选中此复选框时，系统会自动标记当前编辑操作中存在问题的操作。例如，若用户改变了一些不会影响到工件边界（如进给率、圆弧速度）的操作，系统会自动扫描所有操作以免存在重复操作。

- 刀具显示的设置 区域：用于设置刀具显示方式，包括 ⊙ 持续 单选项和 ⊙ 最短距 单选项。
  - ☑ ⊙ 持续 单选项：用于设置生成或重建刀具路径时，在没有停止的情况下始终显示刀具。
  - ☑ ⊙ 最短距 单选项：用于设置生成或重建刀具路径时，分步显示刀具。在分步显示的时候，按 Enter 键显示下一步，按 Esc 键连续显示剩余步骤。

Stage3. 选择刀具

Step1. 在"车床 简式粗车 属性"对话框中采用系统默认的刀具，在 主轴转速: 文本框中输入值 500.0，并选中 ⊙ RPM 单选项；在 换刀点 下拉列表中选择 使用者定义 选项，单击 定义(D) 按钮，在系统弹出的"换刀点-使用者定义"对话框的 X: 文本框中输入值 25.0，在 Z: 文本框中输入值 25.0；单击该对话框的 ✓ 按钮，系统返回至"车床 简式粗车 属性"对话框，其他参数采用系统默认的设置值。

Step2. 设置冷却方式。单击 Coolant... 按钮，系统弹出"Coolant..."对话框；在 Flood （切削液）下拉列表中选择 On 选项；单击该对话框的 ✓ 按钮，关闭"Coolant..."对话框。

Stage4. 设置加工参数

在"车床 简式粗车 属性"对话框中单击 简式粗车参数 选项卡，如图 6.8.5 所示，其参数采用系统默认的设置值；单击 ✓ 按钮，此时生成的刀具路径如图 6.8.6 所示。

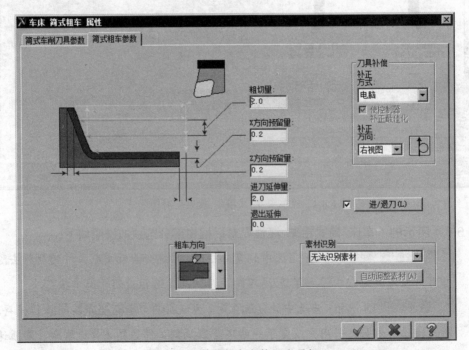

图 6.8.5　"简式粗车参数"选项卡

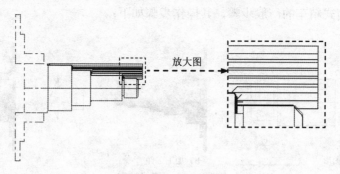

图 6.8.6　刀具路径

Stage5. 加工仿真

Step1. 路径模拟。

（1）在"操作管理器"中单击 ![刀具路径 - 8.4K - LATHE_QUIK.NC - 程序号码 0] 节点，系统弹出
"路径模拟"对话框及"路径模拟控制"操控板。

（2）在"路径模拟控制"操控板中单击 ▶ 按钮，系统将开始对刀具路径进行模拟，在
"路径模拟"对话框中单击 ✓ 按钮。

Step2. 实体切削验证。

（1）在"操作管理器"中确认 ![1 - 车床 简式粗车 - [WCS: TOP] - [刀具面: 车床 顶部 左边 [TOP] 1] 节点
被选中，然后单击"验证已选择的操作"按钮 ⬤，系统弹出"Mastercam Simulator"对
话框。

（2）在"Mastercam Simulator"对话框中单击 ▶ 按钮，系统将开始进行实体切削仿真，
仿真结果如图 6.8.7 所示，单击 X 按钮。

Step3. 保存加工结果。选择下拉菜单 文件 (F) ➡ 保存 (S) 命令，即可保存加工结果。

图 6.8.7　仿真结果

6.8.2　简式精车

采用简式精车方式进行加工时，可以先不选择加工模型，可以通过此加工方式特有的
"简式精车参数"来定义加工模型，也可以选择一个先前的粗加工的模型作为简式精车的加
工对象。下面还是以前面的模型 LATHE_QUIK.MCX-7 为例，紧接着 6.8.1 节的操作来说明

图 6.8.8 所示的简式精车的一般步骤，其操作步骤如下：

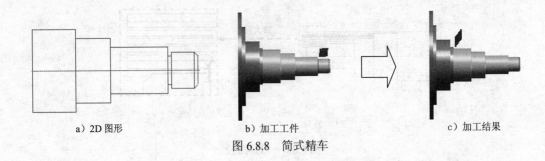

a）2D 图形　　　　　　b）加工工件　　　　　　c）加工结果

图 6.8.8　简式精车

Stage1. 选择加工类型

选择下拉菜单 刀具路径(T) ➡ 简式加工(Q) ➡ 精车(F) 命令，系统弹出"车床 简式精车属性"对话框。

Stage2. 选择刀具

Step1. 在"车床 简式精车 属性"对话框中选择"T0303 R0.8 OD FINISH RIGHT-35 DEG"刀具，在 主轴转速: 文本框中输入值 1500.0，并选中 ⊙ RPM 单选项；在 换刀点 下拉列表中选择 使用者定义 选项；单击 定义(D) 按钮，在系统弹出的"换刀点-使用者定义"对话框的 X: 文本框中输入值 25.0，在 Z: 文本框中输入值 25.0；单击该对话框的 ✓ 按钮，返回到"车床 简式精车 属性"对话框，其他参数采用系统默认的设置值。

Step2. 设置冷却方式。单击 Coolant... 按钮，系统弹出"Coolant..."对话框；在 Flood（切削液）下拉列表中选择 On 选项；单击该对话框的 ✓ 按钮，关闭"Coolant..."对话框。

Stage3. 设置加工参数

在"车床 简式精车 属性"对话框中单击 简式精车参数 选项卡，如图 6.8.9 所示，此时系统自动提取了上一个简式粗车的外形，其他参数采用系统默认的设置值；单击 ✓ 按钮，此时生成的刀具路径如图 6.8.10 所示。

Stage4. 加工仿真

Step1. 路径模拟。

（1）在"操作管理器"中单击 刀具路径 - 6.1K - LATHE_QUIK.NC - 程序号码 0 节点，系统弹出"路径模拟"对话框及"路径模拟控制"操控板。

（2）在"路径模拟控制"操控板中单击 ▶ 按钮，系统将开始对刀具路径进行模拟，结果与图 6.8.10 所示的刀具路径相同；在"路径模拟"对话框中单击 ✓ 按钮。

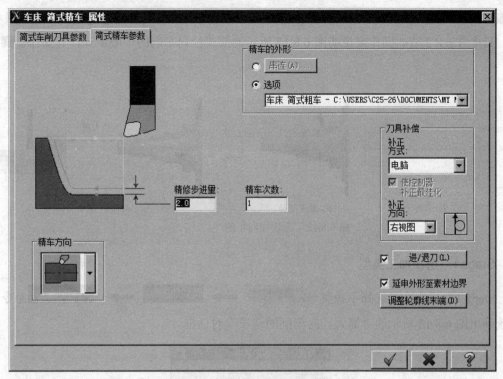

图 6.8.9　"简式精车参数"选项卡

Step2. 实体切削验证。

（1）在 刀具路径管理器 选项卡中单击 ✔ 按钮，然后单击"验证已选择的操作"按钮 📦，系统弹出"Mastercam Simulator"对话框。

（2）在"Mastercam Simulator"对话框中单击 ▶ 按钮，系统将开始进行实体切削仿真，仿真结果如图 6.8.11 所示，单击 X 按钮。

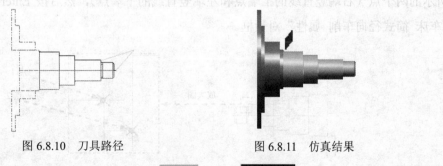

图 6.8.10　刀具路径　　　　　　　　　图 6.8.11　仿真结果

Step3. 保存加工结果。选择下拉菜单 文件(F) ➡ 🖫 保存(S) 命令，即可保存加工结果。

6.8.3　简式径向车削

采用简式径向车削方式进行加工与采用径向车削加工的加工方法基本相同，也需要设置加工模型，然后在对其参数进行设置。下面还是以前面的模型 LATHE_QUIK.MCX-7 为例，紧接着 6.8.2 节的操作来说明图 6.8.12 所示的简式径向车削的一般步骤，其操作步骤如下：

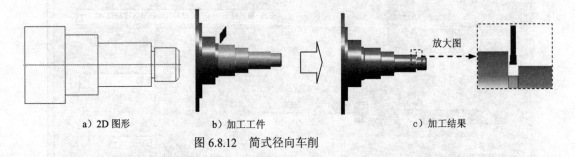

a）2D 图形　　　　　　b）加工工件　　　　　　c）加工结果

图 6.8.12　简式径向车削

Stage1. 选择加工类型

Step1. 选择命令。选择下拉菜单 刀具路径(T) ➡ 简式加工(Q) ➡ 径向车(G) 命令，系统弹出图 6.8.13 所示的"简式径向车削的选项"对话框。

图 6.8.13　"简式径向车削的选项"对话框

Step2. 定义加工边界。选中 ⊙ 2点 单选项，单击 ✔ 按钮，在图形区依次选取图 6.8.14 所示的两个点（右端竖直线的上端点和左端竖直线的下端点），然后按 Enter 键，系统弹出"车床 简式径向车削 属性"对话框。

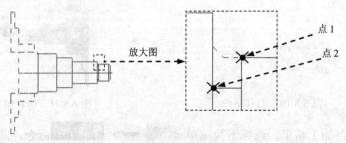

图 6.8.14　定义加工边界

Stage2. 选择刀具

Step1. 在"车床 简式径向车削 属性"对话框中双击系统默认的刀具，系统弹出"定义刀具"对话框；在"定义刀具"对话框中单击 刀片 选项卡，在 刀把图形 区域的 A 文本框中输入值 1.0，在 D 文本框中输入值 1.5；单击该对话框中的 ✓ 按钮，系统返回到"车床 简式径向车削 属性"对话框。

Step2. 在 主轴转速 文本框中输入值 800.0，并选中 RPM 单选项；在 换刀点 下拉列表中选择 使用者定义 选项；单击 定义(D) 按钮，在系统弹出的"换刀点-使用者定义"对话框的 X: 文本框中输入值 25.0，在 Z: 文本框中输入值 25.0；单击该对话框的 ✓ 按钮，系统返回至"车床 简式径向车削 属性"对话框；其他参数采用系统默认的设置值。

Step3. 设置冷却方式。单击 Coolant... 按钮，系统弹出"Coolant…"对话框；在 Flood（切削液）下拉列表中选择 On 选项；单击该对话框的 ✓ 按钮，关闭"Coolant…"对话框。

Stage3. 设置加工参数

Step1. 在"车床 简式径向车削 属性"对话框中单击 简式径向车削型式参数 选项卡，系统切换到"简式径向车削形式参数"界面，选中 ✓ 使用素材破为外边界 复选框。

Step2. 在"车床 简式径向车削 属性"对话框中单击 简式径向车削参数 选项卡，系统切换到"简式径向精车参数"界面；单击 进刀(L) 按钮，系统弹出"进刀"对话框；在 第一个路径引入 选项卡中选中 相切 单选项；单击 第二个路径引入 选项卡，在 固定方向 区域中选中 垂直 单选项，单击"进刀"对话框中的 ✓ 按钮，关闭"进刀"对话框。

Step3. 单击"车床 简式径向车削 属性"对话框中的 ✓ 按钮，完成加工参数的设置，此时生成的刀具路径如图 6.8.15 所示。

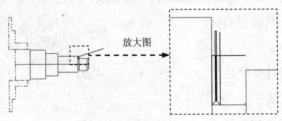

放大图

图 6.8.15　刀具路径

Stage4. 加工仿真

Step1. 路径模拟。

（1）在"操作管理器"中单击 ≋ 刀具路径 - 15.3K - LATHE_QUIK.NC - 程序号码 0 节点，系统弹出"路径模拟"对话框及"路径模拟控制"操控板。

（2）在"路径模拟控制"操控板中单击 ▶ 按钮，系统将开始对刀具路径进行模拟，结果与图 6.8.15 所示的刀具路径相同；在"路径模拟"对话框中单击 ✓ 按钮。

Step2. 实体切削验证。

（1）在 刀具路径管理器 选项卡中单击 ✔ 按钮，然后单击"验证已选择的操作"按钮 📦，系统弹出"Mastercam Simulator"对话框。

（2）在"Mastercam Simulator"对话框中单击 ▶ 按钮，系统将开始进行实体切削仿真，仿真结果如图 6.8.16 所示，单击 ✕ 按钮。

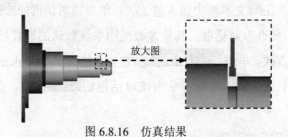

图 6.8.16　仿真结果

Step3. 保存加工结果。选择下拉菜单 文件(F) ➡ 📁 保存(S) 命令，即可保存加工结果。

6.9 习　题

一、填空题

1. 使用 MasterCAM X7 可以快速生成车削加工刀具轨迹和 NC 文件，在绘图时，只需绘制（　　　　　　　）即可以用软件进行加工仿真。

2. 在车床的材料设置中，用户可以定义（　　　）、（　　　）、尾座和（　　　）。

3. 若刀具名称为"OD ROUGH RIGHT - 80 DEG."，则其含义为（　　　　　　　　　）。

4. 常用的车削刀具路径有（　　　　）、（　　　　　）、（　　　　　）、（　　　　　）、（　　　　）、（　　　　）等。

5. 常用的车削刀具类型是（　　　　）、（　　　　）、（　　　　）、（　　　　）、"钻孔/攻牙/铰孔"和"自定义"。

6. 常用的车削刀片材质有（　　　　）、（　　　　）、（　　　　）、（　　　　）、"钻石"和"未知"。

7. 定义车床原点的方式有以下 3 种，分别是（　　　　　）、（　　　　）和依照刀具。其中"依照刀具"是指（　　　　　　　　　　　　）。

8. 在车床粗加工参数设置中，单击 重叠量(Q) 按钮，可以设置（　　　　　　　）的重叠距离。

9. 在车床径向粗车参数设置中，刀具切削到指定深度后，可以通过设置暂留时间来保证切削质量，其设置类型为（　　　）和圈数。

10. 车削中定义切槽的方式有（　　　）、（　　　）、（　　　）、串连和更多串连 5 种类型。

11. 在 MasterCAM 中车削螺纹的位置类型有（　　　）、（　　　）和端面/背面。

12. 在 MasterCAM 中车削螺纹的切削次数由（　　　）或（　　　）单选项决定。

二、操作题

1. 打开练习模型 1，如图 6.9.1a 所示，设置合适的毛坯几何体，创建模型的车削加工刀具路径，实体切削结果如图 6.9.1b 所示。

a)　　　　　　　　b)

图 6.9.1　练习模型 1

2. 打开练习模型 2，如图 6.9.2a 所示，设置合适的毛坯几何体，创建模型的车削加工刀具路径，实体切削结果如图 6.9.2b 所示。

a)　　　　　　　　b)

图 6.9.2　练习模型 2

3. 打开练习模型 3，如图 6.9.3a 所示，设置合适的毛坯几何体，创建模型的车削加工刀具路径，实体切削结果如图 6.9.3b 所示。

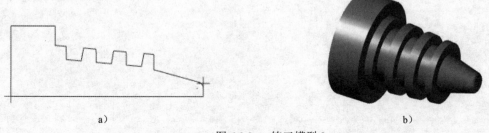

a)　　　　　　　　b)

图 6.9.3　练习模型 3

4. 打开练习模型 4，如图 6.9.4a 所示，设置合适的毛坯几何体，创建模型的车削加工刀具路径，实体切削结果如图 6.9.4b 所示。

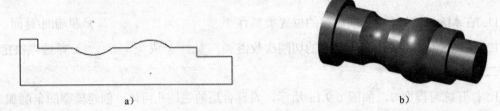

a）   b）

图 6.9.4   练习模型 4

第7章　线切割加工

本章提要　本章将介绍线切割的加工方法，其中包括线切割加工概述、外形切割加工和四轴切割加工。学习完本章之后，希望读者能够熟练掌握这两种线切割加工方法。

7.1　概　　述

线切割加工是电火花线切割加工的简称，它是利用一根运动的线状金属丝（钼丝或铜丝）做工具电极，在工件和金属丝间通以脉冲电流，靠火花放电对工件进行切割的加工方法。在 MasterCAM X7 中，线切割主要分为两轴和四轴两种。

电火花线切割加工的原理如图 7.1.1 所示。工件上预先打好穿丝孔，电极丝穿过该孔后，经导向轮由储丝筒带动正、反向交替移动。放置工件的工作台按预定的控制程序，在 X、Y 两个坐标方向上做伺服进给移动，把工件切割成形。加工时，必须在电极和工件间不断喷注工作液。

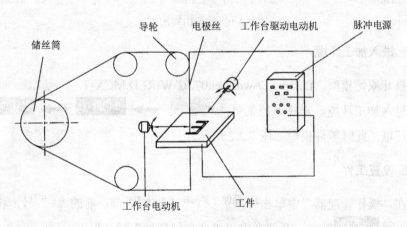

图 7.1.1　电火花线切割加工原理

线切割加工的工作原理和使用的电压、电流波形与电火花穿孔加工相似，但线切割加工不需要特定形状的电极，减少了电极的制造成本，缩短了生产准备时间，相对于电火花穿孔加工生产率高、加工成本低，在加工过程中工具电极损耗很小，可获得较高的加工精度。对于小孔、窄缝，以及凸、凹模，线切割加工可一次完成，多个工件可叠起来加工，但不能加工不通孔和立体成形表面。由于电火花线切割加工具有上述特点，因此在国内外的发展都比较迅速，已经成为一种高精度和高自动化的特种加工方法，在成形刀具与难切削材料、模具制造和精密复杂零件加工等方面得到了广泛应用。

电火花加工还有其他许多方式的应用，如电火花磨削、电火花共轭回转加工、电火花表面强化和刻字加工等。电火花磨削加工可磨削加工精密小孔、深孔、薄壁孔及硬质合金小模数滚刀；电火花共轭回转加工可加工精密内、外螺纹环规、精密内、外齿轮等。

7.2 外形切割路径

两轴线切割加工可以用于任何类型的二维轮廓加工。在两轴线切割加工时，刀具（钼丝或铜丝）沿着指定的刀具路径切割工件，在工件上留下细线切割所留下的轨迹线，从而使零件和工件分离得到所需的零件。下面以图 7.2.1 所示的模型为例来说明外形切割的加工过程，其操作步骤如下：

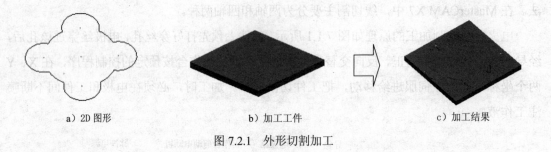

a）2D 图形   b）加工工件   c）加工结果

图 7.2.1 外形切割加工

Stage1. 进入加工环境

Step1. 打开原始模型。D:\mcdz7\work\ch07.02\WIRED.MCX-7。

Step2. 进入加工环境。选择下拉菜单 机床类型(M) ➡️ 线切割(W) ➡️ 默认(D) 命令，系统进入加工环境，此时零件模型如图 7.2.2 所示。

Stage2. 设置工件

Step1. 在"操作管理器"中单击 山 属性 - Generic Wire EDM 节点前的"+"号，将该节点展开，然后单击 素材设置 节点，系统弹出"机器群组属性"对话框。

Step2. 设置工件的形状。在"机器群组属性"对话框的 形状 区域选中 ⦿ 立方体 单选项。

Step3. 设置工件的尺寸。在"机器群组属性"对话框中单击 边界盒(B) 按钮，系统弹出"边界盒选项"对话框；其参数采用系统默认的设置值；单击 ✔ 按钮，系统返回至"机器群组属性"对话框；在 X 、 Y 和 Z 方向的高度文本框中分别输入值 150.0、150.0、10.0，此时该对话框如图 7.2.3 所示。

Step4. 单击"机器群组属性"对话框中的 ✓ 按钮，完成工件的设置。此时零件如图 7.2.4 所示，从图中可以观察到零件的边缘多了红色的双点画线。双点画线围成的图形即为工件。

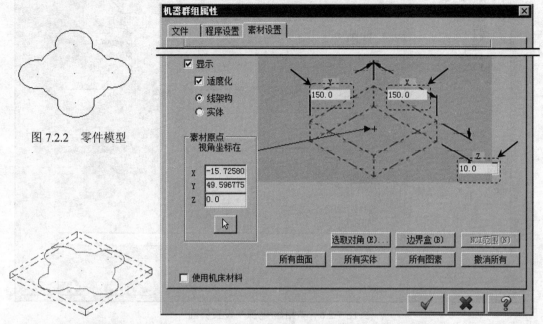

图 7.2.2　零件模型

图 7.2.4　显示零件　　　　　　　图 7.2.3　"机器群组属性"对话框

Stage3. 选择加工类型

Step1. 选择下拉菜单 刀具路径(T) ➡ 外形切割(C) 命令，系统弹出"输入新的 NC 名称"对话框；采用系统默认的 NC 名称，单击 ✓ 按钮，系统弹出"串连选项"对话框。

Step2. 设置加工区域。在图形区中选取图 7.2.5 所示的曲线串，然后按 Enter 键，完成加工区域的选择，同时系统弹出"线切割刀具路径-外形"对话框。

选取此曲线串

图 7.2.5　加工区域

Stage4. 设置加工参数

Step1. 在"线切割刀具路径-外形"对话框的左侧节点树中单击 钼丝 / 电源 节点，设置界面如图 7.2.6 所示，然后单击 ↗ 按钮，系统弹出图 7.2.7 所示的"编辑材料库"对话框；其参数采用系统默认的设置值，单击 ✓ 按钮返回至"线切割刀具路径-外形"对话框。

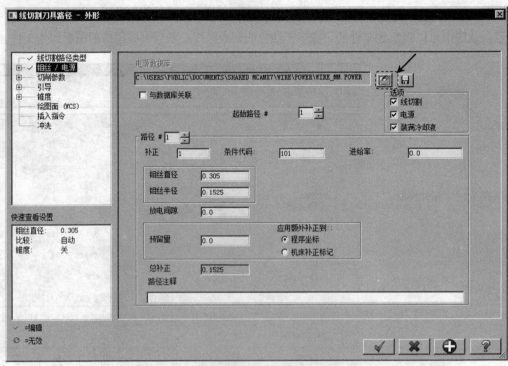

图 7.2.6   "钼丝/电源"设置界面

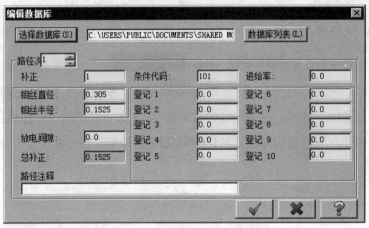

图 7.2.7   "编辑资料库"对话框

图 7.2.7 所示的"编辑资料库"对话框中部分选项的说明如下：

● 路径次文本框：用于在当前的资料库中指定编辑参数的路径号。

● 数据库列表(L) 按钮：用于列出当前资料库中的所有电源。

● 补正：文本框：用于设置线切割刀具的补正码（与电火花加工设备有关）。

● 条件代码文本框：用于设置与补正码相协调的线切割特殊值。

● 进给率文本框：用于定义线切割刀具的进给率。

注意：大部分的线切割加工是不使用进给率的，除非用户需要对线切割刀具进行控制。

- 钼丝直径:文本框：用于指定电极丝的直径。此值与"电极丝半径"是相联系的，当"电极丝半径"值改变时，此值也会自动更新。
- 钼丝半径:文本框：用于指定电极丝的半径值。
- 放电间隙:文本框：用于定义超过线切割刀具直径的材料去除值。
- 总补正:文本框：用于显示刀具半径、放电间隙和毛坯的补正总和。
- 登记 1 文本框：用于设置控制器号。

说明：其他"登记"文本框与 登记 1 文本框相同，因此不再赘述。

- 路径注释 文本框：用于添加电源设置参数的注释。

Step2. 在"线切割刀具路径-外形"对话框的左侧节点树中单击 切削参数 节点，系统显示"切削参数"设置界面，如图 7.2.8 所示；选中 ☑ 执行粗加工 复选框，其他参数采用系统默认的设置值。

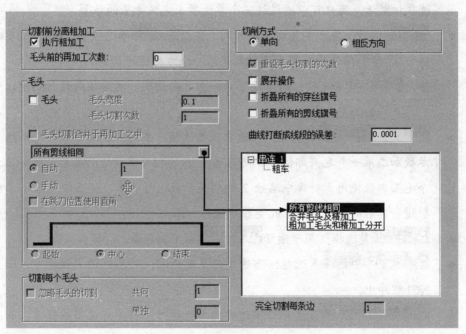

图 7.2.8　"切削参数"设置界面

图 7.2.8 所示的"切削参数"设置界面中部分选项的说明如下：

- ☑ 执行粗加工 复选框：用于创建粗加工。
- 毛头前的再加工次数: 文本框：用于指定加工毛头前的加工次数。
- ☑ 毛头 复选框：用于创建毛头加工。选中该项后，其他相关选项被激活。
- 毛头宽度:文本框：用于指定毛头沿轮廓边缘的延伸距离。
- 毛头切割次数 文本框：用于定义切割毛头的加工次数。
- ☑ 毛头切割合并于再加工之中 复选框：选中此项，则表示毛头加工在加工中进行。

- 所有剪线相同 ▼ 下拉列表：用于设置加工顺序，包括 所有剪线相同 选项、合并毛头及精加工 选项和 粗加工毛头和精加工分开 选项。当选中 ☑ 展开操作 复选框时此下拉列表可用。
  - ☑ 所有剪线相同 选项：用于定义粗加工、毛头加工、精加工等加工为同一个轮廓。
  - ☑ 合并毛头及精加工 选项：用于定义先进行粗加工，然后再进行毛头加工和精加工。
  - ☑ 粗加工毛头和精加工分开 选项：用于定义先进行粗加工，再进行毛头加工，最后进行精加工。
- ⊙ 自动 单选项：用于自动设置毛头位置。
- ⊙ 手动 单选项：用于手动设置毛头位置。可以通过单击其后的 ✛ 按钮，在绘图区选取一点来确定毛头的位置。
- ☑ 在跳刀位置使用直角 复选框：在 ⊙ 手动 单选项被选中的情况下有效，用于使用方形的点作为毛头的位置。当选中此复选框时，⊙ 起始 单选项、⊙ 中心 单选项和 ⊙ 结束 单选项被激活，用户可以通过这三个单选项来定义毛头的位置。
- 切削方式 区域：用于定义切削的方式，包括 ⊙ 单向 单选项和 ⊙ 相反方向 单选项。
  - ☑ ⊙ 单向 单选项：用于设置始终沿一个方向进行切削。
  - ☑ ⊙ 相反方向 单选项：用于设置沿一个方向切削，然后换向进行切削，如此循环直到加工完成。
- ☑ 重设毛头切割的次数 复选框：当选中此复选框，系统会使用资料库中路径 1 的相关参数加工第一个毛头部位，并使用路径 1 的相关参数进行其后的粗加工；在第二个毛头部位使用资料库中路径 2 的相关参数进行加工，然后使用路径 1 的相关参数进行其后的粗加工，以此类推地进行加工。
- ☑ 展开操作 复选框：用于激活 所有剪线相同 ▼ 下拉列表。
- ☑ 折叠所有的穿丝旗号 复选框：当选中此复选框时，将不标记穿丝旗号，而且不写入 NCI 程序中。
- ☑ 折叠所有的剪线旗号 复选框：当选中此复选框时，将不标记剪线旗号，而且不写入 NCI 程序中。

Step3. 在"线切割刀具路径-外形"对话框的左侧节点树中单击 ◇ 停止 节点，系统显示"停止"设置界面，如图 7.2.9 所示，其参数采用系统默认的设置值。

图 7.2.9 所示的"停止"设置界面中部分选项的说明如下：

说明："停止"设置界面的选项在切削参数界面中选择 ☑ 毛头 选项后被激活。

- ☑ 产生停止指令 区域：用于设置在毛头加工过程中输出停止代码的位置。
  - ☑ ⊙ 从每个毛头 单选项：用于设置在加工所有毛头前输出停止代码。
  - ☑ ⊙ 在第一个毛头的操作 单选项：用于设置在第一次毛头加工前输出停止代码。

- **输出停止指令** 区域: 用于设置停止指令的形式。

  ☑ **⊙暂时停止(M01)** 单选项: 用于设置输出暂时停止代码。

  ☑ **☑毛头结束之前的距离**: 用于设置在停止代码的距离数, 需在其后的文本框中输入具体数值。

  ☑ **☑之前毛头** 复选框: 用于设置输出停止指令的位置为加工毛头之前。

  ☑ **⊙再次停止** 单选项: 用于设置输出永久停止代码。

  ☑ **☑之后毛头** 复选框: 用于设置输出停止指令的位置为加工毛头之后。

图 7.2.9　"停止"设置界面

Step4. 在"线切割刀具路径-外形"对话框的左侧节点树中单击 **引导** 节点, 系统显示"引导"设置界面, 如图 7.2.10 所示; 在 **进刀** 和 **退刀** 区域均选中 **⊙只有直线** 单选项, 其他参数采用系统默认的设置值。

图 7.2.10 所示的"引导"设置界面中部分选项的说明如下:

- **进刀** 区域: 用于定义电极丝引入运动的形状, 包括 **⊙只有直线** 单选项、**⊙线与圆弧** 单选项和 **⊙2线和圆弧** 单选项。

  ☑ **⊙只有直线** 单选项: 用于在穿线点和轮廓开始处创建一条直线。

  ☑ **⊙线与圆弧** 单选项: 用于在穿线点和轮廓开始处增加一条直线和一段圆弧。

  ☑ **⊙2线和圆弧** 单选项: 用于在穿线点和轮廓开始处创建两条直线和一段圆弧。

- **退刀** 区域: 用于定义电极丝引出运动的形状, 包括 **⊙只有直线** 单选项、**⊙单一圆弧** 单选项、**⊙圆弧与直线** 单选项和 **⊙圆弧和2线** 单选项。

  ☑ **⊙只有直线** 单选项: 选中此单选项后, 电极丝切出工件后会以直线的形式运动到切削点或者运动到设定的位置。

  ☑ **⊙单一圆弧** 单选项: 电极丝切出工件后会形成一段圆弧, 用户可以自定义圆弧的半径和扫掠角。

☑ **圆弧与直线** 单选项：电极丝切出工件后形成一段圆弧，接着以直线的形式运动到切削点。

☑ **圆弧和2线** 单选项：电极丝切出工件后形成一段圆弧，接着创建两条直线，运动到切削点。

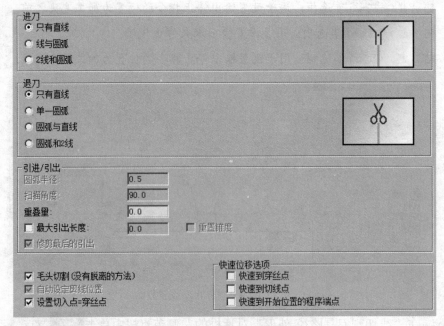

图 7.2.10　"引导"设置界面

- **引进/引出** 区域：用于定义进入/退出的直线和圆弧的参数，包括 **圆弧半径** 文本框、**扫描角度** 文本框和 **重叠量** 文本框。

  ☑ **圆弧半径** 文本框：用于指定引入/引出的圆弧半径。

  ☑ **扫描角度** 文本框：用于指定引入/引出的圆弧转角。

  ☑ **重叠量** 文本框：用于在轮廓的开始和结束定义需要去除的震动值。

- **☑ 最大引出长度** 复选框：用于缩短引出长度的值，用户可以在其后的文本框中输入引出长度的缩短值。如果不选中此复选框，则引出长度为每一个切削点到轮廓终止位置的平均距离。

- **☑ 修剪最后的引出** 复选框：用于设置以指定的"最大引出长度"来修剪最后的引出距离。

- **☑ 毛头切割 (没有脱离的方法)** 复选框：用于设置去除短小的凸出部。当毛坯为长条状时选中此复选框。选中该复选框，则 ◇ **毛头/结束 引导** 节点将处于不可用状态。

- **☑ 自动设定剪线位置** 复选框：用于设置系统自动测定最有效切削点。

- **☑ 设置切入点=穿丝点** 复选框：用于设置切入点与穿丝点的位置相同。

- 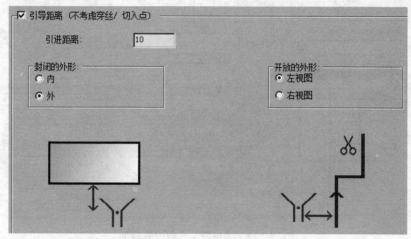 **快速到穿丝点** 复选框：用于设置从引入穿丝点到轮廓链间快速移动。
- **快速到切线点** 复选框：用于设置引出运动为快速移动。
- **快速到开始位置的程序端点** 复选框：用于设置在最初的起始位置和刀具路径的结束位置间建立快速移动。

Step5. 在"线切割刀具路径-外形"对话框的左侧节点树中单击 **引导距离** 节点，系统显示"引导距离"设置界面，如图 7.2.11 所示；选中 **引导距离 (不考虑穿丝/切入点)** 复选框，并在 **引进距离:** 文本框中输入值 10，其他参数采用系统默认的设置值。

图 7.2.11 "引导距离"设置界面

图 7.2.11 所示的"引导距离"设置界面中部分选项的说明如下：

- **引导距离 (不考虑穿丝/切入点)** 复选框：用于设置引导的距离。用户可以在 **引进距离:** 其后的文本框中指定距离值。
- **封闭的外形:** 区域：用于设置封闭轮廓时的引导位置。
  - ☑ **内** 单选项：用于设置在轮廓边界内进行引导。
  - ☑ **外** 单选项：用于设置在轮廓边界外进行引导。
- **开放的外形:** 区域：用于设置开放式轮廓时的引导位置。
  - ☑ **左视图** 单选项：用于设置在轮廓边界左边进行引导。
  - ☑ **右视图** 单选项：用于设置在轮廓边界右边进行引导。

Step6. 在"线切割刀具路径-外形"对话框的左侧节点树中单击 **锥度** 节点，系统显示"锥度"设置界面，设置参数如图 7.2.12 所示。

图 7.2.12 所示的"锥度"设置界面中部分选项的说明如下：

- ☑ **锥度** 区域：用于定义轮廓锥形的类型，包括 ∧ ∨ ∧ ∧ 单选项组、**锥度方向** 区域和 **起始锥度** 文本框等内容。

- 起始锥度 文本框：用于设置锥度的最初值。
- ⊙ 左视图 单选项：用于设置刀具路径向左倾斜。
- ⊙ 右视图 单选项：用于设置刀具路径向右倾斜。

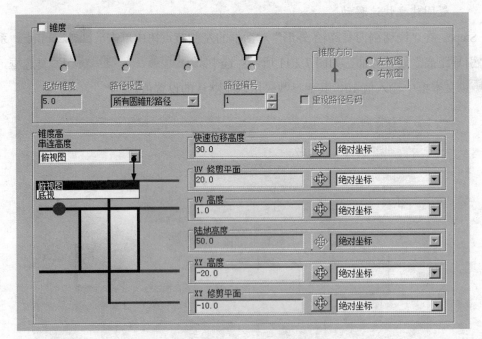

图 7.2.12　"锥度"参数设置界面

- 所有圆锥形路径 ▼ 下拉列表：用于定义锥形轮廓的走刀方式，包括 所有圆锥形路径 选项、取消圆锥形路径之后 选项和 应用圆锥形路径之后 选项。
  - ☑ 所有圆锥形路径 选项：用于设置所有的刀具路径采用锥形切削的走刀方式。
  - ☑ 取消圆锥形路径之后 选项：用于设置在指定的路径之后采用垂直切削的走刀方式。用户可以在其后的文本框中指定路径值。
  - ☑ 应用圆锥形路径之后 选项：用于设置在指定的路径之后采用锥形切削的走刀方式。用户可以在其后的文本框中指定路径值。
- 串连高度 下拉列表：用于设置刀具路径的高度。
  - ☑ 俯视图 选项：用于设置刀具路径的高度在底部。
  - ☑ 底视 选项：用于设置刀具路径的高度在顶部。
- 快速位移高度 区域：用户可在其下的文本框中输入具体数值设置快速位移的 Z 高度，或者单击其后的 ✛ 按钮，直接在图形区中选取一点来进行定义。

说明：以下几个参数设置方法与此处类似，在此不再赘述。

- UV修剪平面 区域：用来设置 UV 修整平面的位置。一般 UV 修整平面的位置应略高于 UV 高度。

- **UV 高度** 区域: 用来设置 UV 高度。

- **陆地高度** 区域: 用来设置刀具的角度支点的位置, 此区域仅当锥度类型为最后两个时可使用。

- **XY 高度** 区域: 用来设置 XY 高度 (刀具路径的最低轮廓)。

- **XY 修剪平面** 区域: 用来设置 XY 修整平面的高度。

Step7. 在"线切割刀具路径-外形"对话框的左侧节点树中单击 **转角** 节点, 系统显示"转角"设置界面, 如图 7.2.13 所示, 其参数采用系统默认的设置值。

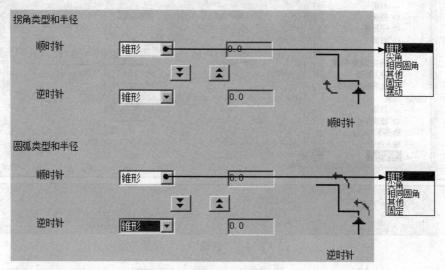

图 7.2.13　"转角"设置界面

图 7.2.13 所示的"转角"设置界面中部分选项的说明如下:

- **拐角类型和半径** 区域: 用于当轮廓覆盖尖角时控制转角的轮廓形状, 包括 **顺时针** 下拉列表和 **逆时针** 下拉列表。

  - ☑ **顺时针** 下拉列表: 用于设置刀具以指定的方式在转角处顺时针行进, 包括 **锥形** 选项、**尖角** 选项、**相同圆角** 选项、**其他** 选项、**固定** 选项和 **摆动** 选项。

  - ☑ **逆时针** 下拉列表: 用于设置刀具以指定的方式在转角处逆时针行进, 包括 **锥形** 选项、**尖角** 选项、**相同圆角** 选项、**其他** 选项、**固定** 选项和 **摆动** 选项。

- **圆弧类型和半径** 区域: 用于当轮廓覆盖平滑圆角时控制圆弧处的轮廓形状, 包括 **顺时针** 下拉列表和 **逆时针** 下拉列表。

  - ☑ **顺时针** 下拉列表: 用于设置刀具以指定的方式在圆弧处顺时针行进, 包括 **锥形** 选项、**尖角** 选项、**相同圆角** 选项、**其他** 选项、**固定** 选项。

  - ☑ **逆时针** 下拉列表: 用于设置刀具以指定的方式在圆弧处逆时针行进, 包括 **锥形**

选项、尖角选项、相同圆角选项、其他选项、固定选项。

Step8. 在"线切割刀具路径-外形"对话框的左侧节点树中单击 ✓ 冲洗 节点，系统显示"冲洗中..."设置界面，如图 7.2.14 所示；在 Flushing 下拉列表中选择 On 选项开启切削液，其他参数采用系统默认的设置值。

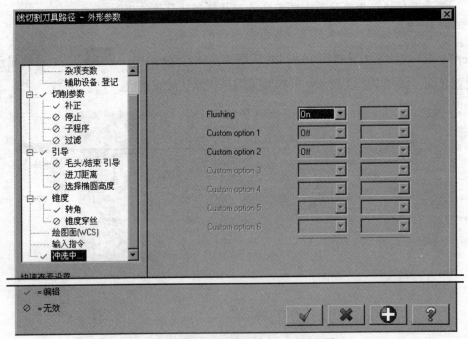

图 7.2.14 　"冲洗中..."设置界面

Step9. 在"线切割刀具路径-外形"对话框中单击 ✓ 按钮，完成参数的设置，此时系统弹出"串连管理"对话框；单击 ✓ 按钮，系统自动生成图 7.2.15 所示的刀具路径。

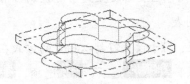

图 7.2.15 　刀具路径

Stage5. 加工仿真

Step1. 实体切削验证。

（1）在"操作管理器"中确认 📄 1 - 线切割-切割外形 - [WCS:俯视图] - [刀具平面:俯视图] 节点被选中，然后单击"验证已选择的操作"按钮 📦 ，系统弹出"Mastercam Simulator"对话框。

（2）在"Mastercam Simulator"对话框中单击  按钮，系统将开始进行实体切削仿真，仿真结果如图 7.2.16 所示，单击 ✕ 按钮完成操作。

Step2. 保存文件模型。选择下拉菜单 文件(F) ➡ 🖫 保存(S) 命令，保存模型。

图 7.2.16　仿真结果

7.3　四轴线切割路径

四轴线切割是线切割加工中比较常用的一种加工方法。通过选取不同类型的轴，可以指定四轴线切割加工的方式；通过选取顶面或者侧面来确定要进行线切割的上下两个面的边界形状，从而完成切割。下面以图 7.3.1 所示的模型为例来说明四轴线切割过程，其操作步骤如下：

a）3D 图形　　　　　　　b）加工工件　　　　　　　c）加工结果

图 7.3.1　四轴线切割加工

Stage1. 进入加工环境

Step1. 打开文件 D:\mcdz7\work\ch07.03\4_AXIS_WIRED.MCX-7。

Step2. 进入加工环境。选择下拉菜单 机床类型(M) ➡ 线切割(W) ➡ 默认(D) 命令，系统进入加工环境，此时零件模型如图 7.3.2 所示。

Stage2. 设置工件

Step1. 在"操作管理器"中单击 ⛰ 属性 - Generic Wire EDM 节点前的"+"号，将该节点展开，然后单击 ◆ 素材设置 节点，系统弹出"机器群组属性"对话框。

Step2. 设置工件的形状。在"机器群组属性"对话框的 形状 区域选中 ⊙ 立方体 单选项。

Step3. 设置工件的尺寸。在"机器群组属性"对话框中单击 边界盒(B) 按钮，系统弹出"边界盒选项"对话框；其参数采用系统默认的设置值，单击　　按钮，系统返回至"机器群组属性"对话框，其参数采用系统生成工件的尺寸参数。

Step4. 单击"机器群组属性"对话框中的　　按钮，完成工件的设置。此时零件如图7.3.3 所示。从图中可以观察到零件的边缘多了红色的双点画线，该双点画线围成的图形即为工件。

Stage3. 选择加工类型

Step1. 选择下拉菜单 刀具路径(T) ➡️ 四轴(4) 命令，系统弹出"输入新的 NC 名称"对话框；采用系统默认的 NC 名称，单击　　按钮，系统弹出"串连选项"对话框。

Step2. 设置加工区域。在图形区中选取图 7.3.4 所示的两条曲线，然后按 Enter 键，系统弹出图 7.3.5 所示的"线切割刀具路径-四轴"对话框。

图 7.3.2　零件模型　　　7.3.3　显示零件　　　图 7.3.4　加工区域

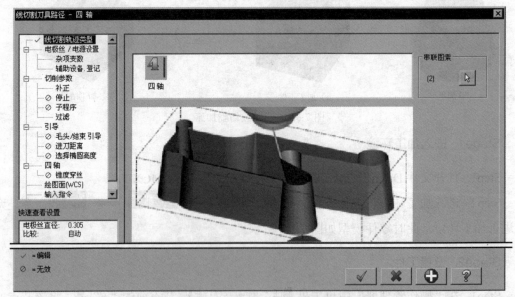

图 7.3.5　"线切割刀具路径-四轴"对话框

Stage4. 设置加工参数

Step1. 设置切割参数选项卡。单击"线切割刀具路径-四轴"对话框中的 切削参数 选项卡，在该选项卡中选中 ☑ 执行粗加工 复选框，其他参数采用系统默认的设置值。

　　Step2. 设置引导参数。在"线切割刀具路径-四轴"对话框的左侧节点列表中单击 引导 节点，系统显示引导参数设置界面；在 进刀 和 退刀 区域均选中 ⊙ 只有直线 单选项，其他参数采用系统默认的设置值。

　　Step3. 设置进刀距离。在"线切割刀具路径-四轴"对话框的左侧节点列表中单击 ⊘ 引导距离 节点，系统显示进刀距离设置界面；选中 ☑ 引导距离 (不考虑穿丝/切入点) 复选框，在 引进距离: 文本框中输入值 20.0，其他参数采用系统默认的设置值。

　　Step4. 在"线切割刀具路径-四轴"对话框的左侧节点列表中单击 四轴 节点，系统显示"四轴"设置界面，如图 7.3.6 所示；在 图素对应的模式 下拉列表中选择 依照图素 选项。

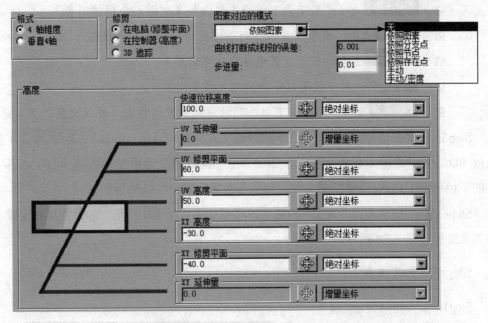

图 7.3.6　"四轴"设置界面

图 7.3.6 所示的"四轴"设置界面中部分选项的说明如下：

- 格式 区域: 用于设置 XY/UV 高度的路径输出型式，包括 ⊙ 4轴锥度 单选项和 ⊙ 垂直4轴 单选项。
    - ☑ ⊙ 4轴锥度 单选项: 用于设置将 XY/UV 高度所有的圆弧路径根据线性公差改变成直线路径，并输出。
    - ☑ ⊙ 垂直4轴 单选项: 用于设置输出 XY/UV 高度的直线和圆弧路径。
- 修剪 区域: 用于设置切割路径的修整方式，包括 ⊙ 在电脑(修整平面) 单选项、⊙ 在控制器 (高度) 单选项和 ⊙ 3D追踪 单选项。
    - ☑ ⊙ 在电脑(修整平面) 单选项: 当选中此单选项时，系统会自动去除不可用的点以便创建平滑的切割路径。

- ☑ ◉ 在控制器（高度）单选项：当选中此单选项时，系统会以 XY 高度和 UV 高度来限制切割路径的 Z 轴方向值。
- ☑ ◉ 3D 追踪单选项：当选中此单选项时，系统会以空间的几何图形限制切割路径。
- 图素对应的模式 下拉列表：用于设置划分轮廓链的方式并在 XY 平面与 UV 平面之间放置同步轮廓点，包括 无 选项、依照图素 选项、依照分支点 选项、依照节点 选项、依照存在点 选项、手动 选项和 手动/密度 选项。
  - ☑ 无 选项：用于设置以步长把轮廓链划分成偶数段。
  - ☑ 依照图素 选项：用于设置以线性公差值计算切割路径的同步点。
  - ☑ 依照分支点 选项：用于设置以分支线添加几何图形来创建同步点。
  - ☑ 依照节点 选项：用于设置根据两个链间的节点创建同步点。
  - ☑ 依照存在点 选项：用于设置根据点创建同步点。
  - ☑ 手动 选项：用于设置以手动的方式放置同步点。
  - ☑ 手动/密度 选项：用于设置以手动的方式放置同步点，并以密度约束其分布。

Step5. 设置刀具位置参数。在 快速位移高度 文本框中输入值 100.0，在 UV 高度 文本框中输入值 50.0，在 XY 高度 文本框中输入值-30.0，在 XY 修剪平面 文本框中输入值-40.0，在各文本框后的下拉列表中均选择 绝对坐标 选项；其他参数采用系统默认的设置值。

Step6. 在"线切割刀具路径-四轴"对话框中单击 ✓ 按钮，完成参数的设置，生成的刀具路径如图 7.3.7 所示。

Stage5. 加工仿真

Step1. 实体切削验证。

（1）在"操作管理器"中确认 ☑ ⊙ 1 - 四轴切割 - [WCS: 俯视图] - [刀具平面: 俯视图] 节点被选中，然后单击"验证已选择的操作"按钮 ⬤，系统弹出"Mastercam Simulator"对话框。

（2）在"Mastercam Simulator"对话框中单击 ▶ 按钮，系统将开始进行实体切削仿真，仿真结果如图 7.3.8 所示，单击 ✕ 按钮。

图 7.3.7　刀具路径

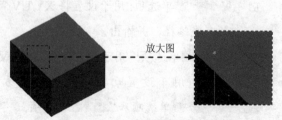

放大图

图 7.3.8　仿真结果

Step2. 保存文件模型。选择下拉菜单 文件(F) ➡ ■ 保存(S) 命令，保存模型。

7.4　习　题

一、填空题

1. 线切割加工是电火花线切割加工的简称，它是利用（　　　　　　）做工具电极，在工件和工具电极间通以脉冲电流，靠火花放电对工件进行切割的加工方法。

2. 在 MasterCAM X7 中，线切割主要分为（　　　）和（　　　）两种。

3. 在线切割中定义等高外形引导参数时，"进刀"类型可以选择（　　　　）、（　　　）和（　　）类型；"引出"类型可以选择（　　　　）、（　　）、（　　　）和（　　　）类型。

4. 在线切割中定义 四轴 参数时，所选择轮廓链的 图素对应的模式 包括"无"、（　　　　）、（　　　）、（　　　）、（　　　　）、"手动"和"手动/密度"等选项。

二、操作题

1. 打开练习模型 1，如图 7.4.1a 所示，创建二轴的线切割刀具路径，实体切削结果如图 7.4.1b 所示。

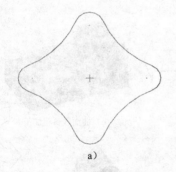
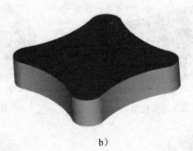

a)　　　　　　　　　　　　　　　　　　　　　b)

图 7.4.1　练习模型 1

2. 打开练习模型 2，如图 7.4.2a 所示，创建四轴的线切割刀具路径，实体切削结果如图 7.4.2b 所示。

a)　　　　　　　　　　　　　　　　　　　　　b)

图 7.4.2　练习模型 2

第8章　综合范例

本章提要　　通过学习前几章，相信读者已经掌握了 MasterCAM 中各种加工方法操作的一般步骤，但对于综合应用这些方法还不甚了解，本章将以具体范例来讲述如何综合应用这些方法。

8.1　综合范例1

本范例讲述的是扳手凹模加工工艺，对于模具的加工来说，除了要安排合理的工序外，同时应该特别注意模具的材料和加工精度。在创建工序时，要设置好每次切削的余量，另外要注意刀轨参数设置得是否正确，以免影响零件的精度。下面结合加工的各种方法来加工一个模具型芯（图 8.1.1），其操作步骤如下：

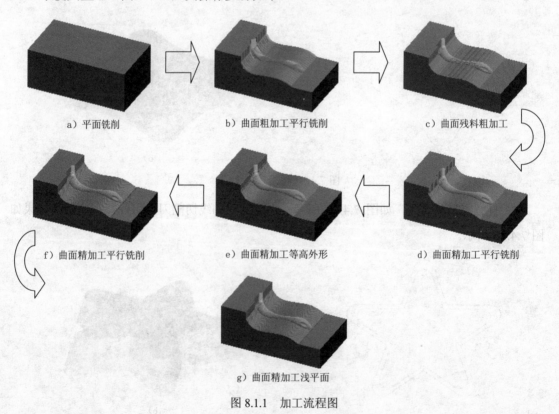

a）平面铣削　　　　b）曲面粗加工平行铣削　　　　c）曲面残料粗加工

f）曲面精加工平行铣削　　　　e）曲面精加工等高外形　　　　d）曲面精加工平行铣削

g）曲面精加工浅平面

图 8.1.1　加工流程图

Stage1. 进入加工环境

打开模型。选择文件 D:\ mcdz7\work\ch08.01\SPANNER_MOULD.MCX-7，系统进入加工环境，此时零件模型如图 8.1.2 所示。

Stage2. 设置工件

Step1. 在"操作管理器"中单击 ⛰ 属性 - Mill Default MM 节点前的"+"号，将该节点展开，然后单击 ◆ 素材设置 节点，系统弹出"机器群组属性"对话框。

Step2. 设置工件的形状。在"机器群组属性"对话框的 形状 区域中选中 ⦿ 立方体 单选项。

Step3. 设置工件的尺寸。在"机器群组属性"对话框中单击 所有曲面 按钮，在 素材原点 区域的 Z 文本框中输入值 5，然后在右侧的预览区 Z 下面的文本框中输入值 45。

Step4. 单击"机器群组属性"对话框中的 ✓ 按钮，完成工件的设置，此时零件如图 8.1.3 所示。从图中可以观察到零件的边缘多了红色的双点画线，双点画线围成的图形即为工件。

图 8.1.2　零件模型

图 8.1.3　显示零件

Stage3. 平面铣加工

Step1. 选择下拉菜单 刀具路径(T) ➡ 平面铣(A)... 命令，系统弹出"输入新的 NC 名称"对话框；采用系统默认的 NC 名称，单击 ✓ 按钮，完成 NC 名称的设置，同时系统弹出"串连选项"对话框。

Step2. 设置加工区域。在图形区中选取图 8.1.4 所示的边线，系统自动选择图 8.1.5 所示的边链；单击 ✓ 按钮，完成加工区域的设置，同时系统弹出"2D 刀具路径-平面铣削"对话框。

选取此边线
图 8.1.4　设置加工区域

图 8.1.5　选择边链

Step3. 确定刀具类型。在"2D 刀具路径-平面铣削"对话框的左侧节点列表中单击 刀具 节点，切换到刀具参数界面；单击 过滤(F) 按钮，系统弹出"刀具过滤列表设置"对话框；单击 刀具类型 区域中的 无 (N) 按钮后，在刀具类型按钮群中单击 （面铣刀）按钮；单击 ✓ 按钮，关闭"刀具过滤列表设置"对话框，系统返回至"2D 刀具路径-平面铣削"对话框。

Step4. 选择刀具。在"2D 刀具路径-平面铣削"对话框中单击 选择刀库 按钮，系统弹出图 8.1.6 所示的"选择刀具"对话框；在该对话框的列表框中选择图 8.1.6 所示的刀具；单击 ✓ 按钮，关闭"选择刀具"对话框，系统返回至"2D 刀具路径-平面铣削"对话框。

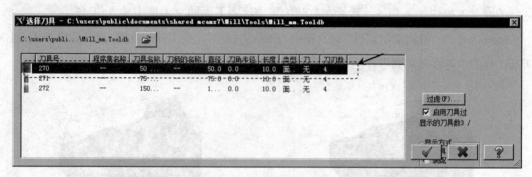

图 8.1.6　"选择刀具"对话框

Step5. 设置刀具参数。

（1）完成上步操作后，在"2D 刀具路径-平面铣削"对话框的刀具列表中双击该刀具，系统弹出"定义刀具-机床群组-1"对话框。

（2）设置刀具号。在"定义刀具-机床群组-1"对话框的 刀具号码 文本框中将原有的数值改为 1。

（3）设置刀具的加工参数。单击"定义刀具-机床群组-1"对话框的 参数 选项卡，在 进给率 文本框中输入值 500.0，在 下刀速率 文本框中输入值 200.0，在 提刀速率 文本框中输入值 800.0，在 主轴转速 文本框中输入值 600.0。

（4）设置冷却方式。在 参数 选项卡中单击 Coolant... 按钮，系统弹出"Coolant…"对话框；在 Flood （切削液）下拉列表中选择 On 选项；单击该对话框的 ✓ 按钮，关闭"Coolant…"对话框。

Step6. 单击"定义刀具-机床群组-1"对话框中的 ✓ 按钮，完成刀具的设置，系统返回至"2D 刀具路径-平面铣削"对话框。

Step7. 设置加工参数。在"2D 刀具路径-平面铣削"对话框的左侧节点列表中单击 切削参数 节点，设置图 8.1.7 所示的参数。

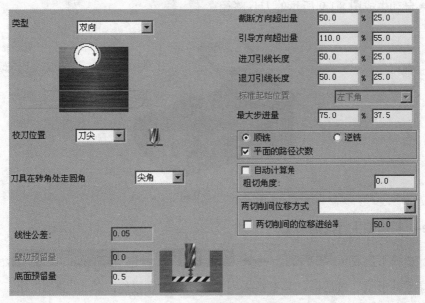

图 8.1.7　"切削参数"设置界面

Step8. 在"2D 刀具路径–平面铣削"对话框的左侧节点列表中单击 切削参数 下的 深度切削 节点，然后选中 ☑ 深度切削 复选框，在 最大粗切步进量: 文本框中输入值 2，在 精修次数: 文本框中输入值 0，在 精修量: 文本框中输入值 0.5，完成 Z 轴切削分层铣削参数的设置。

Step9. 设置共同参数。在"2D 刀具路径–平面铣削"对话框的左侧节点列表中单击 共同参数 节点，设置图 8.1.8 所示的参数。

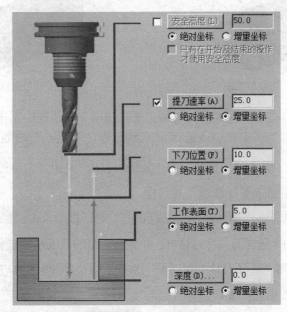

图 8.1.8　"共同参数"设置界面

Step10. 单击"2D 刀具路径–平面铣削"对话框中的 ✓ 按钮，完成加工参数的设置，此时系统将自动生成图 8.1.9 所示的刀具路径。

图 8.1.9　刀具路径

Stage4. 粗加工平行铣削加工

Step1. 选择下拉菜单 刀具路径(T) ➡ 曲面粗加工(R) ➡ 平行铣削加工(P)... 命令，系统弹出"选择工件形状"对话框；其参数采用系统默认的设置值，单击 ✓ 按钮。

说明： 先隐藏上步的刀具路径，以便于后面加工面的选取，下同。

Step2. 选取加工面。在图形区中选取图 8.1.10 所示的曲面，然后按 Enter 键，系统弹出"刀具路径的曲面选取"对话框；单击 检测 区域中的 按钮，选取图 8.1.11 所示的面为干涉面，然后按 Enter 键；单击 ✓ 按钮，系统弹出"曲面粗加工平行铣削"对话框。

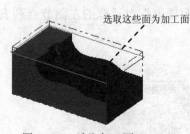

选取这些面为加工面

图 8.1.10　选取加工面

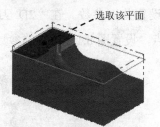

选取该平面

图 8.1.11　选取干涉面

Step3. 确定刀具类型。在"曲面粗加工平行铣削"对话框中单击 刀具过滤 按钮，系统弹出"刀具过滤列表设置"对话框；单击 刀具类型 区域中的 无(N) 按钮后，在刀具类型按钮群中单击 (圆鼻刀) 按钮；单击 ✓ 按钮，关闭"刀具过滤列表设置"对话框，系统返回至"曲面粗加工平行铣削"对话框。

Step4. 选择刀具。在"曲面粗加工平行铣削"对话框中单击 选择刀库 按钮，系统弹出图 8.1.12 所示的"选择刀具"对话框；在该对话框的列表框中选择图 8.1.12 所示的刀具；单击 ✓ 按钮，关闭"选择刀具"对话框，系统返回至"曲面粗加工平行铣削"对话框。

Step5. 设置刀具相关参数。

（1）在"曲面粗加工平行铣削"对话框 刀具路径参数 选项卡的列表框中双击上一步选择的刀具，系统弹出"定义刀具-机床群组-1"对话框。

（2）设置刀具号。在"定义刀具-机床群组-1"对话框的 刀具号码 文本框中将原有的数值改为 2。

（3）设置刀具的加工参数。单击"定义刀具-机床群组-1"对话框的 参数 选项卡，在 进给率 文本框中输入值 400.0，在 下刀速率 文本框中输入值 300.0，在 提刀速率 文本框中输入值 1000.0，在 主轴转速 文本框中输入值 1200.0。

（4）设置冷却方式。在 参数 选项卡中单击 Coolant... 按钮，系统弹出"Coolant…"对话框；在 Flood （切削液）下拉列表中选择 On 选项；单击该对话框的 ✓ 按钮，关闭"Coolant…"对话框。

（5）单击"定义刀具-机床群组-1"对话框中的 ✓ 按钮，完成刀具的设置。

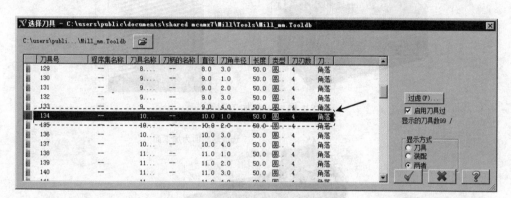

图 8.1.12　"选择刀具"对话框

Step6. 设置加工参数。

（1）设置曲面参数。在"曲面粗加工平行铣削"对话框中单击 曲面参数 选项卡，然后在 下刀位置(F) 文本框中输入值 2，在 预留量 （对话框中上面的一个，此处翻译有误应为"加工面预留量"）文本框中输入值 1，在 预留量 （此处翻译有误应为"干涉面预留量"）文本框中输入值 0.5。

（2）设置粗加工平行铣削参数。在"曲面粗加工平行铣削"对话框中单击 粗加工平行铣削参数 选项卡，然后在 大切削间距(M) 文本框中输入值 3.0，在 切削方式 下拉列表中选择 双向 选项，在 加工方式 角度 文本框中输入值 90，在 最大Z轴进给量 文本框中输入值 1，在 下刀的控制 区域选中 ⊙ 切削路径允许连续下刀提刀 复选框以及选中其下面的 ☑ 允许沿面下降切削(-Z) 复选框。

Step7. 单击"曲面粗加工平行铣削"对话框中的 ✓ 按钮，在图形区生成图 8.1.13 所示的刀路轨迹。

Stage5. 粗加工残料粗加工

Step1. 选择加工方法。选择下拉菜单 刀具路径(T) ➡ 曲面粗加工(R) ➡ 粗加工残料加工(T)... 命令。

Step2. 选取加工面及加工范围。

（1）在图形区中选取图 8.1.14 所示的曲面，然后按 Enter 键，系统弹出"刀具路径的曲面选取"对话框。

（2）单击"刀具路径的曲面选取"对话框 Containment boundary 区域的 ⌖ 按钮，系统弹出"串连选项"对话框；采用"串连方式"选取图 8.1.14 所示的边线；单击 ✓ 按钮，系统重新弹出"刀具路径的曲面选取"对话框；单击 ✓ 按钮，系统弹出"曲面残料粗加工"对话框。

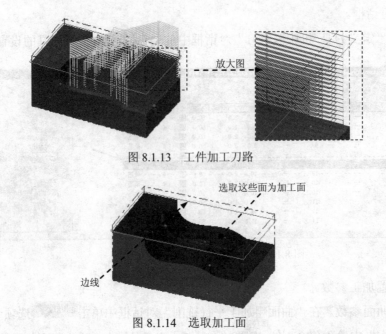

图 8.1.13　工件加工刀路

放大图

选取这些面为加工面

边线

图 8.1.14　选取加工面

Step3. 确定刀具类型。在"曲面残料粗加工"对话框中单击 刀具过滤 按钮，系统弹出"刀具过滤列表设置"对话框；单击 刀具类型 区域中的 无(N) 按钮后，在刀具类型按钮群中单击 ⬚ （球刀）按钮；单击 ✓ 按钮，关闭"刀具过滤列表设置"对话框，系统返回至"曲面残料粗加工"对话框。

Step4. 选择刀具。在"曲面残料粗加工"对话框中单击 选择刀库 按钮，系统弹出图 8.1.15 所示的"选择刀具"对话框；在该对话框的列表框中选择图 8.1.15 所示的刀具；单击 ✓ 按钮，关闭"选择刀具"对话框，系统返回至"曲面残料粗加工"对话框。

Step5. 设置刀具相关参数。

（1）在"曲面残料粗加工"对话框 刀具路径参数 选项卡的列表框中显示出上一步选择的刀具，双击该刀具，系统弹出"定义刀具-机床群组-1"对话框。

（2）设置刀具号。在"定义刀具-机床群组-1"对话框的 刀具号码 文本框中将原有的数值改为 3。

（3）设置刀具参数。单击"定义刀具-机床群组-1"对话框的 参数 选项卡，在其中的 进给率 文本框中输入值 300.0，在 下刀速率 文本框中输入值 300.0，在 提刀速率 文本框中输入值 1200.0，在 主轴转速 文本框中输入值 1500.0。

（4）设置冷却方式。在 参数 选项卡中单击 Coolant... 按钮，在系统弹出的对话框 Flood （切削液）下拉列表中选择 On 选项；单击 ✓ 按钮，关闭"Coolant..."对话框。

（5）单击"定义刀具-机床群组-1"对话框中的 ✓ 按钮，完成刀具的设置。

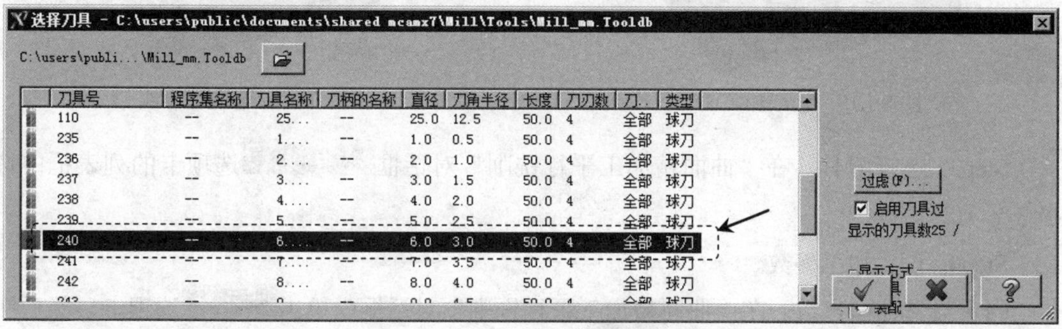

图 8.1.15   "选择刀具"对话框

Step6. 设置曲面参数。在"曲面残料粗加工"对话框中单击 曲面参数 选项卡，在 预留量 预留量 (此处翻译有误，应为"加工面预留量")文本框中输入值 0.8，在 进给下刀位置 文本框中输入值 2，曲面参数 选项卡中的其他参数采用系统默认的设置值。

Step7. 设置残料加工参数。在"曲面残料粗加工"对话框中单击 残料加工参数 选项卡，在 Z 轴最大进给量 文本框中输入值 0.5，在 步进量 文本框中输入值 1，在 两区段间的路径过渡方式 区域选中 ● 沿着曲面 复选框以及"曲面残料粗加工"对话框左下方的 ☑ 切削顺序最佳化 复选框。

Step8. 单击"曲面残料粗加工"对话框中的 ✓ 按钮，同时在图形区生成图 8.1.16 所示的刀路轨迹。

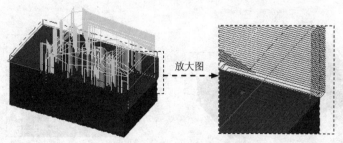

放大图

图 8.1.16   工件加工刀路

Stage6. 精加工平行铣削加工

Step1. 选择下拉菜单 刀具路径(T) ➡ 曲面精加工(F) ➡ 精加工平行铣削(F)... 命令。

Step2. 选取加工面。在图形区中选取图 8.1.17 所示的曲面，然后按 Enter 键，系统弹出"刀具路径的曲面选取"对话框；单击 Containment boundary 区域中的 按钮，选取图 8.1.18 所示的边线为边界线；单击 ✓ 按钮，然后单击"刀具路径的曲面选取"对话框的 ✓ 按钮，系统弹出"曲面精加工平行铣削"对话框。

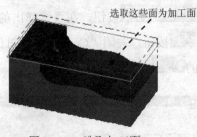

选取这些面为加工面

边线

图 8.1.17　选取加工面　　　　　　　　图 8.1.18　选取边界线

Step3. 选择刀具。在"曲面精加工平行铣削"对话框 刀具路径参数 选项卡的列表框中选择 3 号刀具。

Step4. 设置加工参数。

（1）设置曲面参数。在"曲面精加工平行铣削"对话框中单击 曲面参数 选项卡，然后在 进给下刀位置 文本框中输入值 2，在 预留量 (此处翻译有误，应为"加工面预留量")文本框中输入值 0.3。

（2）设置粗加工平行铣削参数。

① 在"曲面精加工平行铣削"对话框中单击 粗加工平行铣削参数 选项卡，然后在 大切削间距 (M) 文本框中输入值 1.0，在 切削方式 下拉列表中选择 双向 选项，在 加工方式 角度 文本框中输入值 45。

② 单击 粗加工平行铣削参数 选项卡中的 间隙设置 (G)... 按钮，此时系统弹出"刀具路径的间隙设置"对话框；在 位移小于允许间隙时，不提刀 区域下拉列表中选择 不提刀 选项，然后选中 ☑ 切削顺序最佳化 复选框，单击 ✓ 按钮。

Step5. 单击"曲面精加工平行铣削"对话框中的 ✓ 按钮，同时在图形区生成图 8.1.19 所示的刀路轨迹。

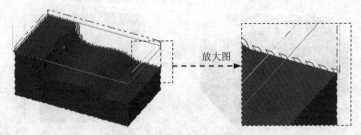

放大图

图 8.1.19　工件加工刀路

Stage7. 精加工等高外形

Step1. 选择下拉菜单 刀具路径 (T) ➡ 曲面精加工 (F) ➡ 精加工等高外形 (C)... 命令。

Step2. 设置加工区域。在图形区中选取图 8.1.20 所示的面（共 7 个），按 Enter 键，系统弹出"刀具路径的曲面选取"对话框；单击 检测 区域中的 <kbd>　</kbd> 按钮，选取图 8.1.21 所示的面为干涉面，然后按 Enter 键；单击 <kbd>✓</kbd> 按钮，完成加工区域的设置，同时系统弹出"曲面精加工等高外形"对话框。

Step3. 确定刀具类型。在"曲面精加工等高外形"对话框中单击 <kbd>刀具过虑</kbd> 按钮，系统弹出"刀具过滤列表设置"对话框；单击 刀具类型 区域中的 <kbd>无(N)</kbd> 按钮后，在刀具类型按钮群中单击 <kbd>🔙</kbd>（球刀）按钮；单击 <kbd>✓</kbd> 按钮，关闭"刀具过滤列表设置"对话框，系统返回至"曲面精加工等高外形"对话框。

图 8.1.20　设置加工区域

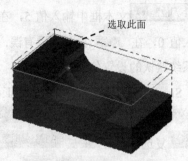

图 8.1.21　选取干涉面

Step4. 选择刀具。在"曲面精加工等高外形"对话框中单击 <kbd>选择刀库</kbd> 按钮，系统弹出"选择刀具"对话框；在该对话框的列表框中选择图 8.1.22 所示的刀具；单击 <kbd>✓</kbd> 按钮，关闭"选择刀具"对话框，系统返回至"曲面精加工等高外形"对话框。

刀具号	程序集名称	刀具名称	刀柄的名称	直径	刀角半径	长度	类型	刀刃数	刀.
110	--	25....	--	25.0	12.5	50.0	球刀	4	全部
235	--	1....	--	1.0	0.5	50.0	球刀	4	全部
236	--	2....	--	2.0	1.0	50.0	球刀	4	全部
237	--	3....	--	3.0	1.5	50.0	球刀	4	全部
238	--	4....	--	4.0	2.0	50.0	球刀	4	全部
239	--	5....	--	5.0	2.5	50.0	球刀	4	全部
240	--	6....	--	6.0	3.0	50.0	球刀	4	全部
241	--	7....	--	7.0	3.5	50.0	球刀	4	全部
242	--	8....	--	8.0	4.0	50.0	球刀	4	全部
243				9.0	4.5		球刀		全部

图 8.1.22　"选择刀具"对话框

Step5. 设置刀具参数。

（1）完成上步操作后，在"曲面精加工等高外形"对话框 <kbd>刀具路径参数</kbd> 选项卡的列表框中显示出上一步选择的刀具；双击该刀具，系统弹出"定义刀具-机床群组-1"对话框。

（2）设置刀具号。在"定义刀具-机床群组-1"对话框的 <kbd>刀具号码</kbd> 文本框中将原有的数值改为 4。

（3）设置刀具的加工参数。单击"定义刀具-机床群组-1"对话框的 <kbd>参数</kbd> 选项卡，在

其中的 进给率 文本框中输入值 800.0，在 下刀速率 文本框中输入值 1200.0，在 提刀速率 文本框中输入值 1200.0，在 主轴转速 文本框中输入值 1500.0。

（4）设置冷却方式。在 参数 选项卡中单击 Coolant... 按钮，系统弹出"Coolant..."对话框；在 Flood （切削液）下拉列表中选择 On 选项；单击该对话框的 ✓ 按钮，关闭"Coolant..."对话框。

Step6. 单击"定义刀具-机床群组-1"对话框中的 ✓ 按钮，完成刀具的设置，系统返回至"曲面精加工等高外形"对话框。

Step7. 设置曲面参数。在"曲面精加工等高外形"对话框中单击 曲面参数 选项卡，然后在 下刀位置(F) 文本框中输入值 5，在 预留量 (此处翻译有误，应为"加工面预留量")文本框中输入值 0，在 预留量 (此处翻译有误，应为"加工面预留量")文本框中输入值 0，其他参数采用系统默认的设置值。

Step8. 设置等高外形精加工参数。在"曲面精加工等高外形"对话框中单击 等高外形精加工参数 选项卡，在 Z 轴最大进给量: 文本框中输入值 0.5，在 开放式轮廓的方向 区域选中 ⊙ 双向 复选框，在 两区段间的路径过渡方式 区域选中 ⊙ 沿着曲面 复选框以及"曲面残料粗加工"对话框左下方的 ☑ 切削顺序最佳化 复选框，其他参数接受系统默认设置值。

Step9. 单击"曲面精加工等高外形"对话框中的 ✓ 按钮，完成加工参数的设置，此时系统将自动生成图 8.1.23 所示的刀具路径。

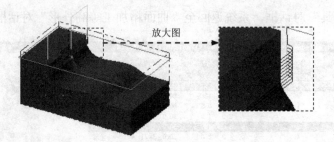

放大图

图 8.1.23　刀具路径

Stage8. 精加工平行铣削

Step1. 选择下拉菜单 刀具路径(T) → 曲面精加工(F) → 精加工平行铣削(P)... 命令。

Step2. 选取加工面。在图形区中选取图 8.1.24 所示的曲面（共 22 个），然后按 Enter 键，系统弹出"刀具路径的曲面选取"对话框；单击"刀具路径的曲面选取"对话框的 ✓ 按钮，系统弹出"曲面精加工平行铣削"对话框。

Step3. 选择刀具。在"曲面精加工平行铣削"对话框 刀具路径参数 选项卡的列表框中选择 4 号刀具。

Step4. 设置加工参数。

（1）设置曲面参数。在"曲面精加工平行铣削"对话框中单击 曲面参数 选项卡，然后在 下刀位置(F) 文本框中输入值 2，在 预留量 (上面的那个选项，此处翻译有误，应为"加工面预留量")文本框中输入值 0。

（2） 设置粗加工平行铣削参数。在"曲面精加工平行铣削"对话框中单击 粗加工平行铣削参数 选项卡，然后在 大切削间距(M) 文本框中输入值 0.5，在 切削方式 下拉列表中选择 双向 选项，在 加工方式角度 文本框中输入值 135。

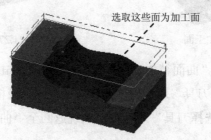

选取这些面为加工面

图 8.1.24 选取加工面

Step5. 单击"曲面精加工平行铣削"对话框中的 ✓ 按钮，同时在图形区生成图 8.1.25 所示的刀路轨迹。

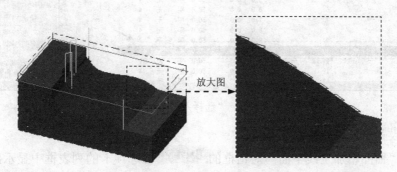

放大图

图 8.1.25 工件加工刀路

Stage9. 精加工浅平面加工

Step1. 选择下拉菜单 刀具路径(T) ➡ 曲面精加工(F) ➡ 精加工浅平面加工(S)... 命令。

Step2. 设置加工区域。在图形区中选取图 8.1.26 所示的曲面（共 2 个），然后按 Enter 键，系统弹出"刀具路径的曲面选取"对话框；单击 检测 区域中的 ▨ 按钮，选取图 8.1.27 所示的面为干涉面（共 3 个），然后按 Enter 键；单击 Containment boundary 区域的 ▨ 按钮，选取图 8.1.27 所示的边线为边界，单击"串连选项"对话框的 ✓ 按钮；再单击 ✓ 按钮，完成加工面的选择，同时系统弹出"曲面精加工浅平面"对话框。

Step3. 确定刀具类型。在"曲面精加工浅平面"对话框中单击 刀具过虑 按钮，系统弹出"刀具过滤列表设置"对话框；单击 刀具类型 区域中的 无(N) 按钮后，在刀具类型按钮群中单击 ▐ （平底刀）按钮，单击 ✓ 按钮，关闭"刀具过滤列表设置"对话框，系统返回至"曲面精加工浅平面"对话框。

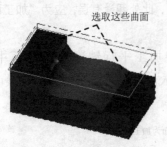

图 8.1.26　选取加工面

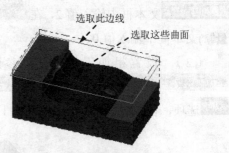

图 8.1.27　选取干涉面和边界

Step4. 选择刀具。在"曲面精加工浅平面"对话框中单击 <u>选择刀库</u> 按钮，系统弹出图 8.1.28 所示的"选择刀具"对话框，在该对话框的列表框中选择图 8.1.28 所示的刀具。单击 ✓ 按钮，关闭"选择刀具"对话框，系统返回至"曲面精加工浅平面"对话框。

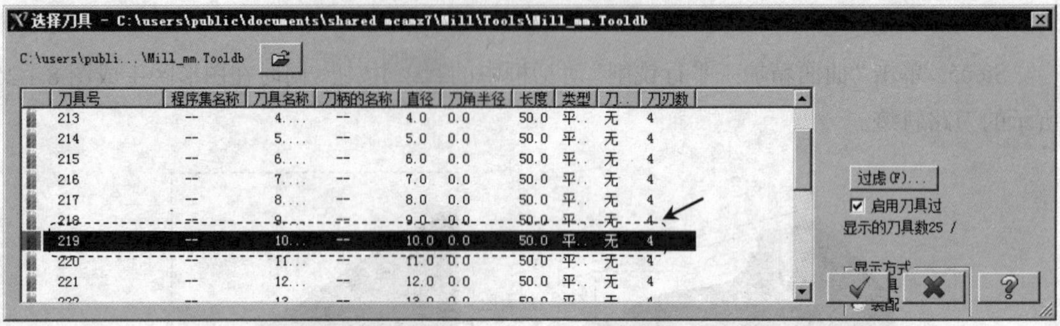

图 8.1.28　"选择刀具"对话框

Step5. 设置刀具相关参数。

（1）在"曲面精加工浅平面"对话框的 刀具路径参数 选项卡的列表框中显示出上一步选择的刀具，双击该刀具，系统弹出"定义刀具-机床群组-1"对话框。

（2）设置刀具号。在"定义刀具-机床群组-1"对话框的 刀具号码 文本框中将原有的数值改为 5。

（3）设置刀具参数。单击"定义刀具-机床群组-1"对话框的 参数 选项卡，在其中的 下刀速率 文本框中输入值 900.0，在 提刀速率 文本框中输入值 1000.0，在 主轴转速 文本框中输入值 1800.0。

（4）设置冷却方式。在 参数 选项卡中单击 Coolant... 按钮，系统弹出"Coolant…"对话框，在 Flood（切削液）下拉列表中选择 On 选项，单击该对话框的 ✓ 按钮，关闭"Coolant…"对话框。

（5）单击"定义刀具-机床群组-1"对话框中的 ✓ 按钮，完成刀具的设置。

Step6. 设置曲面参数。在"曲面精加工浅平面"对话框中单击 曲面参数 选项卡，在 下刀位置(F) 文本框中输入值 5，然后选中 刀具切削范围 区域的 ⊙ 外 复选框。

Step7. 设置浅平面精加工参数。在"曲面精加工浅平面"对话框中单击 浅平面精加工参数 选项卡，在 浅平面精加工参数 选项卡的 大切削间距 (M) 文本框中输入值 5，其他参数采用系统默认的设置值。

Step8. 单击"曲面精加工浅平面"对话框中的 ✓ 按钮，同时在图形区生成图 8.1.29 所示的刀路轨迹。

Step9. 实体切削验证。

（1）在 刀具路径管理器 选项卡中单击 ✓ 按钮，然后单击"验证已选择的操作"按钮 ⬡，系统弹出"Mastercam Simulator"对话框。

（2）在"Mastercam Simulator"对话框中单击 ▶ 按钮，系统将开始进行实体切削仿真，仿真结果如图 8.1.30 所示。

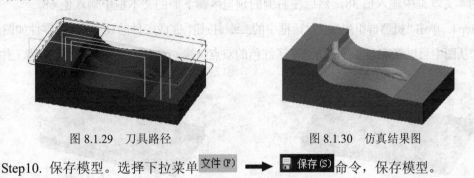

图 8.1.29 刀具路径   图 8.1.30 仿真结果图

Step10. 保存模型。选择下拉菜单 文件 (F) ➡ 🖫 保存 (S) 命令，保存模型。

8.2 综合范例 2

本范例通过对一个模具型芯的加工，让读者熟悉使用 MasterCAM X7 加工模块来完成复杂零件的数控编程。下面结合曲面加工的各种方法来加工一个模具型芯（图 8.2.1），其操作步骤如下：

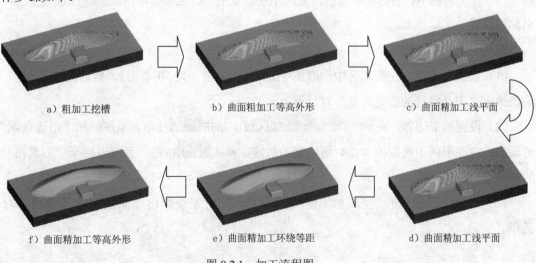

a）粗加工挖槽   b）曲面粗加工等高外形   c）曲面精加工浅平面

f）曲面精加工等高外形   e）曲面精加工环绕等距   d）曲面精加工浅平面

图 8.2.1 加工流程图

Stage1. 进入加工环境

打开模型。选择文件 D:\mcdz7\work\ch08.02\LAMPSHADE_MOLD.MCX-7，系统进入加工环境，此时零件模型如图 8.2.2 所示。

Stage2. 设置工件

Step1. 在"操作管理器"中单击 **山 属性 - Mill Default MM** 节点前的"+"号，将该节点展开，然后单击 **◇ 素材设置** 节点，系统弹出"机器群组属性"对话框。

Step2. 设置工件的形状。在"机器群组属性"对话框的 **形状** 区域中选中 **⊙ 立方体** 单选项。

Step3. 设置工件的尺寸。在"机器群组属性"对话框中单击 **所有曲面** 按钮，在 **素材原点** 区域的 **Z** 文本框中输入值 38，然后在右侧的预览区 **Z** 下面的文本框中输入值 68。

Step4. 单击"机器群组属性"对话框中的 **✓** 按钮，完成工件的设置，此时零件如图 8.2.3 所示。从图中可以观察到零件的边缘多了红色的双点画线，双点画线围成的图形即为工件。

图 8.2.2　零件模型

图 8.2.3　显示工件

Stage3. 粗加工挖槽加工

Step1. 绘制切削范围。绘制图 8.2.4 所示的切削范围（以顶视图方位绘制大致形状即可，参见录像）。

Step2. 选择下拉菜单 **刀具路径(T)** ➡ **曲面粗加工(R)** ➡ **⚙ 粗加工挖槽加工(K)...** 命令，系统弹出"输入新的 NC 名称"对话框；采用系统默认的 NC 名称，单击 **✓** 按钮，完成 NC 名称的设置。

Step3. 设置加工区域。

（1）设置加工面。在图形区中选取图 8.2.5 所示的面（共 30 个面），然后按 Enter 键，系统弹出"刀具路径的曲面选取"对话框。

（2）设置加工边界。在 **Containment boundary** 区域中单击 **▷** 按钮，系统弹出"串连选项"对话框；在图形区中选取图 8.2.4 所绘制的边线；单击 **✓** 按钮，系统返回至"刀具路径的曲面选取"对话框。

（3）单击 **✓** 按钮，完成加工区域的设置，同时系统弹出"曲面粗加工挖槽"对话框。

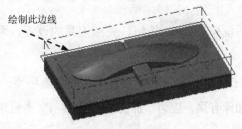

绘制此边线

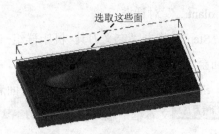

选取这些面

图 8.2.4 绘制切削范围   图 8.2.5 设置加工面

Step4. 确定刀具类型。在"曲面粗加工挖槽"对话框中单击 刀具过虑 按钮（注：此处软件翻译有误，"过虑"应翻译为"过滤"，图中未改动），系统弹出"刀具过滤列表设置"对话框；单击 刀具类型 区域中的 无(N) 按钮后，在刀具类型按钮群中单击 （圆鼻刀）按钮；单击 ✓ 按钮，关闭"刀具过滤列表设置"对话框，系统返回至"曲面粗加工挖槽"对话框。

Step5. 选择刀具。在"曲面粗加工挖槽"对话框中单击 选择刀库 按钮，系统弹出"选择刀具"对话框；在该对话框的列表框中选择图 8.2.6 所示的刀具；单击 ✓ 按钮，关闭"选择刀具"对话框，系统返回至"曲面粗加工挖槽"对话框。

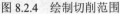

图 8.2.6 "选择刀具"对话框

Step6. 设置刀具参数。

（1）完成上步操作后，在"曲面粗加工挖槽"对话框 刀具路径参数 选项卡的列表框中显示出上一步选择的刀具；双击该刀具，系统弹出"定义刀具-机床群组-1"对话框。

（2）设置刀具号。在"定义刀具-机床群组-1"对话框的 刀具号码 文本框中将原有的数值改为 1。

（3）设置刀具的加工参数。单击"定义刀具-机床群组-1"对话框的 参数 选项卡，在 进给率 文本框中输入值 600.0，在 下刀速率 文本框中输入值 800.0，在 提刀速率 文本框中输入值 900.0，在 主轴转速 文本框中输入值 1000.0。

（4）设置冷却方式。在 参数 选项卡中单击 Coolant... 按钮，系统弹出"Coolant..."对话框；在 Flood （切削液）下拉列表中选择 On 选项；单击该对话框的 ✓ 按钮，关闭

"Coolant…"对话框。

Step7. 单击"定义刀具-机床群组-1"对话框中的 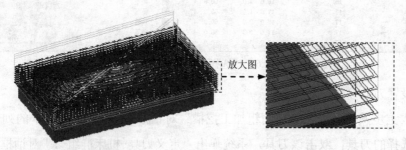✓ 按钮，完成刀具的设置，系统返回至"曲面粗加工挖槽"对话框。

Step8. 设置曲面参数。在"曲面粗加工挖槽"对话框中单击 曲面参数 选项卡，在 下刀位置(F) 文本框中输入值 5，在 预留量 (此处翻译有误，应为"加工面预留量")文本框中输入值 1。

Step9. 设置粗加工参数选项卡。在"曲面粗加工挖槽"对话框中单击 粗加工参数 选项卡，在 Z 轴最大进给量: 文本框中输入值 1，然后在 进刀选项 区域选中 ☑ 由切削范围外下刀 复选框。

Step10. 设置挖槽参数。在"曲面粗加工挖槽"对话框中单击 挖槽参数 选项卡，在 切削方式 下面选择 平行环切 选项，在 切削间距（直径%）: 文本框中输入值 50，然后取消选中 ☐ 由内而外环切 复选框。

Step11. 单击"曲面粗加工挖槽"对话框中的 ✓ 按钮，完成加工参数的设置，此时系统将自动生成图 8.2.7 所示的刀具路径。

说明： 在完成"曲面粗加工挖槽"后，应确保俯视图视角为目前的 WCS、刀具面和构图面以及原点，才能保证后面的刀具加工方向的正确性。具体操作为：在屏幕的右下角单击 WCS 区域，在系统弹出的快捷菜单中选择 ▦打开视角管理器 命令，此时系统弹出"视图管理器"对话框；在该对话框 设置当前的视角与原点 区域中单击 ▤ 按钮，然后单击 ✓ 按钮。同样在后面的加工中应先确保俯视图视角为目前的 WCS、刀具面和构图面以及原点，同样采用上述的方法。

图 8.2.7　刀具路径

Stage4. 粗加工等高外形加工

Step1. 选择下拉菜单 刀具路径(T) ➡ 曲面粗加工(R) ➡ ◪等高外形加工(O)... 命令。

说明： 先隐藏上步的刀具路径，以便于后面加工面的选取，下同。

Step2. 设置加工区域。在图形区中选取图 8.2.8 所示的面（共 27 个），然后按 Enter 键，系统弹出"刀具路径的曲面选取"对话框；单击 ✓ 按钮，完成加工区域的设置。

Step3. 设置加工边界。在 `Containment boundary` 区域中单击 ⬚ 按钮，系统弹出"串连选项"对话框；在图形区中选取图 8.2.9 所绘制的边线；单击 ✓ 按钮，系统返回至"刀具路径的曲面选取"对话框；单击 ✓ 按钮，同时系统弹出"曲面粗加工等高外形"对话框。

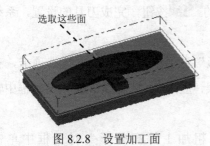

图 8.2.8 设置加工面

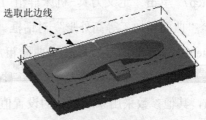

图 8.2.9 选取边界线

Step4. 确定刀具类型。在"曲面粗加工等高外形"对话框中单击 `刀具过滤` 按钮，系统弹出"刀具过滤列表设置"对话框；单击 `刀具类型` 区域中的 `无(N)` 按钮后，在刀具类型按钮群中单击 ▮（平底刀）按钮，然后单击 ✓ 按钮，关闭"刀具过滤列表设置"对话框，系统返回至"曲面粗加工等高外形"对话框。

Step5. 选择刀具。在"曲面粗加工等高外形"对话框中单击 `选择刀库` 按钮，系统弹出"选择刀具"对话框；在该对话框的列表框中选择图 8.2.10 所示的刀具；单击 ✓ 按钮，关闭"选择刀具"对话框，系统返回至"曲面粗加工等高外形"对话框。

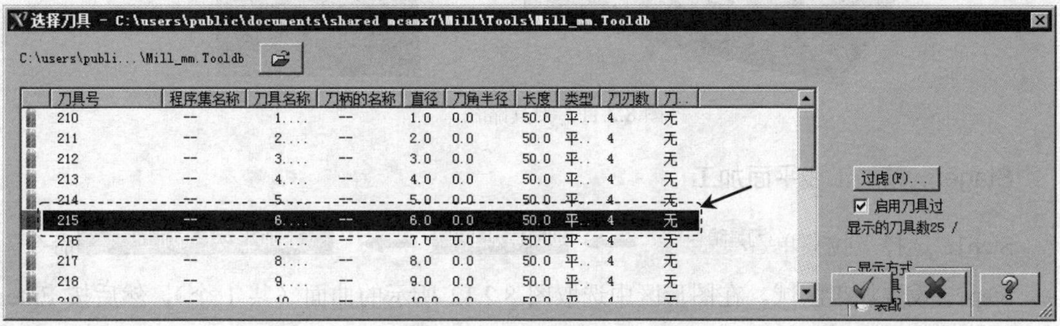

图 8.2.10 "选择刀具"对话框

Step6. 设置刀具参数。

（1）完成上步操作后，在"曲面粗加工等高外形"对话框的 `刀具路径参数` 选项卡的列表框中显示出上一步选择的刀具；双击该刀具，系统弹出"定义刀具-机床群组-1"对话框。

（2）设置刀具号。在"定义刀具-机床群组-1"对话框的 `刀具号码` 文本框中将原有的数值改为 2。

（3）设置刀具的加工参数。单击"定义刀具-机床群组-1"对话框的 `参数` 选项卡，在 `进给率` 文本框中输入值 300，在 `下刀速率` 文本框中输入值 500.0，在 `提刀速率` 文本框中输入值 800.0，在 `主轴转速` 文本框中输入值 1000.0。

（4）设置冷却方式。在 参数 选项卡中单击 Coolant... 按钮，系统弹出 "Coolant…" 对话框；在 Flood （切削液）下拉列表中选择 On 选项；单击该对话框的 ✓ 按钮，关闭 "Coolant…" 对话框。

Step7. 单击 "定义刀具-机床群组-1" 对话框中的 ✓ 按钮，完成刀具的设置，系统返回至 "曲面粗加工等高外形" 对话框。

Step8. 设置曲面参数。在 "曲面粗加工等高外形" 对话框中单击 曲面参数 选项卡，在 下刀位置(F) 文本框中输入值 5，在 预留量 (此处翻译有误，应为 "加工面预留量")文本框中输入值 1，其他参数采用系统默认的设置值。

Step9. 设置等高外形粗加工参数。在 "曲面粗加工等高外形" 对话框中单击 等高外形粗加工参数 选项卡，在 Z轴最大进给量 文本框中输入值 0.5，然后选中 ☑ 切削顺序最佳化 复选框，其他参数采用系统默认的设置值。

Step10. 单击 "曲面粗加工等高外形" 对话框中的 ✓ 按钮，完成加工参数的设置，此时系统将自动生成图 8.2.11 所示的刀具路径。

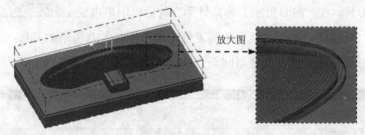

放大图

图 8.2.11　刀具路径

Stage5. 精加工浅平面加工

Step1. 选择下拉菜单 刀具路径(T) ➡ 曲面精加工(F) ➡ 精加工浅平面加工(S)... 命令。

Step2. 设置加工区域。在图形区中选取图 8.2.12 所示的曲面（共 1 个），然后按 Enter 键，系统弹出 "刀具路径的曲面选取" 对话框；单击 检测 区域中的 按钮，选取图 8.2.13 所示的面为干涉面（共 27 个），然后按 Enter 键；单击 ✓ 按钮完成加工面的选择，同时系统弹出 "曲面精加工浅平面" 对话框。

选取此面

图 8.2.12　选取加工面

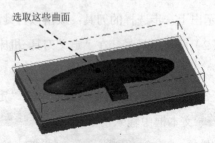

选取这些曲面

图 8.2.13　选取干涉面

Step3. 确定刀具类型。在"曲面精加工浅平面"对话框中单击 刀具过滤 按钮，系统弹出"刀具过滤列表设置"对话框；单击 刀具类型 区域中的 无(N) 按钮后，在刀具类型按钮群中单击 ▋ （平底刀）按钮；单击 ✓ 按钮，关闭"刀具过滤列表设置"对话框，系统返回至"曲面精加工浅平面"对话框。

Step4. 选择刀具。在"曲面精加工浅平面"对话框中单击 选择刀库 按钮，系统弹出图 8.2.14 所示的"选择刀具"对话框；在该对话框的列表框中选择图 8.2.14 所示的刀具；单击 ✓ 按钮，关闭"选择刀具"对话框，系统返回至"曲面精加工浅平面"对话框。

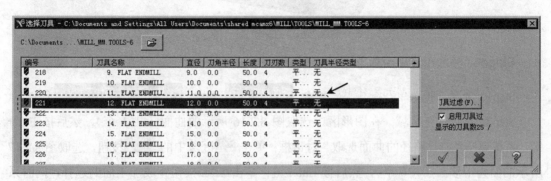

图 8.2.14　"选择刀具"对话框

Step5. 设置刀具相关参数。

（1）在"曲面精加工浅平面"对话框 刀具路径参数 选项卡的列表框中显示出上一步选择的刀具；双击该刀具，系统弹出"定义刀具-机床群组-1"对话框。

（2）设置刀具号。在"定义刀具-机床群组-1"对话框的 刀具号码 文本框中将原有的数值改为 3。

（3）设置刀具参数。单击"定义刀具-机床群组-1"对话框的 参数 选项卡，在其中的 下刀速率 文本框中输入值 900.0，在 提刀速率 文本框中输入值 1200.0，在 主轴转速 文本框中输入值 1500.0。

（4）设置冷却方式。在 参数 选项卡中单击 Coolant... 按钮，系统弹出"Coolant..."对话框；在 Flood （切削液）下拉列表中选择 On 选项；单击该对话框的 ✓ 按钮，关闭"Coolant..."对话框。

（5）单击"定义刀具-机床群组-1"对话框中的 ✓ 按钮，完成刀具的设置。

Step6. 设置曲面参数。在"曲面精加工浅平面"对话框中单击 曲面参数 选项卡，在 下刀位置(F) 文本框中输入值 5，在 预留量 (此处翻译有误，应为"加工面预留量")文本框中输入值 0.2，在 预留量 (此处翻译有误，应为"干涉面预留量")文本框中输入值 1。

Step7. 设置浅平面精加工参数。在"曲面精加工浅平面"对话框中单击 浅平面精加工参数 选项卡，在 浅平面精加工参数 选项卡的 大切削间距(M) 文本框中输入值 6，然后选中

☑ 切削顺序依照最短距离 复选框，其他参数采用系统默认的设置值。

Step8. 单击"曲面精加工浅平面"对话框中的 ✓ 按钮，同时在图形区生成图 8.2.15 所示的刀路轨迹。

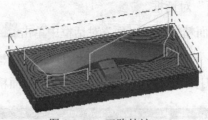

图 8.2.15　刀路轨迹

Stage6. 精加工浅平面加工

Step1. 选择下拉菜单 刀具路径(T) ➡ 曲面精加工(F) ➡ 精加工浅平面加工(S)... 命令。

Step2. 设置加工区域。在图形区中选取图 8.2.16 所示的曲面（共 1 个），然后按 Enter 键，系统弹出"刀具路径的曲面选取"对话框；单击 检测 区域中的 ▨ 按钮，选取图 8.2.17 所示的面为干涉面（共 9 个），然后按 Enter 键；单击 ✓ 按钮完成加工面的选择，同时系统弹出"曲面精加工浅平面"对话框。

图 8.2.16　选取加工面

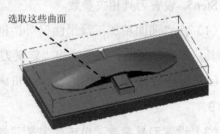

图 8.2.17　选取干涉面

Step3. 确定刀具类型。在"曲面精加工浅平面"对话框中单击 刀具过滤 按钮，系统弹出"刀具过滤列表设置"对话框；单击 刀具类型 区域中的 无(N) 按钮后，在刀具类型按钮群中单击 ▯（球刀）按钮；单击 ✓ 按钮，关闭"刀具过滤列表设置"对话框，系统返回至"曲面精加工浅平面"对话框。

Step4. 选择刀具。在"曲面精加工浅平面"对话框中单击 选择刀库 按钮，系统弹出图 8.2.18 所示的"选择刀具"对话框；在该对话框的列表框中选择图 8.2.18 所示的刀具；单击 ✓ 按钮，关闭"选择刀具"对话框，系统返回至"曲面精加工浅平面"对话框。

Step5. 设置刀具相关参数。

（1）在"曲面精加工浅平面"对话框 刀具路径参数 选项卡的列表框中显示出上一步选择的刀具；双击该刀具，系统弹出"定义刀具-机床群组-1"对话框。

（2）设置刀具号。在"定义刀具-机床群组-1"对话框的 刀具号码 文本框中将原有的数值改为 4。

（3）设置刀具参数。单击"定义刀具-机床群组-1"对话框的 参数 选项卡，在其中的 下刀速率 文本框中输入值 900.0，在 提刀速率 文本框中输入值 1300.0，在 主轴转速 文本框中输入值 1800.0。

（4）设置冷却方式。在 参数 选项卡中单击 Coolant... 按钮，系统弹出"Coolant…"对话框；在 Flood （切削液）下拉列表中选择 On 选项；单击该对话框的 ✔ 按钮，关闭"Coolant…"对话框。

（5）单击"定义刀具-机床群组-1"对话框中的 ✔ 按钮，完成刀具的设置。

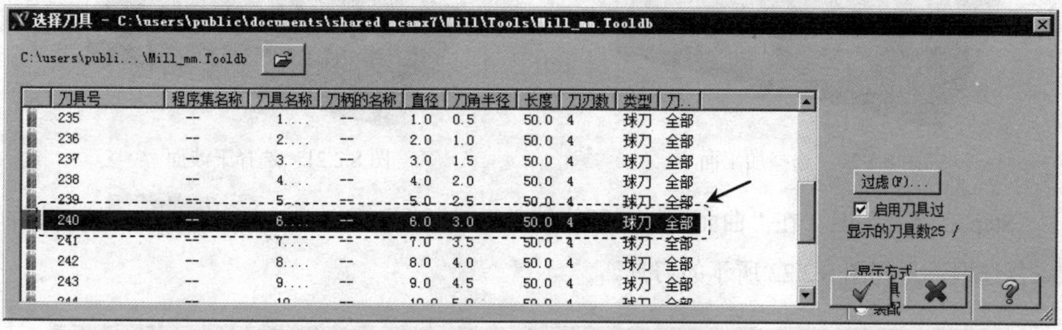

图 8.2.18　"选择刀具"对话框

Step6. 设置曲面参数。在"曲面精加工浅平面"对话框中单击 曲面参数 选项卡，在 下刀位置(F) 文本框中输入值 5，在 预留里 (此处翻译有误，应为"加工面预留量")文本框中输入值 0.2，在 预留里 (此处翻译有误，应为"干涉面预留量")文本框中输入值 0.5。

Step7. 设置浅平面精加工参数。在"曲面精加工浅平面"对话框中单击 浅平面精加工参数 选项卡，在 浅平面精加工参数 选项卡的 大切削间距 (M) 文本框中输入值 1，在 加工方式角度 文本框中输入值 45，然后选中 ☑ 切削顺序依照最短距离 复选框，其他参数采用系统默认的设置值。

Step8. 单击"曲面精加工浅平面"对话框中的 ✔ 按钮，同时在图形区生成图 8.2.19 所示的刀路轨迹。

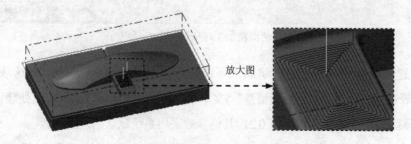

放大图

图 8.2.19　刀路轨迹

Stage7. 精加工环绕等距加工

Step1. 选择下拉菜单 刀具路径(T) ➡ 曲面精加工(F) ➡ 精加工环绕等距加工(O)...命令。

Step2. 选取加工面。在图形区中选取图 8.2.20 所示的曲面（共 12 个），然后按 Enter 键，系统弹出"刀具路径的曲面选取"对话框；单击 检测 区域的 按钮，在图形区中选取图 8.2.21 所示的曲面为干涉面（共 16 个面）；单击 按钮完成干涉面选取，系统返回至"刀具路径的曲面选取"对话框；单击 ✓ 按钮，系统弹出"曲面精加工环绕等距"对话框。

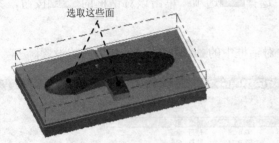
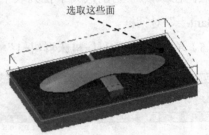

选取这些面　　　　　　　　　　　　　　选取这些面

图 8.2.20　选择加工面　　　　　　　　　图 8.2.21　选择干涉面

Step3. 选择刀具。在"曲面精加工环绕等距"对话框中取消选中 刀具过虑 按钮前的 □ 复选框，选择图 8.2.22 所示的刀具。

曲面精加工环绕等距

刀具路径参数	曲面参数	环绕等距精加工参数	

	刀具号	程序集名称	刀具名称	刀柄的
	1	--	16....	--
	2	--	6....	--
	3	--	12....	--
	4	--	6....	--

刀具名称： 6. BALL ENDMILL
刀具号码：4　　　　　　刀长补正：4
刀座号码：-1　　　　　半径补正：4
刀具直径：6.0　　　　　刀角半径：3.0

注释

显示安全区域　　　　　按鼠标右键=编辑/定
选择刀库　　　　□ 刀具过虑

轴的结合 (Default (1))　　杂项变数　　　□ 显示刀具(D)　　□ 参考点
□ 批处理模：　　　机床原点　　□ 旋转轴　　加工平面　　插入指令(T)

✓　✗　?

图 8.2.22　"曲面精加工环绕等距"对话框

Step4. 设置曲面参数。在"曲面精加工环绕等距"对话框中单击 曲面参数 选项卡，在 预留量(此处翻译有误，应为"加工面预留量")文本框中输入值 0.0，在 预留量(此处翻译有误，应为"干涉面预留量")文本框中输入值 0.2，其他参数采用系统默认的设置值。

Step5. 设置环绕等距精加工参数。在"曲面精加工环绕等距"对话框中单击选项卡，在 大切削间距 (M) 文本框中输入值 0.5，在 加工方向 区域选中 ⊙ 顺时针 单选项，选中 ☑ 由内而外环切 、☑ 切削顺序依照最短距离 复选框，取消选中 ☑定深度 (D)… 按钮前的复选框，其他参数采用系统默认的设置值。

　　Step6. 完成参数设置。单击"曲面精加工环绕等距"对话框中的 ✓ 按钮，系统在图形区生成图 8.2.23 所示的刀路轨迹。

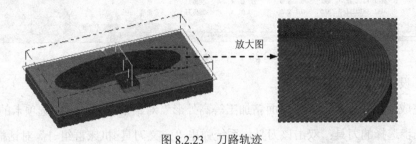

图 8.2.23　刀路轨迹

Stage8. 精加工等高外形

　　Step1. 选择下拉菜单 刀具路径 (T) ➡ 曲面精加工 (F) ➡ 精加工等高外形 (C)… 命令。

　　Step2. 设置加工区域。在图形区中选取图 8.2.24 所示的面（共 15 个），按 Enter 键，系统弹出"刀具路径的曲面选取"对话框；单击 检测 区域中的 ▨ 按钮，选取图 8.2.25 所示的面为干涉面（共 13 个），然后按 Enter 键；单击 ✓ 按钮，完成加工区域的设置，同时系统弹出"曲面精加工等高外形"对话框。

　　Step3. 确定刀具类型。在"曲面精加工等高外形"对话框中单击 刀具过滤 按钮，系统弹出"刀具过滤列表设置"对话框；单击 刀具类型 区域中的 无 (N) 按钮后，在刀具类型按钮群中单击 ▯ （圆鼻刀）按钮；单击 ✓ 按钮，关闭"刀具过滤列表设置"对话框，系统返回至"曲面精加工等高外形"对话框。

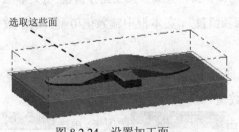

图 8.2.24　设置加工面

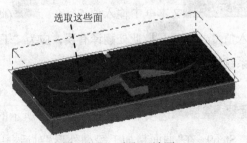

图 8.2.25　选取干涉面

　　Step4. 选择刀具。在"曲面精加工等高外形"对话框中单击 选择刀库 按钮，系统弹出"选择刀具"对话框；在该对话框的列表框中选择图 8.2.26 所示的刀具；单击 ✓ 按钮，关闭"选择刀具"对话框，系统返回至"曲面精加工等高外形"对话框。

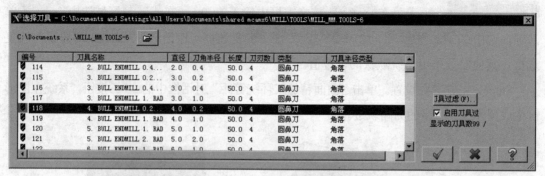

图 8.2.26　"选择刀具"对话框

Step5. 设置刀具参数。

（1）完成上步操作后，在"曲面精加工等高外形"对话框 刀具路径参数 选项卡的列表框中显示出上一步选择的刀具；双击该刀具，系统弹出"定义刀具-机床群组-1"对话框。

（2）设置刀具号。在"定义刀具-机床群组-1"对话框的 刀具号码 文本框中将原有的数值改为 5。

（3）设置刀具的加工参数。单击"定义刀具-机床群组-1"对话框的 参数 选项卡，在其中的 进给速率 文本框中输入值 800.0，在 下刀速率 文本框中输入值 1000.0，在 提刀速率 文本框中输入值 1200.0，在 主轴转速 文本框中输入值 1800.0。

（4）设置冷却方式。在 参数 选项卡中单击 Coolant... 按钮，系统弹出"Coolant..."对话框；在 Flood （切削液）下拉列表中选择 On 选项；单击该对话框的 ✓ 按钮，关闭"Coolant..."对话框。

Step6. 单击"定义刀具-机床群组-1"对话框中的 ✓ 按钮，完成刀具的设置，系统返回至"曲面精加工等高外形"对话框。

Step7. 设置曲面参数。在"曲面精加工等高外形"对话框中单击 曲面参数 选项卡，然后在 进给下刀位置 文本框中输入值 5，在 预留量 (此处翻译有误，应为"加工面预留量")文本框中输入值 0，在 预留量 (此处翻译有误，应为"干涉面预留量")文本框中输入值 0。其他参数采用系统默认的设置值。

Step8. 设置等高外形精加工参数。在"曲面精加工等高外形"对话框中单击 等高外形精加工参数 选项卡，设置图 8.2.27 所示的参数值。

Step9. 在"曲面精加工等高外形"对话框中单击 等高外形精加工参数 选项卡，单击 切削深度(D)... 按钮，系统弹出"切削深度设置"对话框；在 增量的深度 区域 第一刀的相对位置 文本框中输入值 4，然后单击 ✓ 按钮。

Step10. 单击"曲面精加工等高外形"对话框中的 ✓ 按钮，完成加工参数的设置，此时系统将自动生成图 8.2.28 所示的刀具路径。

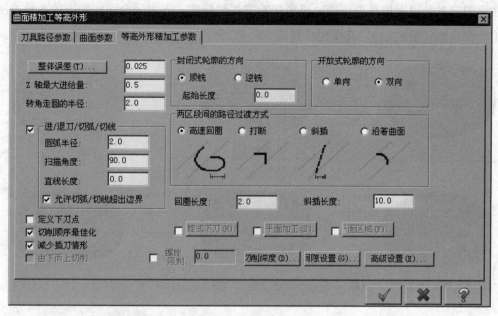

图 8.2.27 "等高外形精加工参数"选项卡

Step11. 实体切削验证。

（1）在 刀具路径管理器 选项卡中单击 ✓ 按钮，然后单击"验证已选择的操作"按钮 📦，系统弹出"Mastercam Simulator"对话框。

（2）在"Mastercam Simulator"对话框中单击 ▶ 按钮，系统将开始进行实体切削仿真，仿真结果如图 8.2.29 所示。

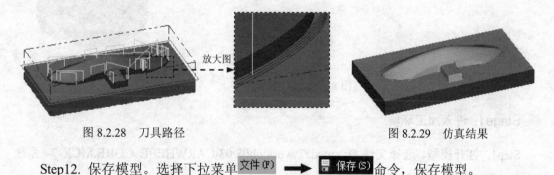

图 8.2.28 刀具路径   图 8.2.29 仿真结果

Step12. 保存模型。选择下拉菜单 文件(F) ➡ 🖫 保存(S) 命令，保存模型。

8.3 综合范例 3

本范例讲述的是凸模加工工艺，对于模具的加工来说，除了要安排合理的工序外，同时应该特别注意模具的材料和加工精度。在创建工序时，要设置好每次切削的余量，另外要注意刀轨参数设置值是否正确，以免影响零件的精度。下面结合曲面加工的各种方法来加工一个凸模（图 8.3.1），其操作步骤如下：

a）粗加工挖槽　　　　　b）外形铣削 1　　　　　c）曲面残料粗加工

f）曲面精加工浅平面 2　　e）曲面精加工浅平面 1　　d）曲面精加工平行铣削

g）曲面精加工流线加工 1　h）曲面精加工流线加工 2　i）曲面精加工流线加工 3

j）外形铣削 2

图 8.3.1　加工流程图

Stage1. 进入加工环境

Step1. 打开模型。选择文件 D:\mcdz7\work\ch08.03\CARWHEEL_CORE.MCX-7，系统进入加工环境，此时零件模型如图 8.3.2 所示。

Stage2. 设置工件

Step1. 在"操作管理器"中单击 **山 属性 – Mill Default MM** 节点前的"+"号，将该节点展开，然后单击 **◇ 素材设置** 节点，系统弹出"机器群组属性"对话框。

Step2. 设置工件的形状。在"机器群组属性"对话框的 **形状** 区域中选中 **⊙ 圆柱体** 单选项和 **轴** 下的 **⊙ Z** 单选项。

Step3. 设置工件的尺寸。在"机器群组属性"对话框中单击 <kbd>所有曲面</kbd> 按钮，然后在预览区圆柱"高度"文本框中输入值 80，在"直径"文本框中输入值 460。

Step4. 单击"机器群组属性"对话框中的 <kbd>✓</kbd> 按钮，完成工件的设置，此时工件如图 8.3.3 所示。从图中可以观察到零件的边缘多了红色的双点画线，双点画线围成的图形即为工件。

图 8.3.2　零件模型　　　　　　　　　　　　图 8.3.3　显示工件

Stage3. 粗加工挖槽加工

Step1. 绘制切削范围。绘制图 8.3.4 所示的切削范围（以俯视图方位绘制大致形状即可，参见录像）。

Step2. 选择下拉菜单 <kbd>刀具路径(T)</kbd> ➡ <kbd>曲面粗加工(R)</kbd> ➡ <kbd>粗加工挖槽加工(K)...</kbd> 命令，系统弹出"输入新的 NC 名称"对话框；采用系统默认的 NC 名称，单击 <kbd>✓</kbd> 按钮，完成 NC 名称的设置。

Step3. 设置加工区域。

（1）设置加工面。在图形区中选取图 8.3.5 所示的所有面（共 106 个面），然后按 Enter 键，系统弹出"刀具路径的曲面选取"对话框。

绘制此边线　　　　　　　　　　　　　　　　　　　　　　　选取这些面

图 8.3.4　绘制切削范围　　　　　　　　　　图 8.3.5　设置加工面

（2）设置加工边界。在 <kbd>Containment boundary</kbd> 区域中单击 <kbd>▷</kbd> 按钮，系统弹出"串连选项"对话框；在图形区中选取图 8.3.4 所绘制的边线；单击 <kbd>✓</kbd> 按钮，系统返回至"刀具路径的曲面选取"对话框。

（3）单击 <kbd>✓</kbd> 按钮，完成加工区域的设置，同时系统弹出"曲面粗加工挖槽"对话框。

Step4. 确定刀具类型。在"曲面粗加工挖槽"对话框中单击 <kbd>刀具过虑</kbd> 按钮（注：此处软件翻译有误，图中"过虑"应翻译为"过滤"），系统弹出"刀具过滤列表设置"对话框；单击 <kbd>刀具类型</kbd> 区域中的 <kbd>无(N)</kbd> 按钮后，在刀具类型按钮群中单击 <kbd>⬛</kbd>（平底刀）按钮；

单击 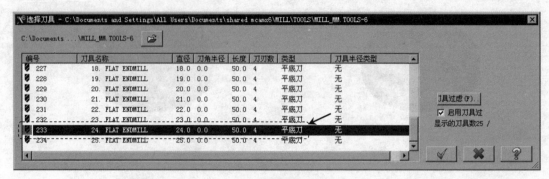 按钮，关闭"刀具过滤列表设置"对话框，系统返回至"曲面粗加工挖槽"对话框。

Step5. 选择刀具。在"曲面粗加工挖槽"对话框中单击 选择刀库 按钮，系统弹出"选择刀具"对话框；在该对话框的列表框中选择图 8.3.6 所示的刀具；单击 ✓ 按钮，关闭"选择刀具"对话框，系统返回至"曲面粗加工挖槽"对话框。

图 8.3.6　"选择刀具"对话框

Step6. 设置刀具参数。

（1）完成上步操作后，在"曲面粗加工挖槽"对话框 刀具路径参数 选项卡的列表框中显示出上一步选择的刀具；双击该刀具，系统弹出"定义刀具-机床群组-1"对话框。

（2）设置刀具号。在"定义刀具-机床群组-1"对话框的 刀具号码 文本框中将原有的数值改为 1。

（3）设置刀具的加工参数。单击"定义刀具-机床群组-1"对话框的 参数 选项卡，在 进给速率 文本框中输入值 500.0，在 下刀速率 文本框中输入值 600.0，在 提刀速率 文本框中输入值 900.0，在 主轴转速 文本框输入值 800.0。

（4）设置冷却方式。在 参数 选项卡中单击 Coolant... 按钮，系统弹出"Coolant…"对话框；在 Flood （切削液）下拉列表中选择 On 选项；单击该对话框的 ✓ 按钮，关闭"Coolant…"对话框。

Step7. 单击"定义刀具-机床群组-1"对话框中的 ✓ 按钮，完成刀具的设置，系统返回至"曲面粗加工挖槽"对话框。

Step8. 设置曲面参数。在"曲面粗加工挖槽"对话框中单击 曲面参数 选项卡，在 下刀位置(F) 文本框中输入值 5，在 预留量 (此处翻译有误，应为"加工面预留量")文本框中输入值 1，其他参数采用系统默认设置。

Step9. 设置粗加工参数选项卡。在"曲面粗加工挖槽"对话框中单击 粗加工参数 选项卡，在 Z 轴最大进给量: 文本框中输入值 2，然后在 进刀选项 区域选中 ☑ 螺旋式下刀 和 ☑ 由切削范围外下刀 复选框。

Step10. 设置挖槽参数。在"曲面粗加工挖槽"对话框中单击 挖槽参数 选项卡，在 切削方式

下面选择 平行环切 选项，在 切削间距（直径%）: 文本框中输入值 75.0，其他参数采用系统默认
的设置值。

Step11. 单击"曲面粗加工挖槽"对话框中的 ✓ 按钮，完成加工参数的设置，此时系
统将自动生成图 8.3.7 所示的刀具路径。

图 8.3.7　刀具路径

Stage4. 外形铣削加工 1

Step1. 选择下拉菜单 刀具路径(T) ➡ 外形铣削...(C)... 命令，系统弹出"串连选项"
对话框。

说明： 先隐藏上步的刀具路径，以便于后面加工面的选取，下同。

Step2. 设置加工区域。在图形区中选取图 8.3.8 所示的边线，系统自动选取图 8.3.9 所
示的边链；单击 ✓ 按钮，完成加工区域的设置，同时系统弹出"2D 刀具路径-外形铣削"
对话框。

图 8.3.8　选取边线

图 8.3.9　选取边链

Step3. 选择刀具。在"2D 刀具路径-外形铣削"对话框的左侧节点列表中单击 刀具 节
点，切换到刀具参数界面，然后选取 1 号刀具。

Step4. 设置切削参数。在"2D 刀具路径-外形铣削"对话框的左侧节点列表中单击
切削参数 节点，设置图 8.3.10 所示的参数。

Step5. 设置深度参数。在"2D 刀具路径-外形铣削"对话框的左侧节点列表中单击
⊘ 深度切削 节点，然后选中 ☑ 深度切削 复选框，在 最大粗切步进量: 文本框中输入值 5。

Step6. 设置进退/刀参数。在"2D 刀具路径-外形铣削"对话框的左侧节点列表中单击
贯穿 节点，然后选中 ☑ 贯穿参数 复选框，在 贯穿距离 文本框中输入值 1。

Step7. 设置共同参数。在"2D 刀具路径-外形铣削"对话框的左侧节点列表中单击 共同参数 节点，设置图 8.3.11 所示的参数。

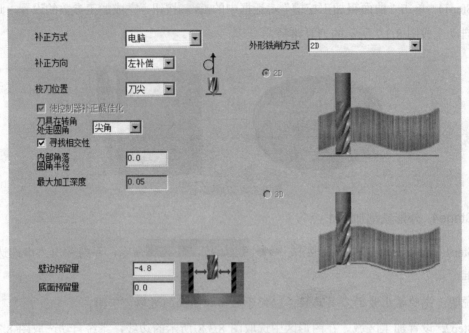

图 8.3.10　"切削参数"界面

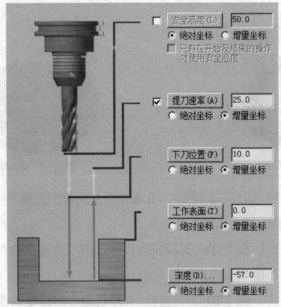

图 8.3.11　"共同参数"设置

Step8. 单击"2D 刀具路径-外形铣削"对话框中的 ✔ 按钮完成参数设置，此时系统将自动生成图 8.3.12 所示的刀具路径。

图 8.3.12 刀具路径

Stage5. 粗加工残料粗加工

Step1. 选择加工方法。选择下拉菜单 刀具路径(T) ➡ 曲面粗加工(R) ➡ 粗加工残料加工(T)... 命令。

Step2. 选取加工面及加工范围。

（1）在图形区中选取图 8.3.13 所示的曲面，然后按 Enter 键，系统弹出"刀具路径的曲面选取"对话框。

（2）单击"刀具路径的曲面选取"对话框 Containment boundary 区域的 按钮，系统弹出"串连选项"对话框；采用"串连方式"选取图 8.3.14 所示的边线；单击 按钮，系统重新弹出"刀具路径的曲面选取"对话框；单击 按钮，系统弹出"曲面残料粗加工"对话框。

图 8.3.13 选取加工面

图 8.3.14 选取边线

Step3. 确定刀具类型。在"曲面残料粗加工"对话框中单击 刀具过滤 按钮，系统弹出"刀具过滤列表设置"对话框；单击 刀具类型 区域中的 无(N) 按钮后，在刀具类型按钮群中单击 （球刀）按钮；单击 按钮，关闭"刀具过滤列表设置"对话框，系统返回至"曲面残料粗加工"对话框。

Step4. 选择刀具。在"曲面残料粗加工"对话框中单击 选择刀库 按钮，系统弹出图 8.3.15 所示的"选择刀具"对话框；在该对话框的列表框中选择图 8.3.15 所示的刀具；单击 按钮，关闭"选择刀具"对话框，系统返回至"曲面残料粗加工"对话框。

Step5. 设置刀具相关参数。

（1）在"曲面残料粗加工"对话框的 刀具路径参数 选项卡的列表框中显示出上一步选择的刀具；双击该刀具，系统弹出"定义刀具-机床群组-1"对话框。

（2）设置刀具号。在"定义刀具-机床群组-1"对话框的 刀具号码 文本框中将原有的数值改为 2。

（3）设置刀具参数。单击"定义刀具-机床群组-1"对话框的 参数 选项卡，在其中的 进给率 文本框中输入值 400.0，在 下刀速率 文本框中输入值 500.0，在 提刀速率 文本框中输入值 800.0，在 主轴转速 文本框中输入值 1000.0。

（4）设置冷却方式。在 参数 选项卡中单击 Coolant... 按钮，在系统弹出的对话框 Flood （切削液）下拉列表中选择 On 选项；单击 ✓ 按钮，关闭"Coolant…"对话框。

（5）单击"定义刀具-机床群组-1"对话框中的 ✓ 按钮，完成刀具的设置。

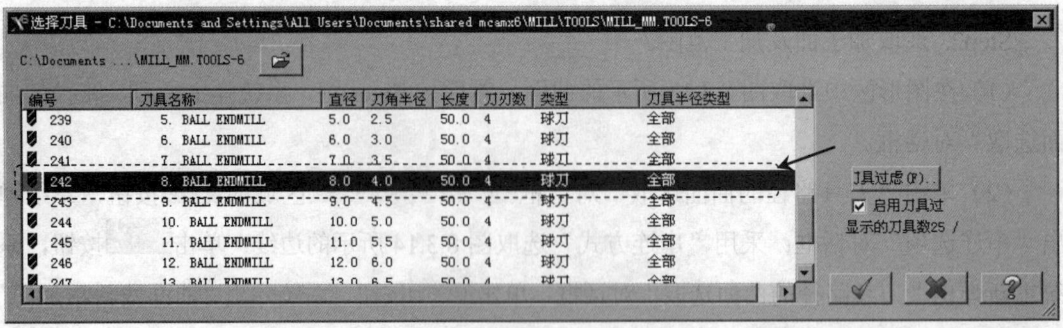

图 8.3.15 "选择刀具"对话框

Step6. 设置曲面参数。在"曲面残料粗加工"对话框中单击 曲面参数 选项卡，在 预留量 (此处翻译有误，应为"加工面预留量")文本框中输入值 1，在 下刀位置(F) 文本框中输入值 5，在 刀具切削范围 区域选中 ⊙ 内 选项，曲面参数 选项卡中的其他参数采用系统默认的设置值。

Step7. 设置残料加工参数。在"曲面残料粗加工"对话框中单击 残料加工参数 选项卡，在 Z 轴最大进给量 文本框中输入值 1，在 两区段间的路径过渡方式 区域选中 ⊙ 打断 复选框以及"曲面残料粗加工"对话框左下方的 ☑ 切削顺序最佳化 复选框。

Step8. 单击"曲面残料粗加工"对话框中的 ✓ 按钮，同时在图形区生成图 8.3.16 所示的刀路轨迹。

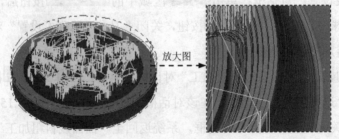

图 8.3.16 工件加工刀路

Stage6. 精加工平行铣削加工

Step1. 选择下拉菜单 刀具路径(T) ➡ 曲面精加工(F) ➡ 精加工平行铣削(P)... 命令。

Step2. 选取加工面。在图形区中选取图 8.3.17 所示的曲面，然后按 Enter 键，系统弹出"刀具路径的曲面选取"对话框；单击 Containment boundary 区域中的 按钮，选取图 8.3.18 所示的边线为边界；单击 ✓ 按钮，然后单击"刀具路径的曲面选取"对话框的 ✓ 按钮，系统弹出"曲面精加工平行铣削"对话框。

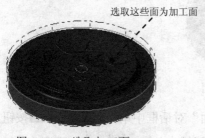

图 8.3.17 选取加工面

图 8.3.18 选取边线

Step3. 选择刀具。在"曲面精加工平行铣削"对话框 刀具路径参数 选项卡的列表框中选择 2 号刀具。

Step4. 设置加工参数。

（1）设置曲面参数。在"曲面精加工平行铣削"对话框中单击 曲面参数 选项卡，然后在 下刀位置(F) 文本框中输入值 5，在 预留量 (此处翻译有误，应为"加工面预留量")文本框中输入值 0.5，在 刀具切削范围 区域选中 ⊙ 内 选项。

（2）设置粗加工平行铣削参数。在"曲面精加工平行铣削"对话框中单击 粗加工平行铣削参数 选项卡，然后在 大切削间距(M) 文本框中输入值 1.0，在 切削方式 下拉列表中选择 双向 选项，在 加工方式角度 文本框中输入值 45。

Step5. 单击"曲面精加工平行铣削"对话框中的 ✓ 按钮，同时在图形区生成图 8.3.19 所示的刀路轨迹。

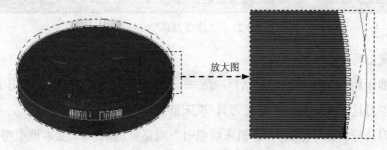

放大图

图 8.3.19 工件加工刀路

Stage7. 精加工浅平面加工 1

Step1. 选择下拉菜单 刀具路径(T) ➡ 曲面精加工(F) ➡ 精加工浅平面加工(S)... 命令。

Step2. 设置加工区域。在图形区中选取图 8.3.20 所示的曲面（共 91 个），然后按 Enter

键，系统弹出"刀具路径的曲面选取"对话框；单击 ☑ 按钮完成加工面的选择，同时系统弹出"曲面精加工浅平面"对话框。

选取这些面

图 8.3.20　选取加工面

Step3. 确定刀具类型。在"曲面精加工浅平面"对话框中单击 刀具过虑 按钮，系统弹出"刀具过滤列表设置"对话框；单击 刀具类型 区域中的 无(N) 按钮后，在刀具类型按钮群中单击 ▮（球刀）按钮；单击 ☑ 按钮，关闭"刀具过滤列表设置"对话框，系统返回至"曲面精加工浅平面"对话框。

Step4. 选择刀具。在"曲面精加工浅平面"对话框中单击 选择刀库 按钮，系统弹出图 8.3.21 所示的"选择刀具"对话框；在该对话框的列表框中选择图 8.3.21 所示的刀具；单击 ☑ 按钮，关闭"选择刀具"对话框，系统返回至"曲面精加工浅平面"对话框。

编号	刀具名称	直径	刀角半径	长度	刀刃数	类型	刀具半径类型
236	2. BALL ENDMILL	2.0	1.0	50.0	4	球刀	全部
237	3. BALL ENDMILL	3.0	1.5	50.0	4	球刀	全部
238	4. BALL ENDMILL	4.0	2.0	50.0	4	球刀	全部
239	5. BALL ENDMILL	5.0	2.5	50.0	4	球刀	全部
240	6. BALL ENDMILL	6.0	3.0	50.0	4	球刀	全部
241	7. BALL ENDMILL	7.0	3.5	50.0	4	球刀	全部
242	8. BALL ENDMILL	8.0	4.0	50.0	4	球刀	全部
243	9. BALL ENDMILL	9.0	4.5	50.0	4	球刀	全部
244	10. BALL ENDMILL	10.0	5.0	50.0	4	球刀	全部

C:\Documents ... \MILL_MM.TOOLS-6

刀具过虑(F)...
☑ 启用刀具过
显示的刀具数25 /

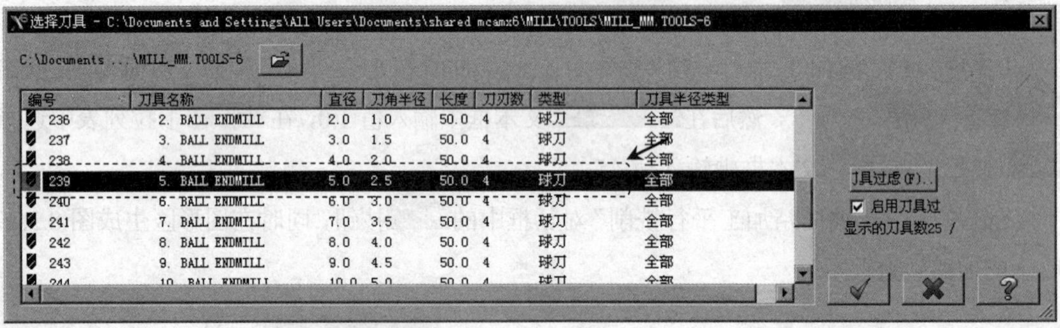

图 8.3.21　"选择刀具"对话框

Step5. 设置刀具相关参数。

（1）在"曲面精加工浅平面"对话框 刀具路径参数 选项卡的列表框中显示出上一步选择的刀具；双击该刀具，系统弹出"定义刀具-机床群组-1"对话框。

（2）设置刀具号。在"定义刀具-机床群组-1"对话框的 刀具号码 文本框中将原有的数值改为 3。

（3）设置刀具参数。单击"定义刀具-机床群组-1"对话框的 参数 选项卡，在其中的 进给率 文本框中输入值 600.0，在 下刀速率 文本框中输入值 900.0，在 提刀速率 文本框中输入值 1200.0，在 主轴转速 文本框中输入值 1500.0。

（4）设置冷却方式。在 参数 选项卡中单击 Coolant... 按钮，系统弹出"Coolant…"

对话框；在 Flood （切削液）下拉列表中选择 On 选项；单击该对话框的 ✓ 按钮，关闭"Coolant…"对话框。

（5）单击"定义刀具-机床群组-1"对话框中的 ✓ 按钮，完成刀具的设置。

Step6. 设置曲面参数。在"曲面精加工浅平面"对话框中单击 曲面参数 选项卡，在 下刀位置(F) 文本框中输入值 5，在 预留量(此处翻译有误，应为"加工面预留量")文本框中输入值 0，在 预留量(此处翻译有误，应为"干涉面预留量")文本框中输入值 0。

Step7. 设置浅平面精加工参数。在"曲面精加工浅平面"对话框中单击 浅平面精加工参数 选项卡，在 浅平面精加工参数 选项卡的 大切削间距(M) 文本框中输入值 0.5，在 倾斜角度 文本框中输入值 30，然后选中 ☑ 切削顺序依照最短距离 复选框，其他参数采用系统默认的设置值。

Step8. 单击"曲面精加工浅平面"对话框中的 ✓ 按钮，同时在图形区生成图 8.3.22 所示的刀路轨迹。

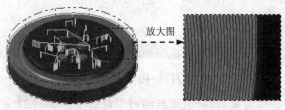

图 8.3.22　刀路轨迹

Stage8. 精加工浅平面加工 2

Step1. 选择下拉菜单 刀具路径(T) ➡ 曲面精加工(F) ➡ 精加工浅平面加工(S)… 命令。

Step2. 设置加工区域。在图形区中选取图 8.3.23 所示的曲面（共 6 个），然后按 Enter 键，系统弹出"刀具路径的曲面选取"对话框；单击 ✓ 按钮完成加工面的选择，同时系统弹出"曲面精加工浅平面"对话框。

图 8.3.23　选取加工面

Step3. 确定刀具类型。在"曲面精加工浅平面"对话框中单击 刀具过虑 按钮，系统弹出"刀具过滤列表设置"对话框；单击 刀具类型 区域中的 无(N) 按钮后，在刀具类型按钮群中单击 （平底刀）按钮；单击 ✓ 按钮，关闭"刀具过滤列表设置"对话框，系统返回至"曲面精加工浅平面"对话框。

Step4. 选择刀具。在"曲面精加工浅平面"对话框中单击 <u>选择刀库</u> 按钮，系统弹出图 8.3.24 所示的"选择刀具"对话框；在该对话框的列表框中选择图 8.3.24 所示的刀具；单击 <u>✓</u> 按钮，关闭"选择刀具"对话框，系统返回至"曲面精加工浅平面"对话框。

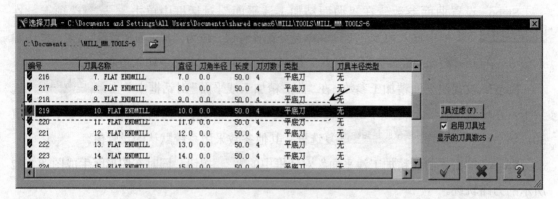

图 8.3.24　"选择刀具"对话框

Step5. 设置刀具相关参数。

（1）在"曲面精加工浅平面"对话框 <u>刀具路径参数</u> 选项卡的列表框中显示出上一步选择的刀具；双击该刀具，系统弹出"定义刀具-机床群组-1"对话框。

（2）设置刀具号。在"定义刀具-机床群组-1"对话框的 <u>刀具号码</u> 文本框中将原有的数值改为 4。

（3）设置刀具参数。单击"定义刀具-机床群组-1"对话框的 <u>参数</u> 选项卡，在其中的 <u>下刀速率</u> 文本框中输入值 900.0，在 <u>提刀速率</u> 文本框中输入值 1300.0，在 <u>主轴转速</u> 文本框中输入值 1800.0。

（4）设置冷却方式。在 <u>参数</u> 选项卡中单击 <u>Coolant...</u> 按钮，系统弹出"Coolant..."对话框；在 <u>Flood</u>（切削液）下拉列表中选择 <u>On</u> 选项；单击该对话框的 <u>✓</u> 按钮，关闭"Coolant..."对话框。

（5）单击"定义刀具-机床群组-1"对话框中的 <u>✓</u> 按钮，完成刀具的设置。

Step6. 设置曲面参数。在"曲面精加工浅平面"对话框中单击 <u>曲面参数</u> 选项卡，在 <u>下刀位置(F)</u> 文本框中输入值 5，在 <u>预留量</u>(此处翻译有误，应为"加工面预留量")文本框中输入值 0，在 <u>预留量</u>(此处翻译有误，应为"干涉面预留量")文本框中输入值 0。

Step7. 设置浅平面精加工参数。在"曲面精加工浅平面"对话框中单击 <u>浅平面精加工参数</u> 选项卡，在 <u>浅平面精加工参数</u> 选项卡的 <u>切削间距 (M)</u> 文本框中输入值 5，其他参数采用系统默认的设置值。

Step8. 单击"曲面精加工浅平面"对话框中的 <u>✓</u> 按钮，同时在图形区生成图 8.3.25 所示的刀路轨迹。

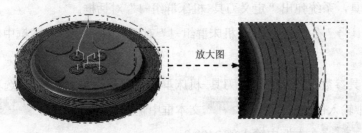

图 8.3.25 刀路轨迹

Stage9. 精加工流线加工 1

Step1. 选择加工方法。选择下拉菜单 刀具路径(T) ➡ 曲面精加工(F) ➡ 精加工流线加工(F)... 命令。

Step2. 选取加工面。在图形区中选取图 8.3.26 所示的曲面（共 6 个），然后按 Enter 键，系统弹出"刀具路径曲面选择"对话框。

Step3. 设置曲面流线形式。单击"刀具路径曲面选择"对话框 曲面流线 区域的 按钮，系统弹出"曲面流线设置"对话框；同时图形区出现流线形式线框，如图 8.3.27 所示；单击 按钮，系统重新弹出"刀具路径曲面选择"对话框；单击 按钮，系统弹出"曲面精加工流线"对话框。

图 8.3.26 选择加工面

图 8.3.27 流线形式线框

Step4. 选择刀具。

（1）确定刀具类型。在"曲面精加工流线"对话框中单击 刀具过滤 按钮，系统弹出"刀具过滤列表设置"对话框；单击 刀具类型 区域中的 无(N) 按钮后，在刀具类型按钮群中单击 （球刀）按钮；单击 按钮，关闭"刀具过滤列表设置"对话框，系统返回至"曲面精加工流线"对话框。

（2）选择刀具。在"曲面精加工流线"对话框中单击 选择刀库 按钮，系统弹出"选择刀具"对话框；在该对话框的列表框中选择图 8.3.28 所示的刀具；单击 按钮，关闭"选择刀具"对话框，系统返回至"曲面精加工流线"对话框。

Step5. 设置刀具相关参数。

（1）在"曲面精加工流线"对话框 刀具路径参数 选项卡的列表框中显示出上一步选择的

刀具；双击该刀具，系统弹出"定义刀具-机床群组-1"对话框。

（2）设置刀具号。在"定义刀具-机床群组-1"对话框的 刀具号码 文本框中将原有的数值改为 5。

（3）设置刀具参数。单击"定义刀具-机床群组-1"对话框的 参数 选项卡，在其中的 进给率 文本框中输入值 300.0，在 下刀速率 文本框中输入值 1000.0，在 提刀速率 文本框中输入值 1000.0，在 主轴转速 文本框中输入值 2400.0。

（4）设置冷却方式。在 参数 选项卡中单击 Coolant... 按钮，系统弹出"Coolant…"对话框；在 Flood （切削液）下拉列表中选择 On 选项；单击该对话框的 ✓ 按钮，关闭"Coolant…"对话框。

（5）单击"定义刀具-机床群组-1"对话框中的 ✓ 按钮，完成刀具的设置。

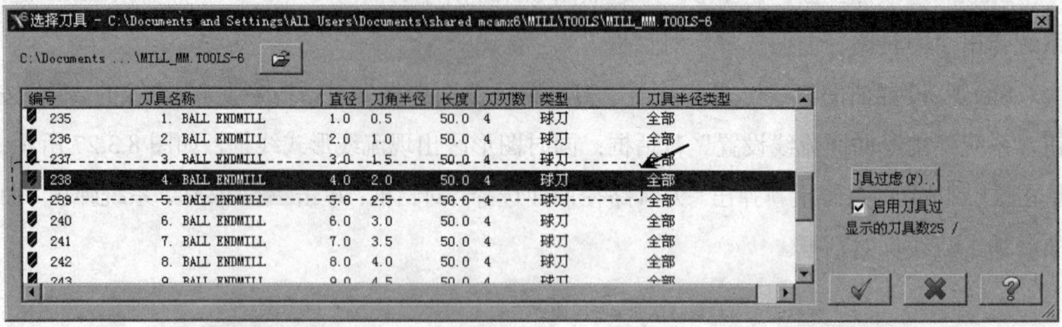

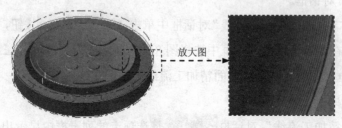

图 8.3.28　"选择刀具"对话框

Step6. 设置曲面加工参数。在"曲面精加工流线"对话框中单击 曲面参数 选项卡，在 预留量 (作者注：此处原软件翻译有误，应为"加工面预留量")文本框中输入值 0.0，其他参数采用系统默认的设置值。

Step7. 设置曲面流线精加工参数。在"曲面精加工流线"对话框中单击 曲面流线精加工参数 选项卡，在 曲面流线精加工参数 选项卡的 切削方式 下拉列表中选择 双向 选项，在 截断方向的控制 区域的 ⊙ 距离 文本框中输入值 0.2，其他参数采用系统默认的设置值。

Step8. 单击"曲面精加工流线"对话框中的 ✓ 按钮，同时在图形区生成图 8.3.29 所示的刀路轨迹。

放大图

图 8.3.29　工件加工刀路

Stage10. 精加工流线加工 2

Step1. 选择加工方法。选择下拉菜单 刀具路径(T) ➡ 曲面精加工(F) ➡
精加工流线加工(F)... 命令。

Step2. 选取加工面。在图形区中选取图 8.3.30 所示的曲面（共 16 个），然后按 Enter 键，系统弹出"刀具路径曲面选择"对话框；单击 检测 区域中的 按钮，选取图 8.3.31 所示的面为干涉面，然后按 Enter 键；系统重新弹出"刀具路径曲面选择"对话框，单击 按钮，系统弹出"曲面精加工流线"对话框。

图 8.3.30 选择加工面

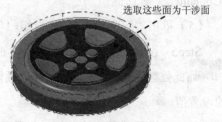

图 8.3.31 选择干涉面

Step3. 选择刀具。

（1）确定刀具类型。在"曲面精加工流线"对话框中单击 刀具过滤 按钮，系统弹出"刀具过滤列表设置"对话框；单击 刀具类型 区域中的 无(N) 按钮后，在刀具类型按钮群中单击 （球刀）按钮；单击 按钮，关闭"刀具过滤列表设置"对话框，系统返回至"曲面精加工流线"对话框。

（2）选择刀具。在"曲面精加工流线"对话框中单击 选择刀库 按钮，系统弹出"选择刀具"对话框；在该对话框的列表中选择图 8.3.32 所示的刀具；单击 按钮，关闭"选择刀具"对话框，系统返回至"曲面精加工流线"对话框。

Step4. 设置刀具相关参数。

（1）在"曲面精加工流线"对话框 刀具路径参数 选项卡的列表框中显示出上一步选择的刀具；双击该刀具，系统弹出"定义刀具-机床群组-1"对话框。

编号	刀具名称	直径	刀角半径	长度	刀刃数	类型	刀具半径类型
110	25. BALL ENDMILL	25.0	12.5	50.0	4	球刀	全部
235	1. BALL ENDMILL	1.0	0.5	50.0	4	球刀	全部
236	2. BALL ENDMILL	2.0	1.0	50.0	4	球刀	全部
237	3. BALL ENDMILL	3.0	1.5	50.0	4	球刀	全部
238	4. BALL ENDMILL	4.0	2.0	50.0	4	球刀	全部
239	5. BALL ENDMILL	5.0	2.5	50.0	4	球刀	全部
240	6. BALL ENDMILL	6.0	3.0	50.0	4	球刀	全部
241	7. BALL ENDMILL	7.0	3.5	50.0	4	球刀	全部
242	8. BALL ENDMILL	8.0	4.0	50.0	4	球刀	全部

图 8.3.32 "选择刀具"对话框

（2）设置刀具号。在"定义刀具-机床群组-1"对话框的 刀具号码 文本框中将原有的数值改为 6。

（3）设置刀具参数。单击"定义刀具-机床群组-1"对话框的 参数 选项卡，在其中的 进给率 文本框中输入值 300.0，在 下刀速率 文本框中输入值 1000.0，在 提刀速率 文本框中输入值 1000.0，在 主轴转速 文本框中输入值 2400.0。

（4）设置冷却方式。在 参数 选项卡中单击 Coolant... 按钮，系统弹出"Coolant..."对话框；在 Flood （切削液）下拉列表中选择 On 选项；单击该对话框的 ✓ 按钮，关闭"Coolant..."对话框。

（5）单击"定义刀具-机床群组-1"对话框中的 ✓ 按钮，完成刀具的设置。

Step5. 设置曲面加工参数。在"曲面精加工流线"对话框中单击 曲面参数 选项卡，在 预留量 预留量 (此处翻译有误，应为"干涉面预留量")文本框中输入值 0.1，其他参数采用系统默认的设置值。

Step6. 设置曲面流线精加工参数。在"曲面精加工流线"对话框中单击 曲面流线精加工参数 选项卡，在 曲面流线精加工参数 选项卡的 切削方式 下拉列表中选择 单向 选项，在 截断方向的控制 区域的 ⊙ 距离 文本框中输入值 0.5，其他参数采用系统默认的设置值。

Step7. 单击"曲面精加工流线"对话框中的 ✓ 按钮，系统弹出"曲面流线设置"对话框；单击 ✓ 按钮，同时在图形区生成图 8.3.33 所示的刀路轨迹。

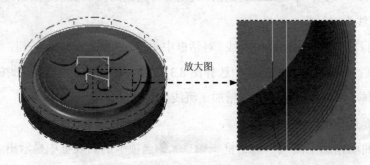

图 8.3.33　工件加工刀路

Stage11. 精加工流线加工 3

Step1. 选择加工方法。选择下拉菜单 刀具路径(T) ➡ F 曲面精加工 ➡ F 精加工流线加工 命令。

Step2. 选取加工面。在图形区中选取图 8.3.34 所示的曲面（共 60 个），然后按 Enter 键，系统弹出"刀具路径曲面选择"对话框；单击 检测 区域中的 按钮，选取图 8.3.35 所示的面为干涉面，然后按 Enter 键。系统重新弹出"刀具路径曲面选择"对话框；单击 ✓ 按钮，系统弹出"曲面精加工流线"对话框。

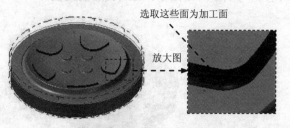

图 8.3.34　选择加工面　　　　　　　图 8.3.35　选择干涉面

Step3. 选择刀具。选择刀具。在"曲面精加工流线"对话框 刀具路径参数 选项卡的列表框中选择 6 号刀具。

Step4. 设置曲面加工参数。在"曲面精加工流线"对话框中单击 曲面参数 选项卡，其参数采用系统默认的设置值。

Step5. 设置曲面流线精加工参数。在"曲面精加工流线"对话框中单击 曲面流线精加工参数 选项卡，在 曲面流线精加工参数 选项卡的 切削方式 下拉列表中选择 单向 选项，在 截断方向的控制 区域的 ⊙ 距离 文本框中输入值 0.5，其他参数采用系统默认的设置值。

Step6. 单击"曲面精加工流线"对话框中的 ✓ 按钮，系统弹出"曲面流线设置"对话框；单击 ✓ 按钮，同时在图形区生成图 8.3.36 所示的刀路轨迹。

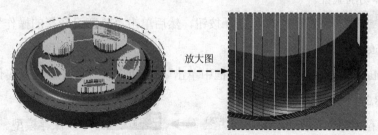

图 8.3.36　工件加工刀路

Stage12. 外形铣削加工 2

Step1. 选择下拉菜单 刀具路径(T) ➡ 外形铣削...(C)... 命令，系统弹出"串连选项"对话框。

Step2. 设置加工区域。在图形区中选取图 8.3.37 所示的边线，系统自动选取图 8.3.38 所示的边链；单击 ✓ 按钮，完成加工区域的设置，同时系统弹出"2D 刀具路径-外形铣削"对话框。

Step3. 选择刀具。在"2D 刀具路径-外形铣削"对话框的左侧节点列表中单击 刀具 节点，切换到刀具参数界面，然后选取 4 号刀具。

Step4. 设置切削参数。在"2D 刀具路径-外形铣削"对话框的左侧节点列表中单击

切削参数 节点，在 壁边预留量 文本框中输入值 0，其他参数采用系统默认的设置值。

图 8.3.37　选取边线

图 8.3.38　选取边链

Step5. 设置深度参数。在"2D 刀具路径-外形铣削"对话框的左侧节点列表中单击 ⊘ 深度切削 节点，然后选中 ☑ 深度切削 复选框，在 最大粗切步进量 文本框中输入值 2。

Step6. 设置进退/刀参数。在"2D 刀具路径-外形铣削"对话框的左侧节点列表中单击 贯穿 节点，然后选中 ☑ 贯穿 复选框，在 贯穿距离 文本框中输入值 1。

Step7. 设置共同参数。在"2D 刀具路径-外形铣削"对话框的左侧节点列表中单击 共同参数 节点，其他参数采用系统默认的设置值。

Step8. 单击"2D 刀具路径-外形铣削"对话框中的 ☑ 按钮，完成参数设置，此时系统将自动生成图 8.3.39 所示的刀具路径。

Step9. 实体切削验证。

（1）在 刀具路径管理器 选项卡中单击 ☑ 按钮，然后单击"验证已选择的操作"按钮 ⬚，系统弹出"Mastercam Simulator"对话框。

（2）在"Mastercam Simulator"对话框中单击 ▶ 按钮，系统将开始进行实体切削仿真，仿真结果如图 8.3.40 所示。

Step10. 保存模型。选择下拉菜单 文件(F) ➡ 🖫 保存(S) 命令，保存模型。

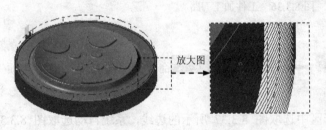

图 8.3.39　刀具路径

图 8.3.40　仿真结果图

8.4　习　　题

综合利用本书所述知识内容，完成以下零件的加工。

【练习 1】 加工要求：除底面外，加工所有的表面。合理设置毛坯大小，加工后不能有过切或余量。加工操作中体现粗、精工序（图 8.4.1 所示）。

　　【练习 2】　加工要求：除底面外，加工所有的表面。合理设置毛坯大小，加工后不能有过切或余量。加工操作中体现粗、精工序（图 8.4.2 所示）。

图 8.4.1　　练习 1　　　　　　　　　　　　图 8.4.2　　练习 2

　　【练习 3】　加工要求：除底面外，加工所有的表面。合理设置毛坯大小，加工后不能有过切或余量。加工操作中体现粗、精工序（图 8.4.3 所示）。

　　【练习 4】加工要求：除底面外，加工所有的表面。合理设置毛坯大小，加工后不能有过切或余量。加工操作中体现粗、精工序（图 8.4.4 所示）。

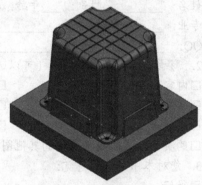

图 8.4.3　　练习 3　　　　　　　　　　　　图 8.4.4　　练习 4

读者意见反馈卡

尊敬的读者:

感谢您购买机械工业出版社出版的图书!

我们一直致力于 CAD、CAPP、PDM、CAM 和 CAE 等相关技术的跟踪,希望能将更多优秀作者的宝贵经验与技巧介绍给您。当然,我们的工作离不开您的支持。如果您在看完本书之后,有什么好的批评和建议,或是有一些感兴趣的技术话题,都可以直接与我联系。

责任编辑:丁锋

读者购书回馈活动:

活动一:本书"随书光盘"中含有该"读者意见反馈卡"的电子文档,请认真填写本反馈卡,并 E-mail 给我们。E-mail: 兆迪科技 zhanygjames@163.com,丁锋 fengfener@qq.com。

活动二:扫一扫右侧二维码,关注兆迪科技官方公众微信(或搜索公众号 zhaodikeji),参与互动,也可进行答疑。

凡参加以上活动,即可获得兆迪科技免费奉送的价值 48 元的在线课程一门,同时有机会获得价值 780 元的精品在线课程。

书名:《MasterCAM X7 数控编程教程(高职高专教材)》

1. 读者个人资料:

姓名:_____ 性别:_____ 年龄:_____ 职业:_____ 职务:_____ 学历:_____

专业:_____ 单位名称:_____ 办公电话:_____ 手机:_____

QQ:_____ 微信:_____ E-mail:_____

2. 影响您购买本书的因素(可以选择多项):

☐内容 ☐作者 ☐价格

☐朋友推荐 ☐出版社品牌 ☐书评广告

☐工作单位(就读学校)指定 ☐内容提要、前言或目录 ☐封面封底

☐购买了本书所属丛书中的其他图书 ☐其他_____

3. 您对本书的总体感觉:

☐很好 ☐一般 ☐不好

4. 您认为本书的语言文字水平:

☐很好 ☐一般 ☐不好

5. 您认为本书的版式编排:

☐很好 ☐一般 ☐不好

6. 您认为 MasterCAM 其他哪些方面的内容是您所迫切需要的?

_____

7. 其他哪些 CAD/CAM/CAE 方面的图书是您所需要的?

_____

8. 您认为我们的图书在叙述方式、内容选择等方面还有哪些需要改进的?

_____

_____